高等院校立体化创新规划教材

工程地质学

刘芳宏　主　编

魏　蓉　陈艳华　副主编

清华大学出版社

北　京

内 容 简 介

本书共分 12 章，主要内容包括：土木工程地质概论、矿物与岩石、地质构造与工程建设、地下水、土的基本特征、动力地质作用、第四纪地质和地貌、常见的地质灾害、岩土工程稳定性评价、岩土工程勘察、土木建筑中的工程地质及工程地质环境等。本书在编写过程中力求理论联系实际，在内容上反映工程地质学科的新理论、新成果，反映相关学科的新规范和新规定。

本书内容翔实、语言简练、思路清晰，适合作为高等院校相关专业本科生、研究生的教材，也可供从事土木工程建设的各领域相关专业的读者学习参考。

图书在版编目(CIP)数据

工程地质学/刘芳宏主编. —北京：清华大学出版社，2020.8
高等院校立体化创新规划教材
ISBN 978-7-302-55974-0

Ⅰ．①工… Ⅱ．①刘… Ⅲ．①工程地质—高等学校—教材 Ⅳ．①P642

中国版本图书馆 CIP 数据核字(2020)第 120502 号

责任编辑：陈冬梅
装帧设计：杨玉兰
责任校对：吴春华
责任印制：沈　露

出版发行：清华大学出版社
　　　　网　　　址：http://www.tup.com.cn, http://www.wqbook.com
　　　　地　　　址：北京清华大学学研大厦 A 座　　　　邮　　编：100084
　　　　社 总 机：010-62770175　　　　　　　　　　邮　　购：010-62786544
　　　　投稿与读者服务：010-62776969, c-service@tup.tsinghua.edu.cn
　　　　质量反馈：010-62772015, zhiliang@tup.tsinghua.edu.cn
　　　　课件下载：http://www.tup.com.cn, 010-62791865
印 装 者：三河市吉祥印务有限公司
经　　销：全国新华书店
开　　本：185mm×260mm　　　印　张：17.75　　　字　数：428 千字
版　　次：2020 年 8 月第 1 版　　　　　　印　次：2020 年 8 月第 1 次印刷
定　　价：49.80 元

产品编号：086754-01

前　言

　　土木工程地质学是研究工程地质环境与人类土木工程活动相互关系和相互作用的一门应用地质学科，两者关系密切、互相制约。因此，土木工程地质学的学习目的就是要解决与土木工程活动有关的工程地质问题，解决土木工程活动对地质环境的影响。其具体任务包括：对工程区内的各种工程地质条件进行调查、分析、评价，解决影响工程活动的各种地质问题，并论证工程区内各种不良地质现象的发生和发展，提出有效的预防和改进措施，为工程建设的规划、设计、施工、使用和维护提供所需的地质资料和数据。工程活动的安全性固然重要，但随着社会和人类文明的进步，工程活动对地质环境的影响也日益提到重要日程上来。

　　本书在内容的安排上以基础知识为纲，以实践内容为目，让读者不仅能够掌握厚实的工程地质学基础知识，还能对解决岩土工程地质问题的方法有较深入的了解。

　　第 1 章为土木工程地质概论，介绍了工程地质学的研究内容和任务、工程地质学的研究方法以及工程活动与地质环境的关系。

　　第 2 章为矿物与岩石，讲解了矿物构造以及岩石的种类、岩石的性质及工程分类。

　　第 3 章为地质构造与工程建设，介绍了褶皱、节理、劈理、片理、岩石和岩体断层等不同的地质构造与工程建设的关系。

　　第 4 章为地下水，介绍了地下水的基本概况以及地下水运动的基本规律和地下水的补给、径流和排泄以及地下水对土木工程建设的影响。

　　第 5 章为土的基本特征，讲解了土的组成及其结构与构造、土的物理性质指标、土的物理状态指标、地基土(岩)的工程分类。

　　第 6 章为动力地质作用，讲解了风化作用、河流的地质作用、岩溶作用等动力地质的特点与影响。

　　第 7 章为第四纪地层和地貌，分析了第四纪的概念及第四纪地层对工程的作用等。

　　第 8 章为常见的地质灾害，分别对滑坡、泥石流、崩塌进行了详细论述。

　　第 9 章为岩土工程稳定性评价，对基坑工程的设计施工特点、支护结构以及地下洞室围岩等进行了分析。

　　第 10 章为岩土工程勘察，对岩土工程勘察的目的、分级、划分以及勘察方法、实验进行了讲解。

　　第 11 章为土木建筑中的工程地质，介绍了道路、桥梁、隧道、地下洞室以及其他工程地质问题。

　　第 12 章为工程地质环境，对工程地质环境的物质环境、工程地质环境评价等进行了介绍。

　　本书紧密结合工程实际，图文并茂，每章后均附有习题，可以在教材使用过程中安排相应的实习课时与之相配合。

　　本书由哈尔滨铁道职业技术学院的刘芳宏任主编，华北理工大学的魏蓉和陈艳华任副主编，其中第 1、2、3、4、5、9、10、11、12 章由刘芳宏编写，第 6、7、8 章由魏蓉编写，陈艳华负责整体统稿。

本书可作为土木工程专业本科生的教材，也可供相关专业的工程技术人员参考。由于编者水平所限，书中难免有一些不足之处，欢迎同行和读者批评指正。

编　者

目 录

第 1 章　土木工程地质概论

本章导读

本章将详细介绍工程地质学的研究内容和任务以及工程地质学的研究方法，工程地质学在土木工程建设中的作用以及工程活动与地质环境，使读者掌握工程地质学的基本概论。

学习目标

- 掌握工程地质学的内容和任务。
- 掌握工程活动与地质环境的关系。

土木工程地质
概论.mp4

1.1　工程地质学的发展

工程地质学是地质学的分支学科，它研究与工程建设有关的地质问题，为工程建设服务，属于应用地质学的范畴。各种工程建设的规划、设计、施工和运行只有通过工程地质研究，才能使工程建筑与地质环境相互协调，既保证工程建筑安全可靠、经济合理、运行正常，又保证地质环境不会因工程的兴建而恶化。

工程地质学的
发展.mp4

1.1.1　工程地质学在工程建设中的重要性

工程地质学是 20 世纪才建立和发展起来的一门地球学科。工程地质专业在工程建设中具有十分重要的位置。

工程地质工作的质量，对工程方案的决策和工程建设的顺利进行有至关重要的作用。由于地质问题引起的工程事故时有发生，轻则修改设计、延误工期，严重时会造成工程失事，给人民生命安全和财产带来重大损失。近年来，工程地质勘查质量有下滑现象，工程地质分析不够深入，有的甚至出现工程地质评价的结论性错误。工程地质工作对地球环境的保护要发挥重要作用。因此，工程地质学面临新的机遇和挑战。

工程地质学是研究与工程建设有关的地质问题的科学。它的研究对象是地质环境与工程建筑二者相互制约、相互作用的关系，以及由此而产生的地质问题，包括对工程建筑有影响的工程地质问题和对地质环境有影响的环境地质问题。它的任务是为各类工程建筑的规划、设计、施工提供地质依据，以便从地质上保证工程建筑的安全可靠、经济合理、使用方便、运行顺利。

1.1.2　我国工程地质学的发展及技术

我国的工程地质事业在新中国成立前基本上是空白，新中国成立后才有了长足的进步和发展。20 世纪 50 年代初开始引进苏联工程地质学理论和方法，走过了我国工程实践和理论创新的辉煌历程，形成了有我国特色的工程地质学体系。

20 世纪 60 年代，工程地质的实践，积累了大量资料和一定的实际经验，学科进入独立发展阶段，各建设部门制定自己的勘察规范，以山区工程建设为主，对工程地质提出了更高的要求，岩土测试技术提高，定量评价有所发展。到了以经济建设为中心和改革开放的年代，各方面的建设蓬勃发展，工程地质在已往的基础上取得了重大发展。勘察质量提高，制定了新的勘察规范，向着工程领域拓展，承担勘测、工程处理的一系列工作。新型、巨型工程向工程地质勘查提出了新的要求。科学研究工作取得丰硕成果，创立了自己的新理论，引入有关学科的新理论、新方法，学术活动频繁。

如今，工程地质专业学科的内涵已经远远超出了传统工程地质定性描述和定性评价的范畴，发展成为集多种勘探手段以获取基础性地质资料，并对这些资料进行归类汇总、整理分析、定性评价、定量评价、地质预测，提出工程措施的建议等，既特殊又复杂的综合性专业。任何一个成熟的设计师，都会清楚地意识到工程地质专业在工程设计中的重要位置。无数重大工程成败的实例足以证明工程地质专业在工程建设中的权威性。

1.2　工程地质学的研究内容、任务和方法

工程地质学为工程建设服务是通过工程地质勘查来实现的。通过勘察和分析研究，阐明建筑地区的工程地质条件，指出并评价存在的工程地质问题，为建筑物的设计、施工和使用提供所需的地质材料。其研究内容和工作任务都是围绕工程地质而展开的。

工程地质学的研究
内容、任务和
方法.mp4

1.2.1　工程地质学的研究内容

工程地质学的主要研究内容可以分为以下几个部分。

1. 岩土工程性质的研究

对于任何建筑物，首先要对岩土的工程性质进行研究。研究内容包括岩土的工程地质性质及其形成变化规律，各项参数的测试技术和方法，岩土体的类型和分布规律，以及对其不良性质进行改善等。

2. 工程动力地质作用的研究

由于地壳表层受到各种自然营力的作用，包括地球内力和外力作用，还有人类的工程、经济活动，影响建筑物的稳定和正常使用。研究工程动力地质作用的形成机制、规模、分布、发展演化的规律，所产生的有关工程地质问题，对它们进行定性和定量的评价，以及有效地进行防治、改造，是工程地质学的分支工程动力地质学的研究内容。

3. 工程地质勘查理论和技术方法的研究

为了查明建筑物场区的工程地质条件，论证工程地质问题，正确地做出工程地质评价，以提供建筑物设计、施工和使用所需的地质资料，就需进行工程地质勘查。不同类型、结构和规模的建筑物，对工程地质条件的要求以及所产生的工程地质问题各不相同，

因而勘察方法的选择、工作的布置原则以及工作量的使用也不相同。为了保证各类建筑物的安全和正常使用，首先必须详细而深入地研究可能产生的工程地质问题，在此基础上安排勘察工作。应制定适用于不同类型工程建筑的各种勘察规范或工作手册，作为勘察工作的指南，以保证工程地质勘查的质量和精度。

4. 区域工程地质研究

不同地域由于自然地质条件不同，工程地质条件各异。认识并掌握广大地域工程地质条件的形成和分布规律，预测这些条件在人类工程、经济活动影响下的变化规律并按工程地质条件进行区划，作出工程地质区划图。

【案例分析 1-1】

2000 年 4 月 9 日，在西藏著名的江南波密地区，正是一派美丽的田园风光，复苏的大地到处盛开着杜鹃、茶花和野生的虎头兰。在川藏线 318 国道的著名天险通麦小镇上 20 千米的易贡茶场，劳作一天的人们，踏着夕阳下的余晖，早早地回到家中休息或生火做饭。在夕阳照耀下的山坡上，牛羊一边吃着路边的小草，一边迈着缓慢的步伐，赶在回家的路上，易贡湖面上倒映着金黄色的雪山……

20:00 刚过，落下山坡的太阳收回最后的光芒，这时在易贡湖北面"扎木弄沟" 4200～5200 米的山体上，发出了雷鸣般的响声及地裂般的轰鸣声。崩滑的山体以每秒近 40 米的速度倾泻而下，时间长达 3 分钟之久，像地震、像火山，高速纷飞下来的巨石使湖面泛起达几十米高的水柱，一团巨大的粉尘冲天而起，滑坡过后的易贡湖面出口和易贡藏布江的入口，堆积起一道宽有 3 千米、面积达 8.67 平方千米、高达 60～100m 的大坝，事后估算约有 3 亿多立方米的各种石块。这次滑坡在世界上也是罕见的。崩滑石块形成的大坝，使易贡藏布江断水达两个多月，积水量达 30 亿立方米，易贡湖面陡升了 60 米，茶场和湖边村庄、土地，以及 370 公顷的森林，全部被水淹没，在 6 月 11 日 19:00，被堵塞了 62 天的易贡湖，堆积的大坝发生溃决，几十米高的洪水持续几天，狂泻的洪水，使易贡藏布江、帕隆藏布江及雅鲁藏布江的水位猛涨，连 20 千米外的通麦镇，也积水 1 米多深，4 天后大坝形成的洪水才放完，造成了易贡藏布江、帕隆藏布江及雅鲁藏布江大峡谷地区的桥梁全部冲毁，318 国道的咽喉"通麦大桥"被冲毁，使川藏线断路达 4 个月之久，也波及雅鲁藏布江下游的印度地区。据"法新社"报道，布拉马普特拉河沿岸 7 个地区受灾，250 万人无家可归，公路、铁路交通中断。

溃决后的洪水，改变了三条江流的河谷形态，又由于波密境内的地质灾害很多，而这些灾害的复活，又在雨季之中，使得 318 国道川藏线更加难以通行。

通过此案例的学习，了解土木地质对工程产生怎样的影响。

1.2.2　工程地质学的研究任务

工程地质学的主要研究任务包括以下几个方面。

(1) 阐明建筑地区的工程地质条件，并指出对建筑物有利的和不利的因素。

(2) 论证建筑物所存在的工程地质问题，进行定性和定量的评价，做出确切的结论。

(3) 选择地质条件优良的建筑场址，并根据场址的地质条件合理配置各个建筑物。

高等院校立体化创新规划教材

（4） 根据对地质环境合理利用和保护的建议，研究工程建筑物兴建后对地质环境的影响，预测其发展演化趋势。

（5） 根据建筑场址的具体地质条件，提出有关建筑物类型、规模、结构和施工方法的合理建议，以及保证建筑物正常使用所应注意的地质要求。

（6） 为拟定防治和改善不良地质作用的措施和方案提供地质依据。

1.2.3　工程地质学的研究方法

工程地质学的研究方法主要有自然历史分析法、数学力学分析法、模型模拟试验法和工程地质类比法。

1. 自然历史分析法

自然历史分析法是工程地质学研究中最基本的一种方法。工程地质学所研究的对象——地质体和各种地质现象，是在自然地质历史过程中形成的，而且随着所处条件的变化，还在不断地发展演化着。因此对动力地质作用或建筑场地进行工程地质研究时，首先要做好基础地质工作，查明自然地质条件和各种地质现象以及它们之间的关系，预测其发展演化的趋势。只有这样，才能真正查明所研究地区的工程地质条件，并作为进一步研究工程地质问题的基础。

2. 数学力学分析法

数学力学分析法是在自然历史分析的基础上开展的，是对某一工程地质问题或工程地质现象，根据所确定的边界条件和计算参数，运用理论公式或经验公式进行定量计算。由于自然地质条件比较复杂，在计算时需要把条件适当简化，并将空间问题简化为平面问题来处理。一般的情况是，先建立地质模型随后抽象为力学、数学模型，代入各项计算参数进行计算。

3. 模型模拟试验法

模型模拟试验法在工程地质研究中可以帮助人们探索自然地质作用的规律，揭示工程动力地质作用或工程地质问题产生的力学机制、发展演化的全过程，以便研究者做出正确的工程地质评价。

进行模型模拟实验必须有理论做指导，除了工程力学、岩体力学、土力学、水力学、地下水动力学等理论外，还必须遵循量纲原理和相似原理。

4. 工程地质类比法

工程地质类比法可用于定性评价，也可用作半定量评价。它是将已建建筑物工程地质问题的评价经验运用到自然地质条件大致相同的拟建的同类建筑物中，这种方法的基础是相似性，即自然地质条件、建筑物的工作方式、所预测的工程地质问题都应大致相同或近似，往往受研究者的经验所限，由于自然地质条件等不可能完全相同，类比时又往往把条件加以简化，所以这种方法是较为粗略的，一般适用于小型工程或初步评价。

上述四种研究方法各有特点，应互为补充，综合应用。其中，自然历史分析法是最重要和最根本的研究方法，是其他研究方法的基础。

【案例分析 1-2】

2004 年 12 月 3 日 3 时 40 分，贵州省纳雍县鬃岭镇左家营村岩脚组后山发生危岩体崩塌，崩塌体冲击了山下土坡和岩脚寨(组)部分住户，形成特大型地质灾害。据统计，共有 19 户村民受灾，12 栋房屋被毁，7 栋房屋受损。

发生崩塌的危岩体后缘高约 2200m，前缘高约 2160m，相对高差约 40m。危岩体东西长约 35m，南北宽约 3m，垂直厚度约 40m，体积约 4000m^3。崩塌堆积体前缘高程约 1850m，崩塌体分东西两支，由北向南崩落堆积，前后最大落差 350m，造成危害的西支最大水平冲击距离约 500m。

通过观察危岩崩塌灾害现场，此次山崩灾害的地质环境具有以下特征。

(1) 崩塌发生的部位是整个山体陡崖带的组成部分，其东西两侧还存在危险岩体。

(2) 崩塌部位后山在地形上是一"圈椅状"汇水区，该区域中间冲沟正对崩塌部位。

(3) 两侧危岩，特别是东侧危岩顶部已开裂缝达 20cm，裂缝中树木较为茂盛，根部生长在裂缝中。

(4) 组成危岩体的地层为三叠纪灰岩、泥灰岩和粉质砂岩，彼此软硬相间。

(5) 岩层产状为向山内缓倾，沿陡崖面发育一组结构面切割岩层，形成易于崩塌的地质结构。此次崩塌断面下部两侧为新鲜岩面，中、上部均为旧裂缝，并被泥土充填，两壁存在溶蚀现象。

(6) 在新崩塌及两侧危岩体后山未发现新生裂缝，但存在浅表层的土体滑塌，厚为 1～2m。

(7) 崩塌堆积体冲击过程中遇到高程 1913.4m 的小山丘阻挡，迫使其分为东西两支，并缓解了其冲击力，否则造成的灾难更大。

1.3　工程地质学在土木工程建设中的作用

工程地质学的产生源于土木工程的需要，单纯的力学计算不能解决实际问题，土木工程从一开始就和工程地质学结下了不解之缘。

工程地质学在土木工程建设中的作用.mp4

1.3.1　土木工程的建筑材料

土木工程中常用的天然建筑材料主要有：黏性土料、砂性土、砂卵砾石料、碎石、块石石料等，在大型土木及水利工程中，天然建筑材料的量、质及开采运输条件等，直接关系到场址选择、工程造价、工期长短等，因此，它也是工程地质条件评价的重要内容，有时甚至可以成为选择工程建筑物类型的决定性因素。已有的工程地质条件在工程建筑和运行期间会产生一些新的变化和发展，构成威胁工程建筑安全的地质问题，称为工程地质问题。由于工程地质条件复杂多变，不同类型的工程对工程地质条件的要求又不尽相同，所以工程地质问题是多种多样的。

工程地质学通过采用物探、钻探、洞探等手段，由粗而细，由浅而深，构造出工程地质模型，明确哪些地段条件简单，哪些地段条件复杂，哪些地段可能冒顶，哪些地段可能

高等院校立体化创新规划教材

突水。识别断层的存在，软夹层的空间分布，搞清结构面的优势方向，地下水的赋存和运动规律，为保证土木工程建设的合理规划以及建筑物的正确设计、顺利施工和正常使用，提供可靠的地质科学依据。

例如，地基对工程建筑的影响，绝大多数的建筑物建造在土层或岩层上。由于承受由基础传来的建筑物荷载而使土层或岩层一定范围内原有应力状态发生改变的土层或岩层称为地基。地基在静动荷载作用下要发生变形，变形过大会影响建筑物的安全，致使建筑物不能正常使用。因此，地基与工程建筑物的关系更为直接，更为具体。受建筑场地的工程地质条件所制约，地基的好坏不仅直接影响建筑物的经济性与安危，而且一旦出现事故，处理比较难。

因此，在设计每一座建筑物之前，必须进行场地与地基的岩土工程勘察，充分了解建筑场地与地基的工程地质条件，论证和评价场地、地基的稳定性和适宜性，以及不良地质现象，进行软弱地基处理与加固等。

1.3.2　工程地质条件

工程地质条件即工程活动的地质环境，可理解为工程建筑物所在地区地质环境各项因素的综合。一般认为，它包括岩土(岩石和土)的类型及其工程性质、地表地质作用等。

岩土的类型及其工程性质(地层岩性)是最基本的工程地质因素，包括它们的成因、时代、岩性、产状、成岩作用特点、变质程度、风化特征、软弱夹层和接触带以及物理力学性质等。地质构造是工程地质工作研究的基本对象，包括褶皱、断层、节理构造的分布和特征。地质构造，特别是形成时代新、规模大的优势断裂，对地震等灾害具有控制作用，因而对建筑物的安全稳定、沉降变形等具有重要意义。这是重要的工程地质因素，地下水是降低岩、土体稳定性的重要因素，又在某些情况下对建筑物的某些部位(如基础)发生侵蚀作用，影响建筑物的安全。它包括地下水的成因、埋藏、分布、动态和水质等。

地表地质与建筑区地形、气候、岩性、构造、地下水和地表水作用密切相关，主要包括滑坡、崩塌、岩溶、泥石流、风沙移动、河流冲刷与沉积等，对评价建筑物的稳定性和预测工程地质条件的变化意义重大。地形是指地表高低起伏状况、山坡陡缓程度与沟谷宽窄及形态特征等，地貌则可以说明地形形成的原因、过程和时代。平原区、丘陵区和山岳地区的地形起伏、土层厚薄和基岩出露情况、地下水埋藏特征和地表地质作用现象都具有不同的特征，这些因素都会直接影响建筑场地和线路的选择。

1.3.3　土木工程的地质问题

就土木工程而言，主要的工程地质问题包括以下四类。

(1) 地基稳定性问题：这是工业与民用建筑工程经常遇到的主要工程地质问题，包括强度和变形两个方面。铁路、公路等工程则会遇到路基稳定性问题。

(2) 斜坡稳定性问题：自然界的天然斜坡是经受长期地表地质作用后达到相对协调、平衡的产物，人类工程活动尤其是道路工程需开挖和填筑人工边(路堑、路堤、堤坝、基坑等)，斜坡稳定对防止地质灾害的发生及保证地基稳定有十分重要的作用。

(3) 洞室围岩稳定性问题：地下洞室被包围于岩土体介质(围岩)中，在洞室开挖和建设过程中破坏了地下岩体原始平衡条件，便会出现一系列不稳定现象，如围岩塌方、地下水涌水等。

(4) 区域稳定性问题：是指在特定的地质条件下产生的并影响到广大区域的工程地质问题，包括活断层、地震、水库诱发地震、地震砂土液化和地面沉降等。掌握这些问题的规律性，对规划选场，或者对地质环境的合理开发与妥善保护，具有重要意义。

1.4　工程活动与地质环境

工程活动与地质环境.mp4

工程活动都是在一定的地质环境中进行的，两者之间具有密切的联系，并且相互影响、相互制约。地质环境对工程建设活动的制约是多方面的。它可以影响工程建筑的造价与施工安全，也可以影响工程建筑的稳定和正常使用。例如，在岩溶地区修建房屋，如果不查明岩溶分布情况且未采取有效措施，可能会引起地面塌陷。工程活动也会以各种方式影响地质环境。例如，开挖路堑会改变斜坡原有的地质条件，不合理开挖可能会引发崩塌或滑坡。不科学的工程活动，甚至会引发严重的地质灾害。

1.4.1　地质环境对工程活动的影响

地质环境包括地质变化后的构成及地质现象，工程活动是工程建设(大坝、水库、隧道、桥梁、大厦等的实施)。地质环境对工程活动的影响如下。

地质构成危险地段，如地震断裂带、断层、破碎带、活火山、地震活动带等，不可进行工程活动。地质构成不利地段，如地下溶洞、地下石芽密布、滑坡、危岩等，不宜进行工程活动。地质构成有利地段，适合工程活动。

【案例分析 1-3】

水利工程需进行河床开挖、两岸削坡等土石方工程施工，均会破坏原自然山坡的稳定和平衡，严重时会导致滑坡、错动、塌滑等。大坝既高且重，蓄水后强大的水压力通过坝体传至地基和周围岩体上，有可能造成水库诱发地震、影响岩体稳定性和原有的地质构造的条件。此外还有库区淹没、岸边浸没、塌岸等地质问题。

对地震的影响：大型水库蓄水后可诱发地震。这在 1967 年国际大坝会议上即已提出，目前世界公认的震例有 45 处，不少地区原是无震区，水库蓄水后发生了破坏性地震。水库诱发地震多发生在新第三纪以来新构造运动曾活跃的区域，且水深和蓄水量较大，震源多紧靠水库或 25km 内的邻近地区，震源深度极浅，在 3～10km 范围内。总之，地震烈度较高、破坏性大。水库地震活动与蓄水过程有着明显的相关性，但震级不高，一般低于 5、6 级。为防止水库诱发地震的发生，应注意以下几个方面。

(1) 在地质条件较差、断裂发育、岩性不均匀及地震活动区建坝时，应选用抗震性能好的坝型和材料。

(2) 水库蓄水后应加强地震观测，若发现微震，应严格控制水位升高速度，减小负荷，消除诱因。

(3) 库岸稳定的水库蓄水后因水位变化和波浪作用，使原岸坡失去平衡而发生塌滑破坏和山体滑坡。

例如，三门峡水库蓄水两年共塌岸 1.77 亿 m^3；意大利瓦依昂坝上游 2.5 亿 m^3 山体，在 30s 内滑入水库，造成坝顶溢流，死亡 3000 人。因此，水库蓄水前应对岸坡进行削坡，发现可能滑坡山体，应事先设置排水、加固等工程措施或事先清除。

(4) 水库渗漏。水库蓄水后，坝基承受水头可产生渗透。当库区边缘脊很单薄、裂隙发育或有断裂带、溶洞、溶槽等，不仅漏水量大，影响水库运力，还会影响周围地区的地质、水文条件。若是污水库、尾矿库，渗漏还将污染周围地区。水库建成后应加强监测，对渗漏最大的地区和部位，应采取防渗加固措施。

1.4.2　工程活动对地质环境的影响

人类的工程活动对地质环境的影响较多，包括工业与民用建筑、地下工程、道路和其他线路工程、河流和水的工程、地下水工程、滨海工程、地震工程、采矿和建筑材料工程等。

这些工程活动对地质环境的影响是多方面的，归纳起来大致有五个类型：开挖工程对地质环境的影响及产生的问题，一般承载工程(建筑物地基)对地质环境的影响及产生的问题，特殊承载工程对地质环境的影响及产生的问题，地下水工程对地质环境的影响及产生的问题，废物处理工程对地质环境的影响及产生的问题。

1. 开挖工程对地质环境的影响及产生的问题

开挖工程是指为了工程目的对原生或次生岩土体的开挖，包括建筑基坑开挖、广义采矿开挖、线状开挖(道路、管线、渠道、隧洞、河流整治开挖)等。开挖结果是，使岩土体产生新的临空面，由此产生很多问题。首先是岩土体临空面及整体的稳定性问题，包括侧壁稳定、边坡稳定、坑底稳定、顶板稳定、洞体稳定等。其次是与地下水等有关的问题，包括积水、涌水、排水疏干以及由此带来的稳定性问题，其中矿坑涌水是很突出的问题，还有有害气体的逸出、热害、放射性灾害等。最后是植被和天然地貌景观的破坏和水土流失。采空区的地质环境影响，比较典型的是地面塌陷、采空区积水等问题。尾矿坝和贮灰坝的地质环境影响，如坝的稳定性、对水质的影响等。

2. 一般承载工程(建筑物地基)对地质环境的影响及产生的问题

一般承载工程(建筑物地基)对地质环境的影响是很多人比较熟知的领域，传统岩土工程概念也由此产生。以岩土体作为地基，主要是岩土体的强度和稳定性问题，当天然地基的强度和稳定性满足不了建筑物的需要时就会直接危及建筑物的安全，因此要采用人工地基，即经过加固的地基，或者采用桩基础(复合地基、深基础)，这些通常被认为是岩土工程的核心，发展速度很快，内容也十分丰富。关于这方面的问题如下。

(1) 地基失稳问题，包括多种形式的破坏；

(2) 不均匀沉降问题，通常是稳定性问题的核心；

(3) 地基加固处理；

(4) 多种材料的桩基与天然地基的复合承载；

(5) 冻土地基问题；

(6) 盐基线路问题；

(7) 线路冻胀和翻浆；

(8) 沙漠地基问题。

3. 特殊承载工程对地质环境的影响及产生的问题

地面建筑是一种普通的人工加载工程，还有一些特殊的人工加载工程，如蓄水水库、大坝、尾矿坝和贮灰坝等。这种荷载的特点是规模较大，影响也较大，它不仅涉及岩土体稳定和地面稳定性问题，还涉及地壳稳定问题，如水库诱发地震，还涉及库区水文地质问题和对周围地区环境地质的影响。

4. 地下水工程对地质环境的影响及产生的问题

从广义的角度来理解地下水工程，它包括对地下水的开采也包括疏干，包括开采也包括回灌，包括井采也包括其他形式开采，包括开采也包括防水，既包括集中开采也包括分散开采，包括深部开采也包括浅部开采，等等。因此，它对地质环境的影响和产生的问题是比较多的，影响面也较广，归纳起来大致有以下几个方面。

(1) 地下水开采漏斗及其影响；

(2) 开采水源地下水水质污染问题和变异问题，这一类问题在城市地区尤为显著；

(3) 地面沉降问题；

(4) 滨海地区的海水入侵问题；

(5) 疏干工程和防水工程对环境的影响问题；

(6) 地下水回灌及水的理化性质变异；

(7) 围幕灌浆工程和地下水库工程系统对水质和环境的影响问题；

(8) 水资源可持续开发问题。

5. 废物处理工程对地质环境的影响及产生的问题

人类生活和经济活动产生的废物种类很多，也十分复杂，包括物理的、化学的、生物的、放射性的等，有固相、液相、气相及多种组合的混合相，这些废物的存在及任何工程处理方式都将对地质环境造成不同程度的影响，甚至破坏，目前对它的潜在影响还没有认识清楚，因此应加大研究的力度。关于对地质环境的影响，目前至少可提出以下几个问题。

(1) 废物分类系统及处理方式的研究；

(2) 污水深海排放工程对环境的影响；

(3) 废物堆埋、浅埋、深排的长远环境影响；

(4) 资源的绝对消耗和相对消耗问题。

由此可见，人类的工程活动规模越来越大，向空中、海上、地下的三维空间发展，甚至酝酿着向地球以外的星球发展，因此它对地质环境的影响也越来越大，越普遍，越深刻，越复杂，对人类经济和社会发展的制约性越来越强，与人类的生存和发展的关联度越来越大。过去不太引人注目的问题，现在成了重要问题或严重问题。

高等院校立体化创新规划教材

本 章 小 结

本章详细介绍了工程地质学的研究内容和任务以及工程地质学的研究方法，工程地质在土木工程建设中的作用以及工程活动与地质环境的关系。通过本章的学习，读者可以对工程地质有初步的认识与了解。

思考与练习

1. 填空题

(1) 工程地质学的研究方法主要有_____、_____、_____和_____。

(2) 就土木工程而言，主要的工程地质问题包括四类：_____、_____和_____。

2. 简答题

(1) 工程地质学的主要任务是什么？

(2) 工程地质学在土木工程建设中的作用有哪些？

第2章 矿物与岩石

本章导读

本章将对岩土的物理性质指标的含义、主要造岩矿物、岩石的性质及工程分类等进行详细的介绍，并对它们与工程地质的关系进行讲解。每一节都将包含概念讲解以及工程应用，可以让读者对矿物与岩石的工程作用有基本的了解。

学习目标

- 正确掌握岩土体的变形和破坏规律。
- 对岩(土)体的稳定性做出合乎实际的分析和评价。
- 对岩(土)体的物理性质、水理性质及工程分类等有清晰的认识。

矿物与岩石.mp4

2.1 概　　述

概述.mp4

矿物是组成地壳的基本物质，它是在各种地质作用条件下形成的具有一定化学成分和物理性质的单质体和化合物。矿物是构成岩石的基本单元，目前自然界已发现的矿物约3300多种。

2.1.1　地壳

地壳是指由岩石组成的固体外壳，是地球固体圈层的最外层，也是岩石圈的重要组成部分，可以用化学方法将它与地幔区别开来。

地壳是地球固体地表构造的最外圈层，整个地壳平均厚度约 17km，其中大陆地壳厚度较大，平均约为 33km。高山、高原地区地壳更厚，最高可达 70km；平原、盆地地壳相对较薄。大洋地壳则远比大陆地壳薄，厚度只有几千米。

地壳分为上下两层。上层化学成分以氧、硅、铝为主，平均化学组成与花岗岩相似，称为花岗岩层，亦有人称之为"硅铝层"。此层在海洋底部很薄，尤其是在大洋盆地地区，太平洋中部甚至缺失，是不连续圈层。下层富含硅和镁，平均化学组成与玄武岩相似，称为玄武岩层，所以有人称之为"硅镁层"(另一种说法，整个地壳都是硅铝层，因为地壳下层的铝含量仍超过镁；而地幔上部的岩石部分镁含量极高，所以称为硅镁层)。此层在大陆和海洋均有分布，是连续圈层。两层以康拉德不连续面隔开，如表 2-1 所示。

表 2-1　固体地球结构表

地球圈层名称			深度 (km)	地震纵波 速度 (km/s)	地震横波 速度 (km/s)	密度 (g/cm³)	物质 状态
一级 分层	二级分层	传统 分层					
外球	地壳	地壳	0~33	5.6~7.0	3.4~4.2	2.6~2.9	固态物质
	外过 渡层	外过渡层 (上)	上地幔	33~980	8.1~10.1	4.4~5.4	3.2~3.6	部分熔融 物质
		外过渡层 (下)	下地幔	980~2900	12.8~13.5	6.9~7.2	5.1~5.6	液态—固 态物质
液态层	液态层	外地核	2900~4700	8.0~8.2	不能通过	10.0~11.4	液态物质
内球	内过渡层	过渡层	4700~5100	9.5~10.3		12.3	液态—固 态物质
	地核	地核	5100~6371	10.9~11.2		12.5	固态物质

2.1.2　矿物

矿物是地壳内外各种岩石和矿石的组成部分，是具有一定的化学成分和物理性质的自然均一体。大部分矿物是固体，也有的是液体(如自然汞、石油)或气体(如 CO_2、H_2S 等)。

矿物的形成必须具备以下几个条件：有矿物的物质来源，有一定的空间，有一定的时间。有的矿物的形成还需要具备一定的温度和压力。

矿物通常分为原生的、次生的和表生的三类。①原生矿物是指在内生条件下的造岩作用和成矿作用过程中，同时形成的矿物。如岩浆结晶过程中所形成的橄榄岩中的橄榄石，花岗岩中的石英、长石，热液成矿过程中所形成的方铅矿等。②次生矿物是指在岩石和矿石形成之后，其中的矿物遭受化学变化而改造成的新矿物。次生矿物与原生矿生在化学成分上有一定的继承关系。③表生矿物是在地表和地表附近范围内，由于水、大气和生物的作用而形成的矿物，主要包括湖泊海洋中的沉积矿物。

地壳由岩石组成，岩石是矿物的集合体，矿物由化学元素结合而成。矿物是地壳中的一种或多种化学元素在各种地质作用下形成的天然单质或化合物，是组成岩石和矿石的基本单位。

1. 矿物的特征

矿物可以由一种单质元素组成，如自然金、自然铜、自然硫、石墨等；绝大多数矿物是由几种元素组成的化合物，如石盐、石膏、石英等。它们由比较固定的化学成分组成，如黄铁矿由 FeS_2、方解石由 $CaCO_3$、石英由 SiO_2、岩盐由 $NaCl$ 组成。绝大多数矿物具有一定的内部结构和构造，以及一定的外部形态，如石盐内部质点呈有规律的空间排列，具有一定的物理性质和化学性质。绝大多数矿物呈固态，仅有少数以液态(自然汞)或气态产出(天然气)。矿物一般为无机矿物，有机矿物很少。

2. 矿物晶质体与非晶质体

固态矿物根据内部结构分为晶质体与非晶质体。

1)　晶质体

矿物内部质点(原子、离子、分子等)有规律地排列、具有一定的结晶格子和一定的几何外形特征的固体称为晶质体，如石英、岩盐、方解石等。盐岩晶体内部的 Na^+离子和 Cl^-离子，在三维方向的空间上呈等间距相隔重复排列，组成立方格子结构，其外形呈立方体状。

2)　非晶质体

矿物内部质点不做有规律的排列、不具有结晶格子特征，而且几何外形不固定的固体称为非晶质体，如天然玻璃、蛋白石、琥珀等。

岩石是在一定的地质条件下形成的。各类岩石具有不同的矿物组合、独特的结构构造及成因等特征，这些特征都影响岩石的强度与稳定性，也在一定程度上影响土(岩石风化以后的产物)的性质。组成岩石的各种矿物的成分、性质及其形成环境等因素的不同，也会对岩石的强度和稳定性产生影响。

2.1.3　地球内部圈层

地球内部的结构，无法直接观察。到目前为止，关于地球内部的知识，主要来自对地震波的研究。当地震发生时，地下岩石受到强烈冲击，产生弹性震动，并以波的形式向四周传播，这种弹性波叫地震波。地震波有纵波(P 波)和横波(S 波)之分。纵波的传播速度较快，可以通过固体、液体和气体传播；横波的传播速度较慢，只能通过固体传播。纵波和横波的传播速度，都随着所通过物质的性质而变化。

地球内部有两个明显的不连续面：一个在地面下平均 33km 处(指大陆部分)，在这个不连续面下，纵波和横波的传播速度都明显增加，这个不连续面叫莫霍界面；另一个在地下 2900km 处，在这里纵波的传播速度突然下降，横波完全消失，这个面叫作古登堡界面。以莫霍界面和古登堡界面为界，可以将地球内部分为地壳、地幔和地核三个圈层。

1. 地壳

地壳指地表到莫霍界面，以硅、铝成分为主，分上下两层，上层为硅铝层，下层为硅镁层，铁、镁成分相对增多。

2. 地幔

从莫霍界面到古登堡界面，随深度的增加，铁、镁成分增加。根据地震波的特性，以地下 1000km 为界，分为上地幔和下地幔。在上地幔上部存在一个软流层，岩石处于高温熔融状态，据推测，它是岩浆可能的发源地之一。

3. 地核

在古登堡界面以下，根据地震波传播的特性，以地下 5000km 为界，分为内核和外核，外核为液体，内核是固体，以铁、镍为主。从软流层以上，全部是由岩石组成，故称岩石圈，即地壳和软流层以上到上地幔顶部合称岩石圈。

高等院校立体化创新规划教材

2.2　主要造岩矿物

主要造岩矿物.mp4

构成岩石主要成分的矿物，称为造岩矿物。自然界中的矿物种类极多，但造岩矿物种类仅有二三十种。其中最重要的有七种造岩矿物：正长石、斜长石(二者又统称长石类矿物)、石英、角闪石类矿物(主要是普通角闪石)、辉石类矿物(主要是普通辉石)、橄榄石、方解石。甚至可以说，整个地壳几乎就是由上述七种矿物构成的。

2.2.1　矿物的形态

矿物晶体的形态是指矿物的外表几何形态，主要包括单体结晶习性、集合体及其形态。

1. 单体结晶习性

在相同的生长条件下形成的同种矿物，其单体总是趋向于某一特定的晶体形态，即各种晶体在相同生长条件下都有自己的习见形态，我们称之为矿物的结晶习性。

按矿物单体在三维空间发育的程度，结晶习性可划分为三种类型。

1)　一向延长型

一向延长型是指晶体沿三维的某一个方向特别发育而另两个方向不太发育，矿物形态呈柱状、针状或纤维状。例如，石英、电气石、角闪石等呈柱状外形，纤维状石膏呈针状、纤维状外形。

2)　二向延展型

二向延展型是指晶体沿两个方向特别发育，矿物形态呈板状、片状。例如，重晶石、石膏等呈板状外形，云母、石墨呈片状外形。

3)　三向近等型

三向近等型是指晶体沿三维空间的三个方向发育程度大致相等，矿物形态呈粒状或立方体状，如橄榄石、黄铁矿、盐岩等。

2. 矿物集合体及其形态

矿物集合体是指同种矿物的许多单体聚集在一起的集合体整体形态。矿物集合体的形态特征是鉴别不同矿物的重要标志之一，分为以下类型。

1)　粒状集合体

矿物单体肉眼可见，单体呈粒状体，呈不规则聚合，如橄榄石、黄铁矿等集合体。

2)　板状集合体

矿物单体肉眼可见，单体呈板状，呈不规则聚合，如重晶石、黑钨矿等集合体。

3)　片状集合体

矿物单体肉眼可见，单体呈片状，呈不规则聚合，如云母集合体。

4)　柱状集合体

矿物单体肉眼可见，单体呈柱状，呈不规则聚合，如辉锑矿集合体。

5)　放射状集合体

矿物单体肉眼可见，单体呈柱状或纤维状或针状，围绕一个中心呈放射状排列，如红柱石集合体。

6） 纤维状集合体

矿物单体肉眼可见，单体呈纤维状或针状、毛发状，呈平行排列，如石棉、纤维状石膏集合体。

7） 晶簇

晶簇是指在岩石的空洞或裂隙中生长的柱状单体，它们是以洞壁或裂隙壁作为共同的基底大体向着一个方向生长成簇状的矿物集合体。簇状集合体可以由同种矿物组成，如石英晶簇，也可由不同矿物晶体组成。

8） 结核

结核一般由非晶质或隐晶质胶体物质或肉眼不能分辨的矿物单体围绕一个核心向外逐渐生长而成，多呈球状体或不规则状体。一般具有同心状或放射状构造，如煤系或煤层中常见的黄铁矿、菱铁矿等结核。

9） 分泌体

在岩石的空洞中，分泌体由非晶质或隐晶质胶体物质以洞壁为基底大体向洞中心逐渐生长充填而成。其具有同心状构造，与结核的形成相反，其圈层构造是由外向里的，典型的例子就是玛瑙。

10） 其他形状聚合体

其他形状聚合体主要是由胶体凝聚或溶液蒸发沉淀形成的矿物集合体。其形状多样，如肾状矿物集合体、葡萄状矿物集合体、钟乳石、石笋、石柱等。

11） 块状集合体

块状集合体由均匀聚合的矿物单体组成，矿物单体难以用肉眼分辨，如黄铜矿、铝土矿等。

12） 土状聚合体

组成矿物聚合体的矿物呈粉末状，矿物单体难以用肉眼分辨，质地松软，如一些黏土矿物集合体。

2.2.2 矿物的物理性质

矿物的物理性质包括其光学性质、力学性质和其他性质，具体内容如下。

1. 光学性质

矿物的光学性质如表2-2所示。

1） 颜色

颜色是矿物对可见光波选择吸收的反映。

自色：矿物本身原有的颜色。与矿物的内部结构和化学成分有关，如赤铁矿、孔雀石和斑铜矿。

他色：矿物中混入了某些带色杂质所引起的颜色，如烟晶。

假色：因矿物内部存在裂隙或表面的氧化膜对光的反射、折射所引起的颜色，如方解石表面的彩虹。裂隙引起的假色称为晕色。

高等院校立体化创新规划教材

2) 条痕

条痕是指矿物粉末的颜色。

3) 光泽

光泽是指矿物表面反射光线的能力，矿物的光泽类型有以下几种。

(1) 金属光泽：类似于金属磨光面上的反射光，如黄铁矿、黄铜矿。

(2) 半金属光泽：比金属光泽较暗淡，如磁铁矿。

(3) 玻璃光泽：如同普通玻璃表面所具有的光泽，如石英晶面、长石、方解石解理面。

(4) 油脂光泽：一些矿物因反射面不光滑，反射光有散射现象，像油脂一样，如石英断口面。

(5) 蜡状光泽：隐晶质或胶体矿物断面常呈弱的光泽，如石蜡表面光泽、燧石断口面光泽。

(6) 土状光泽：矿物表面呈土状，暗淡无光，如高岭石等。

4) 透明度

透明度是指矿物容许可见光透过的程度。一般以 1cm 厚矿物的透光程度为标准，将矿物透明度分为三级。

(1) 透明矿物：隔着矿物可见另一侧物体的清晰轮廓，如石英、方解石。

(2) 半透明矿物：隔着矿物仅可见另一侧物体的模糊轮廓，如闪锌矿。

(3) 不透明矿物：隔着矿物看不见另一侧物体的轮廓，如黄铜矿、黄铁矿。

表 2-2 矿物光学性质对照表

颜色	无色或白色、浅色或彩色、深色、金属色
条痕	无色或白色、无色或淡色、浅色或彩色、深色或金属色
光泽和透明度	玻璃、金刚、半金属、金属透明、半透明、不透明

2. 力学性质

矿物标准硬度计及简易鉴定方法如表 2-3 所示。

1) 解理

解理是指结晶矿物在受外力打击后，沿一定的方向规则地裂开，形成光滑平面的性质。裂开的光滑面称为解理面。

按解理的发育程度可分为：极完全解理、完全解理、中等解理、不完全解理。

(1) 极完全解理：解理面非常光滑，矿物很容易分裂形成薄片，不出现断口，如云母。

(2) 完全解理：解理面光滑，矿物易分裂形成薄片或规则的小块，不易形成断口，如方解石等。

(3) 中等解理：解理面不光滑，有时产生断口，如长石、角闪石。

(4) 不完全解理：解理面不易发生，容易破碎、产生断口，如磷灰石。

2) 断口

矿物受打击后沿任意方向裂开所形成的凹凸不平的断面称为断口。断口与解理不同，可出现在矿物晶体、非晶质体、胶体矿物中，常见的有贝壳状断口、参差断口、土状断口、平坦状断口。

(1) 贝壳状断口：断口为具有同心圆纹的凹形曲面，形如贝壳壳面，如石英、橄榄石等。

(2) 参差断口：断口面粗糙不平、参差不齐，如黄铜矿、磷灰石等。

(3) 土状断口：断口呈粉末状，见于土状矿物，如土状高岭石。

(4) 平坦状断口：断口面平坦光滑，多见于致密块状矿物，如块状高岭石。

3) 硬度

硬度是指矿物抵抗外力刻画或研磨的能力。肉眼鉴定常常采用摩氏硬度计法(见表 2-3)。硬度为相对大小，非绝对大小。实验室常用手指甲(硬度 2.5)和小刀或玻璃(硬度 5.5)鉴别，注意要观察新鲜面。

表 2-3 矿物标准硬度计及简易鉴定方法对照表

摩氏硬度计		矿物硬度简易鉴定方法		
硬度等级	矿 物	代用硬度	相对硬度测定	硬度等级
1	滑石	指甲(2.5)	用指甲容易刻出	低硬度
2	石膏		用指甲能刻出	
3	方解石	铁刀(5～5.5)	用小刀很容易刻画	中硬度
4	萤石		用小刀能刻出	
5	磷灰石		用铅笔刀刻有明显划痕	
6	长石	玻璃(5.5～6)	用小刀画玻璃不易刻画，钢刀可留划痕	
7	石英	钢刀(6～7)	用钢刀不易刻画	高硬度
8	黄玉		能在玻璃上刻下明显划痕	
9	刚玉			
10	金刚石		能刻画石英	极高硬度
			能刻画石英	

3. 其他性质

1) 比重

矿物的比重是指纯净的单矿物与 4℃时的同体积水的重量之比。按其比重不同可分为轻矿物、中等矿物、重矿物。

(1) 轻矿物：比重小于 2.5，如盐岩、石膏、石墨等。

(2) 中等矿物：比重介于 2.5～4，如方解石、石英、长石等。

(3) 重矿物：比重大于 4，如黄铜矿、磁铁矿、重晶石等。

2) 磁性

矿物的磁性是指矿物颗粒或粉末能被磁铁吸引的性质，如磁铁矿、磁黄铁矿。

3） 与化学试剂反应

一些矿物与化学试剂反应后会发生一些特殊的现象，并用来作为鉴别矿物的标志。例如，方解石遇到冷的稀盐酸就立即剧烈起泡，而白云石遇到冷的稀盐酸后却缓慢起泡，可以此区分二者。

此外，矿物还有导电性、弹性、发光性、放射性、延展性、脆性、带电性等。

2.2.3 几种重要造岩矿物的物理性质

矿物的种类繁多，由于其物理性质测试简单，常作为鉴定和分类的主要依据。下面介绍几种重要的造岩矿物的物理性质。

1. 石英

石英(SiO_2)无色，因含杂质等可呈各种颜色。无条痕，断口呈贝壳状，有油脂光泽，硬度高，透明。晶体呈六方柱双锥状。化学性质稳定，抗风化能力强，含石英越多的岩石，岩石的工程性质越好。石英广泛分布在各种岩石和土层中，是重要的造岩矿物。

2. 正长石

正长石($KAlSi_3O_8$)呈柱状、板状、块状，颜色为肉红色或黄褐色或近于白色，条痕白色，有玻璃光泽，硬度高，中等解理，两组解理面近于 90° 正交。易于风化，完全风化后形成高岭石、绢云母、铝土矿等次生矿物。

3. 斜长石

斜长石呈长状板条，白色或暗灰色，无痕，呈透明、玻璃光泽，硬度高，中等解理，两组解理面成 86° 左右斜交。易于风化，解理面上有细条纹。成分中以 Na^+ 为主的是酸性斜长石，以 Ca^{2+} 为主的是基性斜长石，两者之间的为中性斜长石。斜长石是构成岩浆岩的最主要的矿物。

4. 白云母

白云母呈片状、鳞片状，薄片无色透明，珍珠光泽，硬度低，薄片有弹性，一组极完全解理，具有高的电绝缘性，抗风化能力较强，主要分布在变质岩中。

5. 黑云母

黑云母呈片状或板状，颜色深黑，其他性质与白云母相似，硬度低，有玻璃或珍珠光泽，半透明、易风化，风化后可变成蛭石，薄片失去弹性，当岩石含云母较多时，强度降低，广泛分布于岩浆岩和变质岩中。

6. 角闪石

角闪石呈长柱状、针状，颜色暗绿～黑色，有玻璃光泽，硬度高，半透明，中等解理，两组解理交角为 56°；较易风化，风化后可形成黏土矿物、碳酸盐及褐铁矿等；多产于中性岩浆岩和某些变质岩中。

7. 辉石

辉石呈短柱状、粒状，黑色，有玻璃光泽，中硬度、中等解理，两组解理面交角为87°，较易风化，多产于基性或超基性岩浆岩中。

8. 橄榄石

橄榄石呈粒状集合体，橄榄绿色，有玻璃光泽，透明、高硬度，断口呈贝壳状，常见于超基性岩浆岩中，易风化。

9. 方解石

方解石呈菱面体或六方柱，无色或乳白色，有玻璃光泽，四度，三组完全解理，遇稀盐酸有起泡反应。方解石是组成石灰岩的主要成分，用于制造水泥和石灰等建筑材料，也可作电气及炼钢的熔剂等。

10. 白云石

白云石呈菱面体，集合体呈块状，灰白色，有玻璃光泽或珍珠光泽，硬度为中等，透明，中等解理，遇热稀盐酸时微弱起泡。

11. 石膏($CaSO_4 \cdot 2H_2O$)

集合体呈致密块状或纤维状，一般为白色，条痕白，硬度低，有丝绢光泽，透明，一组完全解理，广泛应用于建筑、医学等方面。

12. 黏土矿物

黏土矿物呈泥黄色，浅色条痕，有土状光泽，透明，低硬度，平坦状断口，泛指各种形成黏土的矿物。

1) 高岭石

高岭石常呈致密块状、土状，白色，有土状光泽，透明，硬度低，平坦状断口；透水性差，干燥时粘舌，易捏成粉末，湿润时具有可塑性。

2) 蒙脱石

蒙脱石呈土状、块状，白色，有土状光泽，透明，硬度低，平坦状断口；吸水性很强，透水性差，吸水后体积可膨胀几倍至十几倍，具有很强的吸附力和阳离子交换性能。

3) 伊利石

伊利石呈块状，白色，平坦状断口；不具有膨胀性和可塑性，因产于美国伊利诺伊州而得名。

13. 蛇纹石

集合体呈致密块状，颜色黄绿，有蜡状光泽，硬度中等，半透明，断口平坦，可作室内装饰材料；为富镁质超基性岩变质后形成的主要变质矿物，常与石棉共生。

14. 绿泥石

集合体为隐晶质土状或片状，浅绿～深绿色，有玻璃光泽，半透明，一组中等解理，薄片有挠性、无弹性，硬度低，抗压强度较低，是长石、辉石、角闪石、橄榄石等的次生

高等院校立体化创新规划教材

矿物，在变质岩中分布最多。

15. 滑石

集合体呈致密块状，有白色、淡黄色、淡绿色，有珍珠光泽，硬度低，一组完全解理；富有滑腻感，在工业上常用作原料；为富镁质超基性岩、白云岩等变质后形成的主要变质矿物。

16. 石榴子石

晶体呈菱形十二面体或粒状，颜色随成分而异，有玻璃光泽，硬度高，半透明，无条痕，无解理，主要用于研磨材料。

17. 黄铁矿

黄铁矿(FeS_2)呈立方体，颜色为金黄色，有金属光泽，锯齿状断口，条痕为细绿黑色，硬度高，不透明，易风化，风化后生成硫酸和褐铁矿，常见于岩浆岩和沉积岩的砂岩、石灰岩中。

岩石.mp4

2.3 岩 石

岩石是固态矿物或矿物的混合物，其中海面下的岩石称为礁、暗礁及暗沙，是由一种或多种矿物组成的，具有一定结构构造的集合体，也有少数包含生物的遗骸或遗迹(即化石)。岩石有三态：固态、气态(如天然气)、液态(如石油)，但主要是固态物质，是组成地壳的物质之一，是构成地球岩石圈的主要成分。岩石不仅是研究地质构造、地貌、水文地质、矿产等的基础，而且也是人类一切工程建筑物的地基和原材料。为了建筑物的安全、稳定，必须从岩石入手去探讨工程地质问题。这一节来学习三大岩类的主要特征及其区别。

2.3.1 岩浆岩

岩浆涌向地表或地下一定深处，因其理化环境即压力和温度条件发生了变化，使之冷凝而成的岩石，称为岩浆岩。

岩浆岩按其生成环境可分为侵入岩和喷出岩。岩浆侵入地壳深处，在高温高压下缓慢冷却结晶而成的岩浆岩称为深成侵入岩；如果是在接近地表不远的地段，但未上升至地表面而凝结的岩浆岩称为浅成侵入岩；喷出地表在常压下迅速冷凝而成的岩石称为喷出岩。岩浆岩生成的空间位置和形态、大小称为岩浆岩的产状。

组成岩浆岩的矿物多数是原生矿物，其中，浅色矿物和深色矿物之间比例不同，其化学性质也不同。这种有规律的组合，是岩浆岩分类命名的主要依据之一。

1. 岩浆岩的化学成分

岩浆岩的化学成分决定了岩石的颜色。绝大多数岩浆以硅酸盐为主，其中 O、Si、Al、Fe、Ca、Na、K、Mg、H 九种元素占地壳的 98.13%，以 O、Si 的含量为最多，两者占总重量的 75.13%；其次还有 Ti、P、Mn、Ba 等元素，通常把这 13 种元素称为"主要造岩元素"，这些元素一般以氧化物的形式存在。其中，含量最多的为 SiO_2，高达

57.64%；其次为 Al_2O_3，两者占岩浆岩氧化物总量的 70.09%，通常把这些氧化物称为"主要造岩氧化物"。

岩浆岩中的各种氧化物之间具有明显的变化规律：当 SiO_2 含量较低时，FeO、MgO 等铁镁质矿物就高，如橄榄石、辉石、角闪石、黑云母等深色矿物增多；当 SiO_2 和 Al_2O_3 含量较高时，则以 Na_2O、K_2O 等硅铝质矿物，如石英、长石、白云母类浅色矿物为主。因此，在岩浆岩的分类中，习惯上根据 SiO_2 含量多少，把岩浆岩分为四大类，如表 2-4 所示。

表 2-4　岩浆岩的分类

化学性质	超基性岩	基性岩	中性岩	酸性岩
SiO_2 的含量(%)	<45	45～55	55～65	65～75

2. 岩浆岩的矿物成分

岩浆岩中的矿物成分是岩浆岩化学性质的最直观反映。根据矿物在岩浆岩中的分类和命名中所起的作用，可以分为以下几种。

1) 主要矿物

主要矿物是指岩石中含量较多(>20%)，对分类命名起决定性作用的矿物。例如，花岗岩中的长石和石英是主要矿物，两者缺一就不能称为花岗岩；辉长岩中的辉石和斜长石均为主要矿物，两者缺一不可。

2) 次要矿物

次要矿物是指某种矿物在岩石中的含量较少(3%～10%)，对划分岩石大类不起主要作用的矿物，但可作为确定岩石种属的依据。例如，闪长岩为中性岩类，以角闪石和中性斜长石为主要矿物，若含有一定数量的石英时，则称为石英闪长岩。

3) 副矿物

副矿物是指岩石含量极少(1%～3%)，对分类及其种属命名都不起作用的矿物。常见的副矿物有锆石、磷灰石、褐帘石等。

3. 岩浆岩中的矿物组合与其化学性质

岩浆岩中深、浅矿物的组合，不仅反映在岩石的颜色上，而且还决定着该岩石的化学性质。在岩浆岩矿物组合中，常以铁镁质的深色矿物在岩石中所占的百分比作为"颜色指数"，或称"色率"。

色率：0～35% 的称为浅色岩，为酸性岩；35%～65% 的称中色岩，为中性岩；65%～90% 的称暗色岩；90%～100% 的称超镁铁质。

由此可见，岩浆岩的颜色、矿物成分与化学性质之间，有着内在的共生组合规律。

(1) 酸性岩：浅色，SiO_2 含量高，石英与正长石及酸性斜长石共生，深色矿物有黑云母和少量角闪石。

(2) 中性岩：中色，SiO_2 含量适中，石英含量极少，以长石类与深色矿物角闪石共生。

(3) 暗色岩：深色，SiO_2 含量较低，无正长石和石英或含量极少，以基性斜长石与深色矿物辉石共生为主。

(4) 超镁铁质：暗深色，SiO_2 含量很低，长石类及角闪石极少见，绝无石英，以深色矿物橄榄石与辉石共生为主。

从上述"共生组合规律"可看出，石英与橄榄石在岩浆岩成岩的过程中不会共生，因为 40% 含量的 SiO_2 与铁镁化合，形成橄榄石，不能独立形成石英。SiO_2 含量大于 65% 才可以形成石英，而这时不能形成橄榄石。通常以这两种矿物来区别 SiO_2 含量的多少，故把橄榄石和石英列为岩浆岩的"指示矿物"。

4. 岩浆岩的构造

岩浆岩的构造是指岩石中各种矿物外部集合体在空间排列及充填方式上所表现出来的特征。构造特征取决于岩浆性质，产出条件，凝固过程中物质成分的空间运行状态等，也是岩石分类命名的重要依据之一。岩浆岩常见的构造有以下几种。

(1) 块状构造：矿物在岩石中排列无一定次序，无一定方向，不具有任何特殊形象的均匀块体。大部分侵入岩具有这种构造，如花岗岩、辉长岩、闪长岩等。

(2) 流纹构造：在喷出岩中由不同颜色的矿物、玻璃质和拉长气孔等沿一定方向排列，表现出熔岩流动的状态。常见于酸性或中酸性喷出岩中，如流纹岩。

(3) 气孔及杏仁构造：当熔岩喷出时，由于温度和压力骤然降低，岩浆中大量挥发性气体被包裹于冷凝的玻璃质中，气体逐渐逸出，形成各种大小和数量不同的圆形或椭圆形、个别呈管状的孔洞，称为气孔构造。如果孔洞中被次生方解石、沸石、蛋白石等矿物充填，形如杏仁，则称为杏仁构造，如玄武岩、安山岩、浮岩等。

岩浆岩通常根据成因、矿物成分、结构、构造及产状等方面的综合特征分类，见表 2-5。

表 2-5　岩浆岩分类表

岩石类型				酸性	中性		基性	超基性
化学成分				富含 Si、Al			富含 Fe、Mg	
SiO_2 含量(%)				>65	65～52		52～45	<45
颜色				浅色(灰白、浅灰、褐等)→深色(深灰、暗绿、黑等)				
成因	构造	结构	矿物成分	正长石 石英 黑云母 角闪石	正长石 角闪石 黑云母	斜长石 角闪石 辉石 黑云母	斜长石 辉石 角闪石 橄榄石	辉石 橄榄石 角闪石
喷出岩	流纹状 气孔状 杏仁状 块状	玻璃质 隐晶质 火山碎屑 斑状		黑曜岩、浮岩、火山凝灰岩、火山角砾岩、火山集块岩				
喷出岩				流纹岩	粗面岩	安山岩	玄武岩	少见
侵入岩	浅成岩	块状	斑状 全晶质 细粒状	伟晶岩、细晶岩		煌斑岩		
侵入岩	浅成岩	块状		花岗斑岩	正长斑岩	闪长玢岩	辉绿岩	少见
侵入岩	深成岩	块状	全晶质 中、粗粒状	花岗岩	正长岩	闪长岩	辉长岩	橄榄岩 辉岩

5. 岩浆岩的种类

1）　酸性岩类

（1）花岗岩：属深成侵入岩，多呈肉红色、灰白色，主要矿物为石英、正长石和酸性斜长石，次要矿物有黑云母和角闪石等。全晶质等粒结构，块状构造。花岗岩分布广泛，抗压强度大，质地均匀坚实，颜色美观，是优质的建材。产状多为岩基、岩株，是良好的建筑物地基材料。

（2）花岗斑岩：属浅成侵入岩，多棕红色、黄色。成分与花岗岩相似，斑状结构，斑晶主要有钾长石、石英或斜长石，块状构造。

（3）流纹岩：属喷出岩，呈灰白色、紫红色，以斑状结构为主，斑晶多为斜长石或石英，流纹状构造，抗压强度略低于花岗岩。工程性质较好，也是良好的建筑物地基材料。

2）　中性岩类

（1）正长石：呈肉红色、浅灰色，全晶质等粒结构或似斑状结构，块状构造。主要矿物为正长石，次要矿物有黑云母、角闪石，含极少量石英，较易风化。极少单独产出，主要与花岗岩等共生。

（2）正长斑岩：斑状结构，斑晶为正长石，块状构造。

（3）斑状结构：斑晶为正长石，块状构造，表面具有细小孔隙，表面粗糙。

（4）闪长石：呈灰色或浅绿灰色，主要矿物为中性斜长石和角闪石，次要矿物有黑云母、辉石等，全晶质等粒结构，块状构造。闪长岩结构致密，强度高，具有较高的韧性和抗风化能力，是优质建筑地基材料。

（5）闪长玢岩：斑状结构，斑晶为中性斜长石，有时为角闪石，块状构造。常为灰色，如有次生变化，则多为灰绿色，工程性质较好。

（6）安山岩：呈灰绿色、灰紫色，斑状结构，斑晶为角闪石或基性斜长石，块状构造，有时为气孔构造或杏仁构造，是分布较广的中性喷出岩，岩块致密，强度稍低于闪长石。

3）　基性岩类

（1）辉长岩：呈灰黑、黑色，主要矿物为基性斜长石和辉石，次要矿物成分有橄榄石和角闪石，全晶质等粒结构，块状构造。辉长岩强度很高，抗风化能力强，工程性质较好。分布不广，主要在河北一带较多。

（2）辉绿岩：中灰绿色，辉绿结构，块状构造，强度较高，是优良的建筑材料。

（3）玄武岩：呈灰黑色、黑色，隐晶质结构或斑状结构，斑晶为橄榄石、辉石或斜长石，常见气孔状构造、杏仁状构造。玄武岩致密坚硬，性脆、强度较高，但是多孔时强度较低，较易风化。

4）　超基性岩类

在四大岩类中，超基性岩类在地表分布很少，是四大岩类中最小的一个分支，仅占岩浆岩总面积的 0.4%。超基性岩体的规模也不大，常形成外观像透镜状、扁豆状的岩体，它们好像一串大小不同的珠子一样沿着一定方向延伸，断断续续排列，有时可以绵延上千公里。

超基性岩基本上由暗色矿物组成，主要是橄榄石、辉石，二者含量可以超过 70%。其次为角闪石和黑云母；不含石英，长石也很少。

高等院校立体化创新规划教材

2.3.2 沉积岩

沉积岩是指在地表常温常压环境下，由外动力地质作用促使地壳表层先成的矿物和岩石遭到破坏，将其松散物、碎屑、浮悬物、溶解物搬运到适宜的地带沉积下来，再经压固、胶结形成层状的岩石。沉积岩广泛分布于地壳表层，占陆地面积的 75%，沉积岩各处的厚度不一，最厚可达 10km，薄者只有数十米。

沉积岩是地表常见的岩石，在沉积岩中蕴藏着大量的沉积岩矿产，比如煤、石油、天然气等，同时各种建筑物如道路、桥梁、矿山、水坝等几乎都以沉积岩为地基，沉积岩本身也是建筑材料的重要来源。

1. 沉积岩的化学成分和矿物成分

沉积岩的化学成分和岩浆岩的化学成分有很大的差别，见表 2-6。

表 2-6　沉积岩与岩浆岩的平均化学成分

氧化物	沉积岩平均成分(%)	岩浆岩平均成分(%)	氧化物	沉积岩平均成分(%)	岩浆岩平均成分(%)
SiO_2	57.95	59.14	CaO	5.89	5.08
TiO_2	0.57	1.05	Na_2O	1.13	3.84
Al_2O_3	13.39	15.34	K_2O	2.86	3.13
Fe_2O_3	3.47	3.08	P_2O_5	0.13	0.30
FeO	2.08	3.80	CO_2	5.38	0.10
MnO	—	—	H_2O	3.32	1.15
MgO	2.65	3.49	SiO_2	98.73	99.50

从表 2-6 可看出以下区别。

(1) 沉积岩中 Fe_2O_3>FeO，而岩浆岩中则相反；

(2) 沉积岩中 K_2O>Na_2O，而在岩浆岩中则相反；

(3) 沉积岩中富含 H_2O 和 CO_2，而岩浆岩中含量较少。

沉积岩的矿物成分和岩浆岩的矿物成分有很大的差别，见表 2-7。

表 2-7　沉积岩与岩浆岩的平均矿物成分

矿　物	沉积岩(%)	岩浆岩(%)	矿　物	沉积岩(%)	岩浆岩(%)
1.橄榄岩		2.65	10.石英	34.80	20.40
2.黑云母		3.86	11.白云母	15.11	3.85
3.角闪石		1.64	12.黏土矿物	14.51	
4.辉石		12.90	13.铁质矿物	4.00	
5.钙长石		9.80	14.白云石及菱铁矿	9.07	
6.钠长石	4.55	25.60	15.方解石	4.25	
7.正长石	11.02	14.85	16.石膏及硬石膏	0.97	
8.磁铁石	0.07	3.15	17.磷酸盐矿物	0.35	
9.榍石及钛铁矿	0.02	1.45	18.有机物质	0.73	

从表 2-7 可看出以下内容。

(1) 黏土矿物、铁质矿物、碳酸盐、硫酸盐、磷酸盐、氧化物和氢氧化物等矿物，以及有机物是沉积岩所特有的矿物。

(2) 岩浆岩中主要的深色(铁镁质)矿物，是在高温高压下形成的，在地表环境中易于风化和分解，故很难存在于沉积岩中。

(3) 浅色(硅铝质)矿物，可同时在沉积岩和岩浆岩中存在，但沉积岩、石英、白云母的含量要多于岩浆岩；而长石的含量比岩浆岩中的少很多。总体来说，沉积岩的矿物成分可分为五种类型，即碎屑矿物、黏土矿物、化学沉积矿物、有机质及生物残骸、胶结物(其强度取决于胶结物，根据由强至弱分别为硅质、铁质、钙质、泥质)。

2. 沉积岩的结构

沉积岩的结构是指组成岩石颗粒的大小、形状及组合关系，它是沉积岩分类命名的重要依据。按从大到小的原则分为碎屑结构、泥质结构、化学结晶结构、生物结构。

1) 碎屑结构

碎屑结构是指碎屑物被胶结物胶结而成的结构，按碎屑颗粒粒径的绝对大小划分为三种结构：砾状结构、砂状结构和粉砂状结构(见表 2-8)。

表 2-8　碎屑结构与岩石命名对照表

结构	砾状结构	砂状结构			粉砂状结构
粒径	>2	2～0.5	0.5～0.25	0.25～0.074	0.074～0.002
岩石命名	砾岩	粗砂岩	中砂岩	细砂岩	粉砂岩

(1) 按颗粒相对大小分为等粒结构和不等粒结构。

(2) 按颗粒形状分为棱角状结构、浑圆状结构、滚圆状结构。

(3) 以胶结物成分而论：硅质胶结颜色浅、强度高；铁质胶结颜色呈红色，强度仅次于硅质；钙质胶结的颜色浅，强度比较低；泥质胶结多呈黄色、褐色，胶结松散，强度低，遇水易软化。

2) 泥质结构

泥质结构又称黏土结构，由 50%～95% 的粒径小于 0.002mm 的黏土质点组成，它是泥岩和页岩的主要结构。按其中黏粒、粉砂粒和砂粒含量的百分比划分，可划分为三种：泥质结构、粉砂泥质结构和砂泥质结构(见表 2-9)。

表 2-9　泥质结构、粉砂泥质结构和砂泥质结构

结构类型		泥质结构	粉砂泥质结构	砂泥质结构
粒径含量(%)	黏土	>95	>50	>50
	粉砂	<5	25～50	<5
	砂	—	<5	25～50

3) 化学结晶结构

化学结晶结构是溶液中沉淀或重结晶、纯化学成分所形成的结构，根据沉淀时的环

高等院校立体化创新规划教材

境，可将化学结晶结构分为晶粒状结构、鲕状结构、竹叶状结构。

4) 生物结构

生物结构是指岩石是以大部或全部生物遗体或碎片所组成的结构。这种结构可进一步分为贝壳结构和生物碎屑结构。

3. 沉积岩的构造

1) 层理构造

由于季节变化，沉积环境的变迁，使先后沉积的物质在颗粒大小、形状、颜色和成分上发生相应变化，从而显示出成层现象，称为层理构造。按层理形成的条件及所反映的形态，可分为水平层理、斜层理、交错层理、块状层理。

2) 层间构造

层间构造是指不同厚度，不同岩性的层状岩石之间层位上的变化现象。性质不同的岩石之间的接触面，称为层面。上、下两层面间，成分基本一致的岩石，称岩层。岩层厚度是指上下岩层之间的垂直距离，见表2-10。

表2-10 沉积岩岩层厚度划分标准

岩层	微细层	片状层	薄层	中厚层	厚层	巨厚层
厚度(mm)	<0.2	0.2～2	2～10	10～50	50～100	>100

3) 层面构造

层面构造是指未固结的沉积物，由于搬运介质的机械作用或自然条件的变化及生物活动，在层面上留下痕迹并被后来的沉积物覆盖而固化在层面上的构造现象，如波痕、泥裂、雹痕、雨痕、虫痕等。

4) 化石和结核

化石和结核也是沉积岩所特有的构造现象，化石是岩层中经石化了的各种古生物遗骸和遗迹，利用化石可确定岩层的地质年代。结核是与岩层主要成分有区别的胶体物，是经凝聚呈团块状散布于岩层中的块体。

大部分沉积岩形成于广阔平坦的沉积盆地中，其原始状态多呈水平或近水平，并且老的岩层先形成在下部，新的岩层后形成在上部，这种老的在下部，新的在上部的层位，称为正常层位，但由于构造运动常使岩层层位发生改变，形成倾斜、直立岩层，甚至倒转。

4. 沉积岩的种类

沉积岩的形成过程比较复杂，目前对沉积岩的分类方法尚不统一。通常主要是依据岩石的成因、成分、结构、构造等方面的特征，将沉积岩分为四大类，见表2-11。

1) 火山碎屑岩类

火山碎屑岩主要包括火山集块岩、火山角砾岩、凝灰岩。

(1) 火山集块岩：火山集块岩是一种压实固结的火山碎屑岩(如火山渣、火山弹以及火山灰等)，也是粒径大于 64mm 的碎屑经压实固结的火山碎屑岩，其中碎屑岩块占 50%以上。碎块大小不一，分选极差，多带棱角，多分布于火山口附近或充填于火山口中。中国北京西山有由安山岩、碳酸盐岩、砂岩与花岗岩块组成的安山质集块岩。

(2) 火山角砾岩：火山角砾岩由直径大于 4mm 的火山岩片所组成，所含熔岩碎片以凝灰岩居多，玻璃细片及整石较少。主要由粒径为 2～64mm 的火山角砾组成，也含有其他岩石的角砾及少量的石英、长石等矿物晶屑。

(3) 凝灰岩：凝灰岩是一种火山碎屑岩，其组成的火山碎屑物质是 50%以上的颗粒，直径小于 2mm，成分主要是火山灰，外貌疏松多孔，粗糙，有层理，颜色多样，有黑色、紫色、红色、白色、淡绿色等。

2) 沉积碎屑岩类

(1) 砾岩及角砾：砾岩及角砾是由 50%以上的粒径大于 2mm 的砾或角砾胶结而成，属砾状(角砾状)结构，呈块状构造。

(2) 砂岩：砂岩由 50%以上的粒径为 0.074～2mm(分别为粗、中、细砂岩)的砂组合而成。

表 2-11 沉积岩分类表

岩　类		结　构	岩石分类名称	主要亚类及其组成物质
碎屑岩类	火山碎屑岩类	碎屑结构	粒径>100mm	火山集块岩	主要由大于 100mm 的熔岩碎块、火山灰尘等经压密胶结而成
			粒径为 2～100mm	火山角砾岩	要由 2～100mm 的熔岩碎屑、晶屑、玻屑及其他碎屑混入物组成
			粒径<2 mm	凝灰岩	由 50%以上粒径小于 2mm 的火山灰组成，其中有岩屑、晶屑、玻屑等细粒碎屑物质
	沉积碎屑岩类		砾状结构(粒径>2.000mm)	砾岩	角砾岩由带棱角的角砾经胶结而成，砾岩由浑圆的砾石经胶结而成
			砂质结构(粒径为 0.05～2.00mm)	砂岩	石英砂岩：石英(含量>90%)、长石和岩屑(<10%)
					长石砂岩：石英(含量<75%)、长石(>25%)、岩屑(<10%)
					岩屑砂岩：石英(含量<75%)、长石(<10%)、岩屑(>25%)
			粉砂结构(粒径为 0.005～0.05mm)	粉砂岩	主要由石英、长石的粉、黏粒及黏土矿物组成
黏土岩类		泥质结构		泥岩	主要由高岭石、微晶高岭石及水云母等黏土矿物组成
				页岩	黏土质页岩：由黏土矿物组成 碳质页岩：由黏土矿物及有机物组成
化学及生物化学岩类		结晶结构及生物结构		石灰岩	石灰岩：方解石(含量>90%)、黏土矿物(<10%) 泥灰岩：方解石(含量 50%～75%)、黏土矿物(含量 25%～50%)
				白云岩	白云岩：白云石(含量 90%～100%)、方解石(<10%) 灰质白云岩：白云石(含量 50%～75%)、方解石(25%～50%)

3) 黏土岩类

(1) 泥岩主要由黏土矿物经脱水固结而成，黏土结构，层理不明显，呈块状构造，固结不紧密、不牢固，强度较低，遇水易软化。

(2) 页岩主要由黏土矿物经脱水固结而成，黏土结构，页理构造，富含化石。一般情况下，页岩岩性松软，易于风化，呈碎片状，强度低，遇水易软化而丧失其稳定性。公路穿越该岩性地带边坡易形成撒落现象，造成路边沟堵塞而形成过水路面，使路面损坏。

4) 化学及生物化学岩类

(1) 石灰岩：石灰岩简称灰岩，主要由方解石组成，次要矿物有白云石、黏土矿物等。质纯者为浅色，若含有机质及杂质，则色深。石灰岩属化学结晶结构或生物化学结晶结构，呈块状构造。石灰岩致密、性脆，一般抗压强度较低。石灰岩分布很广，是烧制石灰和水泥的重要原料，也是用途很广的建筑石材。由于石灰岩属微溶于水的岩石，易形成裂痕和溶洞，对基础工程影响很大。

(2) 白云岩：白云岩主要由白云石和方解石组成，颜色灰白，略带淡黄、淡红色。属化学结晶结构，呈块状构造，可作高级耐火材料和建筑石料。

在研究沉积岩的工程性质时，应注意碎屑岩类胶结物质，若为硅质、铁质、钙质和石灰岩类，工程性质较好。硅质最硬，上述各类可以形成高、陡、直的边坡，但要考虑崩塌、滑坡的可能性，采取相应整治方案。泥质粉砂类的边坡工程的性质非常差，常因风化严重而滑移、散落在路边沟，使道路排水不畅，引起路面积水，使公路被严重破坏，不能保持公路的正常通行。

2.3.3 变质岩

地壳中原岩受到温度、压力及化学活动性流体等的影响，在固体状态下发生剧烈变化后重新排列结晶所形成的新的岩石，称为变质岩。由岩浆岩变质而成的岩石叫正变质岩，由沉积岩变质而成的岩石叫副变质岩。变质岩就是原岩经变质作用后所形成的新岩石。

1. 变质岩的结构

变质岩的构造是指在岩石中矿物在空间排列关系上的外貌特征。变质岩的构造特征常见的有片理构造、块状构造、变余构造。片理构造是变质岩区别于沉积岩和岩浆岩的重要特征，也是鉴定变质岩在外观上的显著标志。一般按成因可分为：变晶结构、变余结构、碎裂结构。

(1) 变晶结构：原岩在固态条件下，岩石中的各种矿物同时重结晶作用形成的结晶质结构，如白云母石英片岩、花岗片麻岩等都属于这种结构。根据组成矿物的相对大小，又分为等粒变晶结构、不等粒变晶结构、斑状变晶结构；根据其形态，又可分为粒状变晶结构、鳞片状变晶结构、纤维状变晶结构。这些都是变质岩中最常见的结构。

(2) 变余结构：变余结构又称"残留结构"，由于变质程度较低，重结晶作用不完全，原岩的矿物成分和结构特征仍被保留下来。例如，黑色板岩、千枚岩等属变余砾状、变余砂状、变余粉砂状及变余泥质状等结构。

(3) 碎裂结构：碎裂结构是由动力变质作用(高压、高温)造成的，岩石中矿物颗粒发生弯曲、破裂、断开，甚至研磨成细小的碎屑或岩粉，分为角砾结构、碎斑结构和糜棱结构等。

2. 变质岩的种类

变质岩根据其构造特征分为片理状岩类和块状岩类，如表 2-12 所示。

表 2-12　变质岩分类表

岩类	构造	岩石名称	主要亚类及矿物成分	原　岩
片理状岩类	片麻状构造	片麻岩	花岗片麻岩：以石英、长石、云母为主，其次为角闪石，有时含石榴子石 角闪石片麻岩：以石英、长石、角闪石为主，其次为云母，有时含石榴子石	中酸性岩浆岩、黏土岩、粉砂岩、砂岩
	片状构造	片岩	云母片岩：以云母、石英为主，其次有角闪石等 滑石片岩：以滑石、绢云母为主，其次有绿泥石、方解石等 绿泥石片岩：以绿泥石、石英为主，其次有滑石、方解石等	中酸性火山岩、黏土岩、砂岩、超基性岩、白云质泥灰岩 中基性火山岩、白云质泥灰岩
	千枚结构	千枚岩	以绢云母为主，其次有石英、绿泥石等	黏土岩、黏土质粉砂岩、凝灰岩
	板状构造	板岩	黏土矿物、绢云母、石英、绿泥石、黑云母、白云母等	黏土岩、黏土质粉砂岩、凝灰岩
块状岩类	块状构造	大理岩	以方解石为主，其次有白云石等	石灰岩、白云岩
		石英岩	以石英为主，其次有绢云母、白云母等	砂岩、硅质岩
		蛇纹岩	以蛇纹石、滑石为主，其次有绿泥石、方解石等	超基性岩

1)　片理状岩类

(1)　片麻岩：粒状变晶结构，片麻状构造，其主要矿物是石英、长石等，其次是云母、角闪石、辉石。片麻岩的强度较高，但其中云母的含量对强度有极大的影响，若含量偏多，则强度就会降低。

(2)　片岩：鳞片状或纤维状变晶结构，片状构造，常见矿物有云母、绿泥石、滑石、石英等，次要矿物为角闪石片岩、石英片岩。片岩因片理发育，片状矿物含量高，强度低，抗风化能力差，极易风化剥落，甚至沿片理面发生滑塌。

(3)　千枚岩：常由黏土岩变质而成，具有千枚结构。千枚岩质地松软，强度低，易风化剥落，沿节理面发生滑塌。不能作为路基材料，形成边坡时也应修整治理。

(4)　板岩：变余泥质结构，板状构造，主要是黏土矿物，次要矿物有绢云母、绿泥石。板岩因变质作用，较一般黏土岩致密、坚硬，且易形成薄石状，是较好的建筑材料。

2)　块状岩类

(1)　大理岩：粒状变晶结构，块状构造，主要矿物为方解石、白云石。大理岩强度中

高等院校立体化创新规划教材

等，易于开采，是良好的建筑装饰材料。

(2) 石英岩：粒状变晶结构，块状构造，主要矿物为石英，次要矿物有长石、绢云母、绿泥石、白云母、黑云母。石英岩强度高，抗风化能力强，工程性质好，可作为良好的路基材料，在山区可形成较陡的边坡。

(3) 蛇纹岩：粒状变晶结构，块状构造。在较大的超基性岩中常分布于岩体顶部，呈帽盖状或分布于岩体边缘，有时也呈脉状或不规则状。较小岩体往往全部蚀变成蛇纹岩。与蛇纹岩有关的矿产有铬、镍、钴、铂、石棉、滑石、菱镁矿等。蛇纹岩也是一种良好的化肥配料。

变质岩中的石英岩、大理岩硬度高，具有较好的工程性质。其他的都与其构造有关，特别是片状和板状的变质岩，公路边坡穿越非常麻烦，工程性质差，经常有大块小块的岩石向下掉落，造成公路阻塞，损坏道路路面，影响正常的行车安全。

2.3.4　三大岩类的区别

1. 结构的比较

(1) 岩浆岩由于是直接由高温熔融状的岩浆冷凝而成，具有明显的晶质结构，这种结构反映在组合矿物上有先后冷凝结晶的顺序性，在命名上是按成分命名。

(2) 沉积岩是原岩经风化、剥蚀、搬运、沉积、压固胶结而成，具有明显的物质沉积规律的结构特征，即具有碎屑结构、泥质结构和生物化学结构的特征，其中化学结晶结构反映出由溶液中沉淀或重结晶的化学性，在命名上是按颗粒大小(即结构)分类命名。

(3) 变质岩是由于不同原岩受不同程度的变质因素影响而形成的，在结构上既有继承性又有独特性，而呈现出变晶、变余和碎裂等结构，变质岩的结构反映出各种矿物在固态情况下受定向压力(一定温度)进行重结晶而具有定向性，在命名上是以构造命名。

2. 构造比较

(1) 岩浆岩随着岩浆性质、产出条件和凝固过程中运动状态的不同而呈现出不同的构造现象。侵入岩产生时，常因岩浆冷却散热过程中矿物晶体间产生的凝聚力，使不同矿物晶体聚合成块状，喷出常因矿物呈玻璃质或隐晶质而形成岩流状、杏仁状、气孔状构造以及致密块状的构造。

(2) 沉积岩：呈层理构造、层状构造、块状构造。

(3) 变质岩：呈片理构造、块状构造。

2.4　岩石的性质及工程分类

岩石的性质及工程
分类.mp4

为了正确掌握岩土体的变形和破坏规律，对岩土体的稳定性做出合乎实际的分析和评价，首先需要对岩土体的特性、物理性质、水理性质及工程分类等有清晰的认识。本节的学习任务就是要读者掌握这些方面的内容。

2.4.1　岩土体的特性

岩土体是地壳的物质组成。岩体是地壳表层圈层经建造和改造而形成的具有一定组分和结构的地质体。岩石是由矿物组成的，按成因可划分为岩浆岩、沉积岩和变质岩。成因类型不一样，差别也很大，因此，工程性质极为多样。

1. 岩浆岩的性质

岩浆岩具有较高的力学强度，可作为各种建筑物良好的地基及天然建筑石料，但各类岩石的工程性质差异很大，例如，深成岩具有结晶联结，晶粒粗大均匀，孔隙率小、裂隙较不发育，岩块大、整体稳定性好，但值得注意的是，这类岩石往往由多种矿物结晶组成，抗风化能力较差，特别是含铁、镁质较多的基性岩，则更易风化破碎，故应注意对其风化程度和深度的调查研究。

浅成岩中细晶质和隐晶质结构的岩石透水性弱、抗风化性能较深成岩强，但斑状结构岩石的透水性和力学强度变化较大，特别是脉岩类，岩体小，且穿插于不同的岩石中，易蚀变风化，使强度降低、透水性增强。

喷出岩常具有气孔构造、流纹构造和原生裂隙，透水性较强。此外，喷出岩多呈岩流状产出，岩体厚度小，岩相变化大，对地基的均一性和整体稳定性影响较大。

2. 沉积岩的性质

碎屑岩的工程地质性质一般较好，但其胶结物的成分和胶结类型影响显著，如硅质基底式胶结的岩石比泥质接触式胶结的岩石强度高、孔隙率小、透水性弱等。此外，碎屑的成分、粒度、级配对工程性质也有一定的影响，如石英质的砂岩和砾岩比长石质的砂岩要好。

黏土岩和页岩的性质相近，抗压强度和抗剪强度低，受力后变形量大，浸水后易软化和泥化。若含蒙脱石成分，还具有较大的膨胀性。这两种岩石对水工建筑物地基和建筑场地边坡的稳定都极为不利，但其透水性弱，可作为隔水层和防渗层。

化学岩和生物化学岩抗水性弱，常具有不同程度的可溶性。硅质成分化学岩的强度较高，但性脆易裂，整体性差。碳酸盐类岩石如石灰岩、白云岩等具有中等强度，一般能满足水工设计要求，但存在于其中的各种不同形态的喀斯特，往往成为集中渗漏的通道。易溶的石膏、岩盐等化学岩，往往以夹层或透镜体存在于其他沉积岩中，质软，浸水易溶解，常常导致地基和边坡的失稳。

上述各类沉积岩都具有成层分布的规律，存在各向异性特征，因此，在水工建筑中尚需特别重视对其成层构造的研究。

3. 变质岩的性质

变质岩的工程性质与原岩密切相关，往往与原岩的性质相似或相近。一般情况下，由于原岩矿物成分在高温高压下重结晶的结果，岩石的力学强度较变质前相对增高。如果在变质过程中形成某些变质矿物，如滑石、绿泥石、绢云母等，则其力学强度会相对降低，抗风化能力变差。动力变质作用形成的变质岩(包括碎裂岩、断层角砾岩、糜棱岩等)的力

高等院校立体化创新规划教材

学强度和抗水性均很差。

变质岩的片理构造(包括板状、千枚状、片状及片麻状构造)会使岩石具有各向异性特征,水工建筑中应注意研究其在垂直及平行于片理构造方向上工程性质的变化。

岩体是地壳表层圈层,经建造和改造而形成的具有一定组分和结构的地质体。岩体在一般情况下是非均质的、各向异性的不连续体。在其形成过程中,经受了构造变动、风化作用及卸荷作用等各种内外力地质作用的破坏与改造,因此,岩体经常被软弱夹层、节理、断层、层面及片理面等地质界面所切割,使其成为具有一定结构的多裂隙体。一般把切割岩体的这些地质界面称为结构面。结构面在空间按不同组合,可将岩体切割成不同形状和大小的块体,这些被结构面所围限的岩块称为结构体。岩体就是由结构面、结构体这两个基本单元所组成的组合体。

岩体和岩石的概念是不同的。岩石是矿物的集合体,其特征可以用岩块来表征,其变形和强度性质取决于岩块本身的矿物成分、结构构造;岩体则是由一种岩石或多种岩石组成,是由结构面和结构体构成的组合体,其变形和强度性质取决于结构面和岩体结构的特性。

2.4.2 物理性质指标

岩石和土一样,也是由固体、液体和气体组成的。它的物理性质是指在岩石中三相组分的相对含量不同所表现的物理状态。与工程密切相关的基本物理性质有密度和孔隙性。

1. 岩石的密度

岩石密度是指单位体积内岩石的质量,单位为 g/cm^3。它是研究岩石风化、岩体稳定性、围岩压力和选取建筑材料等必需的参数。岩石密度又分为颗粒密度和块体密度。

1) 颗粒密度

岩石的颗粒密度(ρ_s)是指岩石固体相部分的质量与其体积的比值。它不包括孔隙在内,因此其大小仅取决于组成岩石的矿物密度及其含量。例如,基性、超基性岩浆岩,含密度大的矿物比较多,岩石颗粒密度也偏大,一般为 $2.7\sim3.2g/cm^3$;酸性岩浆岩含密度小的矿物较多,岩石颗粒密度也小,其 ρ_s 值多在 $2.5\sim2.85g/cm^3$ 变化;中性岩浆岩的颗粒密度则介于二者之间。又如,硅质胶结的石英砂岩,其颗粒密度接近于石英密度;石灰岩和大理岩的颗粒密度多接近于方解石密度,等等。

岩石的颗粒密度属实测指标,常用比重瓶法进行测定。

2) 块体密度

块体密度(或岩石密度)是指岩石单位体积内的质量,按岩石试件的含水状态,又有干密度(ρ_d)、饱和密度(ρ_{sat})和天然密度(ρ)之分,在未指明含水状态时,一般是指岩石的天然密度,各公式如下:

$$\rho_d = \frac{m_s}{V}$$

$$\rho_{sat} = \frac{m_{sat}}{V}$$

$$\rho = \frac{m}{V}$$

式中：m_s、m_{sat}、m 分别为岩石试件的干质量、饱和质量和天然质量；V 为试件的体积。

岩石的块体密度除与矿物组成有关外，还与岩石的孔隙性及含水状态密切相关。致密而裂隙不发育的岩石，块体密度与颗粒密度很接近，随着孔隙、裂隙的增加，块体密度相应减小。岩石的块体密度可采用规则试件的量积法及不规则试件的蜡封法测定。

2. 岩石的孔隙性

岩石是由有较多缺陷的矿物材料组成，在矿物间往往留有孔隙。同时，由于岩石又经受过多种地质营力作用，往往发育有不同成因的结构面，如原生裂隙、风化裂隙及构造裂隙等。所以，岩石的孔隙性比土复杂很多，除了孔隙外，还有裂隙存在。另外，岩石中的孔隙有些部分往往是互不连通的，而且与大气也不相通。因此，岩石中的孔隙有开型孔隙和闭孔隙之分，开型孔隙按其开启程度又有大、小开型孔隙之分。与此相对应，可把岩石的孔隙率分为总孔隙率(n)、总开孔隙率(n_0)、大开孔隙率(n_b)、小开孔隙率(n_a)和闭孔隙率(n_c)几种，各公式如下：

$$n=\frac{V_v}{V}\times100\%=\left(1-\frac{\rho_d}{\rho_s}\right)\times100\%$$

$$n_0=\frac{V_{v0}}{V}\times100\%$$

$$n_b=\frac{V_{vb}}{V}\times100\%$$

$$n_a=\frac{V_{va}}{V}\times100\%=n_0-n_b$$

$$n_c=\frac{V_{vc}}{V}\times100\%=n-n_0$$

式中：V_v、V_{v0}、V_{vb}、V_{va}、V_{vc} 分别为岩石中孔隙的总体积、总开孔隙体积、大开孔隙体积、小开孔隙体积及闭孔隙体积；其他符号意义同前。

一般提到的岩石孔隙率系指总孔隙率，其大小受岩石的成因、时代、后期改造及其埋深的影响，变化范围很大。新鲜结晶岩类的 n 一般小于 3%，沉积岩的 n 较高，为 1%～10%，而一些胶结不良的砂砾岩，其 n 可达 10%～20%，甚至更大。

岩石的孔隙性对岩块及岩体的水理、热学性质影响很大。一般来说，孔隙率愈大，岩块的强度愈低、塑性变形和渗透性愈大，反之亦然。同时，由于岩石孔隙的存在，使之更易遭受各种风化等营力作用，导致岩石的工程地质性质进一步恶化。对可溶性岩石来说，孔隙率大，可以增强岩体中地下水的循环与联系，使岩溶更加发育，从而降低了岩石的力学强度并增强其透水性。当岩体中的孔隙被黏土等物质充填时，则又会给工程建设带来诸如泥化夹层或夹泥层等岩体力学问题。因此，对岩石孔隙性的全面研究，是岩体力学研究的基本内容之一。

3. 岩石的吸水性

岩石在一定的试验条件下吸收水分的能力，称为岩石的吸水性。常用吸水率、饱和吸水率与饱水系数等指标表示。

高等院校立体化创新规划教材

1) 吸水率

岩石的吸水率(ω_a)是指岩石试件在大气压力条件下自由吸入水的质量(m_{w1})与岩样干质量(m_s)之比，用百分数表示，即

$$\omega_a = \frac{m_{w1}}{m_s} \times 100\%$$

实测时先将岩样烘干并称干质量，然后浸水饱和。试验是在常温常压条件下进行的，岩石浸水时，水只能进入大开孔隙，而小开孔隙和闭孔隙不能进入，因此可用吸水率来计算岩石的大开孔隙率(n_b)，即

$$n_b = \frac{V_{Vb}}{V} \times 100\% = \frac{\rho_d \omega_a}{\rho_w} = \rho_d \omega_a$$

式中：ρ_w 为水的密度，取 $\rho_w = 1 g/cm^3$。岩石的吸水率主要取决于岩石中孔隙和裂隙的数量、大小及其开裂程度，同时还受到岩石成因、时代及岩性的影响。大部分岩浆岩和变质岩的吸水率多为 0.1%～2.0%，沉积岩的吸水性较强，其吸水率多在 0.2%～7.0%变化。

2) 饱和吸水率

岩石的饱和吸水率(ω_p)是指岩石在高压(一般压力为 15MPa)或真空条件下吸入水的质量(m_{w2})与岩样干质量(m_s)之比，用百分数表示，即

$$\omega_p = \frac{m_{w2}}{m_s} \times 100\%$$

在高压(或真空)条件下，一般认为水能进入所有开孔隙中，因此岩石的总开孔隙率可表示为

$$n_0 = \frac{V_{V0}}{V} \times 100\% = \frac{\rho_d \omega_p}{\rho_w} = \rho_d \omega_p$$

岩石的饱和吸水率也是表示岩石物理性质的一个重要指标。由于它反映了岩石总开孔隙率的发育程度，因此亦可间接地用它来判定岩石的风化能力和抗冻性。

3) 饱水系数

岩石的吸水率(ω_a)与饱和吸水率(ω_p)之比，称为饱水系数。它反映了岩石中大、小开孔隙的相对比例关系。一般来说，饱水系数愈大，岩石中的大开孔隙相对愈多，而小开孔隙相对愈少。另外，饱水系数大，说明常压下吸水后余留的孔隙就愈少，岩石愈容易被冻胀破坏，因而其抗冻性差。

4. 岩石的软化性

岩石浸水饱和后强度降低的性质，称为软化性，用软化系数(K_R)表示。K_R 定义为岩石试件的饱和抗压强度(R_{cw})与干压强度的比值，即

$$K_R = \frac{R_{cw}}{R_c}$$

显然，K_R 愈小，则岩石软化性愈强。研究表明：岩石的软化性取决于岩石的矿物组成与孔隙性。当岩石中含有较多的亲水性和可溶性矿物，且含大开孔隙较多时，岩石的软化性较强，软化系数较小。例如，黏土岩、泥质胶结的砂岩、砾岩和泥灰岩等岩石，软化性较强，软化系数一般为 0.4～0.6，甚至更小。一般认为，软化系数 $K_R > 0.75$ 时，岩石的软

化性弱，同时也说明岩石的抗冻性和抗风化能力强，而 $K_R<0.75$ 的岩石，则是软化性较强和工程地质性质较差的岩石。

软化系数是评价岩石力学性质的重要指标，特别是在水工建筑中，在评价坝基岩体稳定性时具有重要作用。

5. 岩石的抗冻性

岩石抵抗冻融破坏的能力，称为抗冻性，常用冻融系数和质量损失率来表示。冻融系数(R_d)是指岩石试件经反复冻融后的干抗压强度(R_{c2})与冻融前干抗压强度(R_{c1})之比，用百分数表示，即

$$R_d = \frac{R_{c2}}{R_{c1}} \times 100\%$$

质量损失率(K_m)是指冻融试验前后干质量之差($m_{s1}-m_{s2}$)与试验前干质量(m_{s1})之比，以百分数表示，即

$$K_m = \frac{m_{s1} - m_{s2}}{m_{s1}} \times 100\%$$

试验时，要求先将岩石试件浸水饱和，然后在-20~20℃温度下反复冻融 25 次以上，冻融次数和温度可根据工程地区的气候条件选定。

岩石在冻融作用下，强度降低和破坏的原因有两个。

一是岩石中各组成矿物的体积膨胀系数不同，以及在岩石变冷时不同层中温度的强烈不均匀性，因而产生内部应力。

二是由于岩石孔隙中冻结水的冻胀作用所致。水冻结成冰时，体积增大至 109%并产生膨胀压力，使岩石的结构和联结遭受破坏。据研究，冻结时岩石中所产生的破坏应力取决于冰的形成速度及其局部压力消散的难易程度间的关系，自由生长的冰晶体向四周的伸展压力是其下限(约 0.05MPa)，而完全封闭体系中的冻结压力，在-22℃温度作用下可达200MPa，使岩石遭受破坏。

岩石的抗冻性取决于造岩矿物的热物理性质和强度、粒间联结、开孔隙的发育情况以及含水率等因素。由坚硬矿物组成，且具有强的结晶联结的致密状岩石，其抗冻性较高。反之，则抗冻性低。一般认为，$R_d>75\%$，$K_m<2\%$时，为抗冻性高的岩石；另外，$\omega_a<5\%$，$K_R>0.75$ 和饱水系数小于 0.8 的岩石，其抗冻性也相当高。

6. 岩石的膨胀性

岩石的膨胀性是指岩石浸水后体积增大的性质。某些含黏土矿物(如蒙脱石、水云母及高岭石)成分的软质岩石，经水化作用后在黏土矿物的晶格内部或细分散颗粒的周围生成结合水溶剂膜(水化膜)，并且在相邻近的颗粒间产生楔劈效应，只要楔劈作用力大于结构联结力，岩石显示膨胀性。大多数结晶岩和化学岩是不具有膨胀性的，这是因为岩石中的矿物亲水性小和结构联结力强的缘故。如果岩石中含有绢云母、石墨和绿泥石之类的矿物，由于这些矿物结晶具有片状结构的特点，水可能渗进片状层之间，同样产生楔劈效应，有时也会引起岩石体积增大。

岩石膨胀大小一般用膨胀力和膨胀率两项指标表示，这些指标可通过室内试验确定。

目前国内大多采用土的固结仪和膨胀仪的方法测定岩石的膨胀性。

7. 岩石的崩解性

岩石的崩解性是指岩石与水相互作用时失去黏结性并变成完全丧失强度的松散物质的性能。这种现象是由于水化过程中削弱了岩石内部的结构联结引起的。常见于由可溶盐和黏土质胶结的沉积岩地层中。岩石崩解性一般用岩石的耐崩解性指数表示。这项指标可以在实验室内做干湿循环试验确定。试验选用 10 块有代表性的岩石试样，每块质量为 40～60g，磨去棱角，使其近于球粒状。将试样放进带筛的圆筒内(筛眼直径为 2mm)，在温度105℃下烘至恒重后称重，然后将圆筒支在水槽上，并向槽中注入蒸馏水，使水面达到低于圆筒轴 20mm 的位置，用 20r/min 的均匀速度转动圆筒，历时 10min 后取下圆筒进行第二次烘干称重，这样就完成了一次干湿循环试验。重复上述试验步骤就可以完成多次干湿循环试验。规范建议以第二次干湿循环的数据作为计算耐崩解性指数的根据。计算公式如下：

$$I_{d2} = \frac{W_2 - W_0}{W_1 - W_0} \times 100\%$$

式中：I_{d2}——第二次循环耐崩解性指数；

W_1——试验前试样和圆筒的烘干重力(N)；

W_2——第二次循环后试样和圆筒的烘干重力(N)；

W_0——试验结束后，冲洗干净的圆筒烘干重力(N)。

对于松散的岩石及耐崩解性低的岩石，还应综合考虑崩解物的塑性指数、颗粒成分与耐崩解性指数划分岩石质量等级。有的试验规程建议，根据耐崩解性指数 I_{d2} 的大小，可将岩石耐崩解性划分六个等级，很低的(<30)、低的(31～60)、中等的(61～85)、中高的(86～95)、高的(96～98)及很高的(>98)。

2.4.3　岩体的工程分类

岩体的工程分类既是工程岩体稳定性分析的基础，也是评价岩体工程地质条件的一个重要途径。岩体工程分类实际上是通过岩体的一些简单和容易实测的指标，把工程地质条件和岩体的力学性质联系起来，并借鉴已建工程设计、施工和处理等方面成功与失败的经验教训，对岩体进行归类的一种工作方法。其目的是通过分类，概括地反映各类工程岩体的质量好坏，预测可能出现的岩体力学问题，为工程设计、加固、建筑物选型和施工方法的选择等提供参数和依据。

目前国内外已提出的岩体分类方案得到大家共识的有数十种之多，多以考虑地下洞室围岩稳定性为主。有定性的，也有定量或半定量的，有单一因素分类，也有考虑多种因素的综合分类。各种方案所考虑的原则和因素也不尽相同，但岩体的完整性和成层条件、岩块强度、结构面发育情况和地下水等因素都不同程度地考虑到了。下面主要介绍几种在国内外水工建设工程中应用较广、影响较大的分类方法。

1)　按岩体质量等级的围岩分类

对岩体质量的评价有着不同的评价标准，如按裂隙率大小、裂隙间距、岩体的大小以及岩石质量指标等，但是这些指标只能表示岩体的完整程度，不足以反映整个岩体的工程质量。决定岩体质量高低的还应包括节理、裂隙性状特征与充填情况、岩体的强度以及地下水的作用等因素。

2) 按岩体质量指标分级

美国伊利诺斯大学用岩体质量指标 RQD 来表示岩石的完整性。其方法是，采用直径为 75mm 的双层岩芯管金刚石钻进，提取直径为 54mm 的岩芯，将长度小于 10cm 的破碎岩芯及软弱物质剔除，然后测量大于或等于 10cm 长柱状岩芯的总长度(L_p)。用这一有效的岩芯长度与采集岩芯段的钻孔总进尺(L)之比，取其百分数就是 RQD，用下式表示：

$$RQD = \frac{L_p}{L} \times 100\%$$

按照 RQD 值大小可把岩石分成五个质量等级。由于 RQD 值在一定程度上反映了岩体中不连续结构面的发育程度，通常把它当作衡量岩体完整程度的指标。迪尔则依此做了单因素的围岩分类，根据岩石质量等级的高低，提出对隧洞开挖和支护方法的具体建议。由于该分类目的性明确，采用的方法很简单，而且提出的建议又很具体，所以在国外一度受到欢迎。可是单靠 RQD 一项指标而不去考虑其他地质因素的影响，要想判断围岩的稳定性显然是不全面的。针对这一缺陷，又有以巴顿、威克霍姆以及比尼奥斯基为代表提出的综合岩体质量评价和相应的围岩分类。国内有原水电部成都勘测设计院等单位也做了岩体质量等级划分的工作。

3) 岩体质量评分(RMR)——地质力学围岩分类

岩体质量评分由比尼卫斯基(1973)提出，后经多次修改，于 1989 年发表在《工程岩体分类》一书中。该分类系统由岩块强度、RQD 值、节理间距、节理条件及地下水五类指标组成。

从图 2-1 可以初步判断出各个质量等级的围岩，在各种洞径的情况下，自立时间的长短，根据在Ⅰ-Ⅲ级岩体中建洞经验发现，岩体变形模量与 RMR 之间存在下列关系：

$$E_m = 2RMR - 100$$

比尼卫斯基按照上述分类，对凿眼放炮施工的条件下，各类岩体的开挖支护要求都有具体的建议。实践证明，他的建议基本上是合理的。

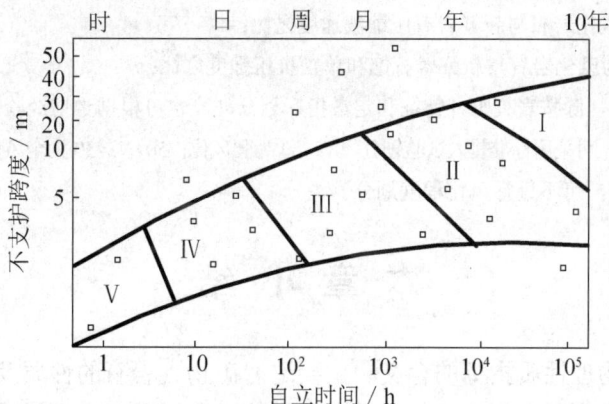

图 2-1 岩体质量等级与洞壁自立时间

《岩土工程勘察规范》(GB 50021－2001)规定岩石的坚硬程度可按表 2-13 分类。

表2-13 岩石坚硬程度分类

坚硬程度	坚硬岩	较硬岩	较软岩	软岩	极软岩
饱和单轴抗压强度(MPa)	$f_r > 60$	$60 \geq f_r > 30$	$30 \geq f_r > 15$	$15 \geq f_r > 5$	$f_r \leq 5$

注：① 当无法取得饱和单轴抗压强度数据时，可用点荷载试验强度换算，换算方法按现行国家标准《工程岩体分级标准》(GB 50218)执行；

② 当岩体完整程度为极破碎时，可不进行坚硬程度分类。

《岩土工程勘察规范》(GB 50021—2002)中提出岩石按风化程度分类，见表2-14。

表2-14 岩石按风化程度分类表

风化程度	野外特征	风化程度参数指标		
		压缩波速度 v_p(m/s)	波速比 K_v	风化系数 K_f
未风化	岩质新鲜，偶见风化痕迹	>5000	0.9～1.0	0.9～1.0
微风化	结构基本未变，仅节理面有渲染或略有变色，有少量风化裂隙	4000～5000	0.8～0.9	0.8～0.9
中等风化	结构部分破坏，沿节理面有次生矿物，风化裂隙发育，岩体被切割成岩块。用镐难挖，岩芯钻方可钻进	2000～4000	0.6～0.8	0.4～0.8
强风化	结构大部分被破坏，矿物成分显著变化，分化裂隙发育，岩体破碎。用镐可挖掘，干钻不易钻进	1000～2000	0.4～0.6	<0.4
全风化	结构基本破坏，但尚可辨认，有残余结构强度，可用镐挖，干钻可钻进	500～1000	0.2～0.4	—
残积土	组织结构已全部破坏，已风化成土状，锹镐易挖掘，干钻易钻进，具有可塑性	<500	<0.2	—

注：① 波速比 K_v 为风化岩石与新鲜岩石压缩波速度之比；

② 风化系数 K_f 为风化岩石与新鲜岩石饱和单轴抗压强度之比；

③ 岩石风化程度，除按表列野外特征和定量指标划分外，也可根据当地经验划分；

④ 花岗岩类岩石，可采用标准贯入试验划分，$N \geq 50$ 为强风化；$50 > N \geq 30$ 为全风化；$N < 30$ 为残积土；

⑤ 泥岩和半成岩，可不进行风化程度划分。

本 章 小 结

本章对岩土的物理性质指标的含义、主要造岩矿物、岩石的性质及工程分类等进行了详细的介绍，并对它们与工程地质的关系进行讲解。通过学习，可以了解矿物与岩石在工程中的作用，并对它们的形成与性质有个初步的掌握，在以后的工程地质应用中要多加利用。

思考与练习

1. 填空题

(1) 矿物是地壳中的_____在各种地质作用下形成的_____或_____。

(2) 固态矿物根据内部结构分为_____与_____。

(3) 岩石是_____或_____的混合物，其中海面下的岩石称为礁、暗礁及暗沙，由一种或多种矿物组成的，具有一定结构构造的集合体，也有少数包含有生物的_____或_____。

(4) 岩石有三态：_____、_____、_____，但主要是_____，是组成地壳的物质之一，是构成地球岩石圈的主要成分。

2. 简答题

(1) 主要造岩矿物包括哪几种？

(2) 简单介绍三大岩类的主要特征及常见岩属。

(3) 简述岩石的物理性质及工程分类。

第3章 地质构造与工程建设

本章导读

通过本章的学习，了解与建筑工程有关的地质知识、岩石的分类与识别及其工程性质、地层和地质构造等。分析建筑物场地的工程地质条件，并能应用于工程设计与施工。

学习目标

- 掌握褶皱、节理、劈理、片理岩土体的规律。
- 能对岩层岩体的接触关系进行评价与分析。
- 掌握软岩、弱面与夹层的有关知识。

地质构造与
工程建设.mp4

3.1 褶　　皱

岩层在形成时，一般是水平的。岩层在构造运动作用下，因受力而发生弯曲，一个弯曲称褶曲，如果发生的是一系列波状的弯曲变形，就叫褶皱。褶皱是一个地质学名词，褶皱是岩石中的各种面(如层面、面理等)受力发生弯曲而显示的变形。它是岩石中原来近于平直的面变成曲面而表现出来的。

褶皱.mp4

3.1.1 褶曲和褶皱的形成与研究方法

1. 褶皱的形成

褶皱的形成机制与其受力方式、变形环境及岩层的变形行为密切相关。不同的形成机制在不同的条件下起作用，常见的包括以下几种。

1) 纵弯褶皱

岩层受到顺层挤压作用而形成的褶皱。一般认为，岩层在褶皱前处于初始的水平状态，所以纵弯褶皱作用是地壳受水平挤压的结果。岩层间的力学性质差异在褶皱形成中起着主导作用。如果岩系中各层力学性质很不一致，则在顺层挤压下，强硬层就会失稳而发生正弦曲线状弯曲，形成等厚褶皱；相对软的层作为介质，在均匀压扁的同时，被动地调整和适应由强硬层引起的弯曲形态。在进一步挤压下，强硬层的褶皱变得越紧闭，可使翼部被压扁而成 IC 型褶皱。如果岩系中各层力学性质差异较小且平均韧性较大，则强和弱的岩层在形成褶皱的同时共同受到总体的压扁，可形成 IC 型到 3 型的褶皱。纵弯褶皱的轴面垂直挤压方向，褶轴与中间应变轴一致。

2) 横弯褶皱

岩层受到与层面近于垂直的力而发生弯曲而形成的褶皱。沉积岩层初始状态是水平的，因此，横弯褶皱作用的外力是垂向的。它可以是由于基底的断块升降引起盖层的弯曲，褶皱也可以由于岩层或其他高塑性层的重力上浮的底辟作用(见底辟构造)引起上覆地层的弯曲，也可由岩浆上涌所引起。其特点是，受褶皱的岩层整体处于拉伸状态，常成 IA型顶薄褶皱，或在顶部形成地堑。当基底的差异性升降与表层的沉积作用同时进行时，则为同沉积褶皱，背斜表现为水下隆起，向斜表现为水下凹陷，从而可引起沉积层的岩相和厚度的变化。

3)　剪切褶皱

剪切褶皱作用又称滑褶皱作用，是岩层沿着一系列与层面交切的密集面发生不均匀的剪切而形成的褶皱。它一般发生于韧性较大的岩系(如含盐层)或较深层次的层状岩系的韧性剪切带中。这时，各岩性层间的韧性差极小而趋于均一化，而整套岩系的平均韧性较大。在变形中，岩性差异和层面只作为标志而不再具有力学意义上的不均一性，由于受差异性剪切而被动地弯曲。其轴面平行于剪切面，因此沿轴面测量的层的视厚度相等，是典型的相似褶皱。

由地表非构造运动的力的作用也可形成褶皱。这类褶皱仅限于地壳表层，属表生构造。如山坡上重力造成的蠕动构造，可使岩层发生膝状弯曲，甚至翻转成平卧式卷曲。地面及水下滑坡，沉积岩成岩过程中的差异压实作用等，都能使沉积岩层产生不同形态的褶皱。这类褶皱一般规模不大，往往局限于某一层或少数岩层中。

2. 研究褶皱构造的方法

褶皱构造是地质构造的重要组成部分，几乎在所有的沉积岩及部分变质岩构成的山地中都会存在不同规模的褶皱构造。小型的褶皱构造可以在一个地质剖面上窥其一个侧面的完整形态，而大型构造往往长宽超过数千米到数万米。研究褶皱构造的方法如下。

1)　地质方法

(1) 岩层观察与测量。必须对一个地区的岩层顺序、岩性、厚度、各露头产状等进行测量或基本搞清楚，才能正确地分析和判断褶曲是否存在；然后根据新老岩层对称重复出现的特点判断是背斜还是向斜；再根据轴面产状、两翼产状以及枢纽产状等判断褶曲的形态(包括横剖面、纵剖面和水平面)。

(2) 野外路线考察。一是采取穿越法，即沿着垂直岩层走向进行观察，以便穿越所有岩层并了解岩层的顺序、产状、出露宽度及新老岩层的分布特征。二是在穿越法的基础上，采取追索法，即沿着某一标志层的延伸方向进行观察，以便了解两翼是平行延伸还是逐渐会合等情况。这两种方法可以交叉使用，或以穿越法为主，追索法为辅，以便获知褶曲构造在三维空间的形态轮廓。

2)　地貌方法

各种褶皱软硬薄厚不同，构造不同，在地貌上常有明显的反映。例如，坚硬岩层常形成高山、陡崖或山脊，柔软地层常形成缓坡或低谷，等等。与褶皱构造有关的地貌形态如下。

(1) 水平岩层。有些水平岩层不是原始产状，而是大型褶皱构造的一部分。例如，转折端部分，扇形褶皱的顶部或槽部，构造盆地的底部，挠曲的转折部分等，这样的岩层常表现为四周为断崖峭壁的平缓台地、方山以及构造盆地的平缓盆底。

(2) 单斜岩层。大型褶曲构造的一个翼或构造盆地的边缘部分，常表现为一系列单斜

高等院校立体化创新规划教材

岩层。这样的岩层，在倾斜方向存在顺岩层层面进行的面状侵蚀，故地形面常与岩层坡度大体一致；而在反倾斜方向进行的侵蚀，常沿着垂直裂隙呈块体剥落，形成陡坡和峭壁。因此，如果单斜岩层倾角较小(如 20°～30°)，则形成一边陡坡一边缓坡的山，叫作单面山；如果单斜岩层倾角较大(如 50°～60°)，则形成两边皆陡峻的山，叫作猪背山或猪背脊。

(3) 穹窿构造、短背斜和构造盆地。前二者常形成一组或多组同心圆或椭圆式分布的山脊，如果岩层产状平缓，则里坡陡而外坡缓。有时在这样的地区发育成放射状或环状水系。在构造盆地地区，四周常为由老岩层构成的高山，至盆地底部岩层转为平缓，并且多出现较新的岩层。如四川盆地，北部大巴山主要由古生界和前古生界岩层组成，在盆地中心则主要由中生界及新生界岩层组成。

(4) 水平褶皱及倾伏褶皱。在水平褶皱地区，常沿两翼走向形成互相平行而对称排列的山脊和山谷。在倾伏褶皱地区，常形成弧形或"之"字形展布的山脊和山谷。

(5) 背斜和向斜。地形走势与地质构造基本一致，即形成背斜山和向斜谷。但在更多的情况下，是在背斜部位侵蚀成谷，而在向斜部位发育成山，即形成背斜谷和向斜山。这种地形与构造不相吻合的现象称地形倒置。

3.1.2 褶皱的特征及类型

褶皱构造通常指一系列弯曲的岩层，而把其中一个弯曲称为褶曲。但褶皱和褶曲两个术语有时并无严格的区别，而且在许多外文表述中也只是同一术语。

褶曲的形态是多种多样的，但基本形式只有背斜和向斜两种。

(1) 从外形上看，背斜是岩层向上突出的弯曲，两翼岩层从中心向外倾斜。

(2) 向斜是岩层向下突出的弯曲，两翼岩层自两侧向中心倾斜。这种从形态上的划分，大多数情况下是对的。

但在有些情况下则是无法判断的，例如，当褶曲是横卧时，或褶曲两翼平行而顶部被剥蚀掉时，或褶曲呈扇形弯曲而顶部亦被剥蚀，或褶曲呈翻卷状态时，等等，都无法利用形态区分是背斜或向斜。

从本质上讲，应该根据组成褶曲核部和两翼岩层的新老关系来区分，即褶曲的核部是老岩层，而两翼是新岩层，就是背斜；相反，褶曲的核部是新岩层，而两翼是老岩层，就是向斜。或者说，由核到翼，岩层越来越新，并在两翼呈对称出现，为背斜；由核到翼，岩层越来越老，并在两翼呈对称出现，为向斜。

为了便于对褶曲进行分类和描述褶曲的空间展布特征，首先应该了解褶曲要素。褶曲要素是指褶曲的各个组成部分和确定其几何形态的要素。褶曲具有以下各要素。

1) 核

核是褶曲的中心部分。通常指褶曲两侧同一岩层之间的部分，但也往往只把褶曲出露地表最中心部分的岩层叫核。

2) 翼

翼指褶曲核部两侧的岩层。一个褶曲具有两个翼。两翼岩层与水平面的夹角叫翼角。

3)　轴面

轴面是平分褶曲两翼的假想的对称面。轴面可以是简单的平面，也可以是复杂的曲面；其产状可以是直立的、倾斜的或水平的。轴面的形态和产状可以反映褶曲横剖面的形态。

4)　枢纽

褶曲岩层的同一层面与轴面相交的线，叫作枢纽。枢纽可以是水平的、倾斜的或波状起伏的。它可以表示褶曲在其延长方向上产状的变化。

5)　轴

轴指轴面与水平面的交线。因此，轴永远是水平的。它可以是水平的直线或水平的曲线。轴向代表褶曲延伸的方向，轴的长度可以反映褶曲的规模。

6)　转折端

转折端是褶曲两翼会合的部分，即从褶曲的一翼转到另一翼的过渡部分。它可以是一点，也可以是一段曲线。这种形态变化在一定程度上可以反映褶曲的强度或岩石的强度。

褶曲的形态分类是描述和研究褶曲的基础，它不仅在一定程度上反映褶曲形成的力学背景，而且对地质测量、找矿和地貌研究等都具有实际的意义。褶曲要素是褶曲形态分类的重要根据。

3.1.3　倾斜岩层的产状

岩层产状是指岩层在地壳中的空间状态。它包括走向、倾向和倾角。走向是指岩层层面与水平面交线所指的方向，即岩层的延伸方向，走向有两个，相差 180°；倾向是指岩层层面的倾斜方向，倾向与走向相差 90°，倾向只有一个；倾角即岩层层面与水平面间的最大夹角。根据倾向可确定岩层走向，但根据走向不能确定倾向。

岩层产状要素如图 3-1 所示，可用地质罗盘测量，可只记倾向与倾角，如倾向 SW240°，倾角 30°，它表示倾向南西 240°(方位角)、倾角 30°。在地质图上用 30° 表示，其中长线表示走向，短线表示倾向，数字表示倾角。

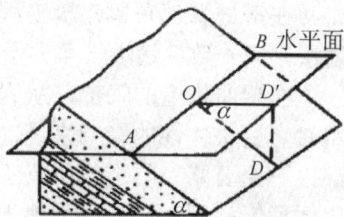

图 3-1　岩层产状要素

倾斜岩层是指岩层层面与水平面有一定交角(0°～90°)的岩层。有些是原始倾斜岩层，例如在沉积盆地的边缘形成的岩层，某些在山坡山口形成的残积、洪积层，某些风成、冰川形成的岩层，堆积在火山口周围的熔岩及火山碎屑层等，常常是原始堆积时就是倾斜的。在大多数情况下，岩层受到构造运动，发生变形变位，使之形成倾斜的产状。在一定范围内岩层的产状大体一致，称为单斜岩层。单斜岩层往往是褶皱构造的一部分。

3.1.4　褶皱的工程地质评价

褶皱构造对工程的影响程度与工程类型及褶皱类型、褶皱部位密切相关，对于某一具体工程来说，所遇到的褶皱构造往往是其中的一部分，因此褶皱构造的工程地质评价应根据具体情况做具体的分析。

不论是背斜褶曲还是向斜褶曲，在褶曲的翼部遇到的，基本是单斜构造，也就是倾斜岩层的产状与路线或隧道轴线走向的关系问题。

褶皱核部：褶皱核部是岩层受构造应力最为强烈、最为集中的部位，因此在褶皱核部，不论是公路、隧道或桥梁工程，容易遇到工程地质问题，主要是由于岩层破碎产生的岩体稳定问题和向斜核部地下水的问题。这些问题在隧道工程中往往显得更为突出，容易产生隧道塌顶和涌水现象。

褶皱翼部：主要是单斜构造中倾斜岩层引起的顺层滑坡问题。倾斜岩层作为建筑物地基时，一般无特殊不良的影响，但对于深路堑、高切坡及隧道工程等则有影响。对于深路堑、高切坡来说，当路线垂直岩层走向或路线与岩层走向平行但岩层倾向与边坡倾向相反时，形成反向坡，就岩层产状与路线走向的关系而言，对边坡的稳定性是有利的；不利的情况是，路线走向与岩层的走向平行，边坡与岩层的倾向一致，特别是在云母片岩、绿泥石片岩、滑石片岩、千枚岩等松软岩石分布地区，坡面容易发生风化剥蚀，产生严重碎落坍塌，对路基边坡及路基排水系统会造成经常性的危害；最不利的情况是，路线与岩层走向平行且岩层倾向与边坡倾向一致形成顺向坡，而边坡的坡角大于岩层的倾角，特别是在石灰岩、砂岩与黏土质页岩的交互层，且有地下水作用时，如路堑开挖过深，边坡过陡，或者由于开挖使软弱构造面暴露，都容易引起斜坡岩层发生大规模的顺层滑动，破坏路基稳定。

对于隧道工程来说，从褶皱的翼部通过一般较为有利。如果中间有软弱岩层或软弱结构面时，则在顺倾向一侧的洞壁，有时会出现明显的偏压现象，甚至会导致支护结构的破坏，发生局部坍塌。这种隧道等深埋地下的工程，一般应布置在褶皱翼部。因为隧道通过均一岩层有利于稳定，而背斜顶部岩层受张力作用可能塌落，向斜核部则是储水较丰富的地段。

褶皱核部岩层由于受水平挤压作用，产生许多裂隙，直接影响岩体的完整性和强度，在石灰岩地区还往往使岩溶较为发育。所以核部布置各种建筑工程，如厂房、路桥、坝址、隧道等，必须注意岩层的坍落、漏水及涌水问题。

在褶皱翼部布置建筑工程时，如果开挖边坡的走向近于平行岩层走向，且边坡倾向与岩层倾向一致，边坡坡角大于岩层倾角，则容易造成顺层滑动现象。

在褶曲构造的轴部，从岩层的产状来说，是岩层倾向发生显著变化的地方，就构造作用对岩层整体性的影响来说，又是岩层受应力作用最为集中的地方，所以在褶曲构造的轴部，不论公路、隧道或桥梁工程，容易遇到工程地质问题，主要是由于岩层破碎而产生的岩体稳定问题和向斜轴部地下水的问题。这些问题在隧道工程中往往显得更为突出，容易产生隧道塌顶和涌水现象，有时会严重影响正常施工。

3.2 节理、劈理、片理

节理、劈理、片理.mp4

节理、劈理、片理都是不同的岩石地质构造，它们各具特点，在岩石结构中占有重要的角色。了解它们的成因、类型以及结构特点对工程地址有很大的帮助。

3.2.1 节理的成因、类型及特征

节理是地壳上部岩石中最广泛发育的一种断裂构造。岩石中的裂隙，其两侧岩石没有

明显的位移,是地壳上部岩石中最广泛发育的一种断裂构造。通常,受风化作用后易于识别,在石灰岩地区,节理和水溶作用形成喀斯特。岩石中的裂隙,是没有明显位移的断裂。

1. 按成因节理划分

节理是很常见的一种地质构造现象,就是我们在岩石露头上所见的裂缝,或称岩石的裂缝。

这是由于岩石受力而出现的裂隙,但裂开面的两侧没有发生明显的(眼睛能看清楚的)位移,地质学上将这类裂缝称为节理,在岩石露头上,到处都能见到节理。

1) 原生节理

原生节理,在成岩过程中形成,如沉积岩中因缩水而造成的泥裂或火成岩冷却收缩而成的柱状节理。

2) 构造节理

构造节理由构造变形而成。

3) 非构造节理

非构造节理是由外动力作用形成的,如风化作用、山崩或地滑等引起的节理,常局限于地表浅处。

在同一时期,同一成因条件下形成的,彼此相互平行或近于平行的一群节理叫作节理组;在同一构造应力作用下,形成有规律组合的节理组,叫作节理系。

2. 按力学性质进行划分

1) 张节理

在垂直于主张应力方向上发生张裂而形成的节理,叫张节理,如图 3-2(a)所示。张节理大多发育在脆性岩石中,尤其在褶皱转折端等张拉应力集中的部位最为发育,它主要有以下特征。

(1) 裂口是张开的,剖面呈上宽下窄的楔形,常被后期物质或岩脉填充。

(2) 节理面粗糙不平,一般无滑动擦痕和磨光镜面。

(3) 产状不稳定,沿其走向和倾向都延伸不远即尖灭。

(4) 在砾岩或砂岩中发育的张节理常常绕过砾石、结核或粗砂粒,其张裂面明显凹凸不平或弯曲。

(5) 张节理追踪 X 形剪节理发育,呈锯齿状。

2) 剪节理

岩石受剪应力作用发生剪切破裂而形成的节理,叫剪节理,如图 3-2(b)所示,它一般在与最大主应力成 45° 夹角的平面上产生,且共轭出现,呈 X 状交叉,构成 X 形剪节理。它具有以下特征。

(1) 剪节理的裂口是闭合的,节理面平直而光滑,常见有滑动擦痕和磨光镜面。

(2) 剪节理的产状稳定,沿其走向和倾向可延伸很远。

(3) 在砾岩或砂岩中发育的剪节理常切砾石、砂粒、结核和岩脉,而不改变其方向。

(4) 剪节理的发育密度较大,节理间距小而且具有等间距性,在软弱薄层岩石中常常密集成带出现。

高等院校立体化创新规划教材

(a) 张节理   (b) 剪节理

图 3-2　张节理与剪节理

3. 按节理与岩层走向关系划分

1)　走向节理

走向节理的节理延伸方向大致与岩层走向平行。

2)　倾向节理

倾向节理的节理延伸方向大致与岩层走向垂直。

3)　斜交节理

斜交节理的节理延伸方向与岩层走向斜交。

4. 根据节理与褶皱轴的关系划分

1)　纵节理

纵节理的节理走向与褶皱轴向平行，见图 3-3 中的 a
位置。

2)　横节理

横节理的节理走向与褶皱轴向直交，见图 3-3 中的 b
位置。

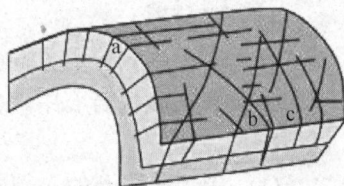

图 3-3　纵节理、横节理与斜节理

3)　斜节理

斜节理的节理走向与褶皱轴向斜交，见图 3-3 中的 c 位置。

5. 按张开程度划分

1)　宽张节理

宽张节理的节理缝宽度>5mm。

2)　张开节理

张开节理的节理缝宽度为 3～5mm。

3)　微张节理

微张节理的节理缝宽度为 1～3mm。

4)　闭合节理

闭合节理的节理缝宽度 <1mm。

6. 节理的工程评价

(1) 节理的成因：构造节理分布范围广、埋藏深度大，并向断层过渡，对工程稳定性影响较大。

(2) 节理的受力特征：张节理比剪节理的工程性能差。

(3) 节理产状：倾向和边坡一致的节理稳定性差。

(4) 节理密度和宽度：一般用节理发达程度来表示，节理越发达，对工程影响越大。

(5) 节理面间的充填物：充填有软弱介质的节理，工程地质条件差。

(6) 节理的充水程度：饱水的节理，其稳定性差。

3.2.2 劈理的成因、类型及特征

1. 劈理的成因

劈理是指岩石受力后，具有沿着一定方向劈开成平行或大致平行的密集的薄层或薄板的一种构造。沿着劈开方向的这种裂面称劈理面，相邻两劈理面之间所夹的薄板状岩片称微劈石。劈理面的产状也用走向、倾向、倾角表示。劈理使岩石具有明显的各向异性特征，劈理主要发育在构造变动强烈、应力集中的岩石地段，如褶皱构造的两翼、大断层的两侧及变质岩中，它不一定破坏岩石的完整性，但用力敲击时，岩石则容易沿劈理面劈开。

2. 劈理的类型

按照劈理的成因和结构可以分为以下几类。

1) 流劈理

流劈理是岩石受力作用后，由片状、板状或扁平矿物颗粒产生定向排列而成。常见于变质岩中，如板岩中的板理，片岩、片麻岩中的片理等。在平行于矿物定向排列方向上形成易于裂开的劈理面，使岩石具有分割成无数薄片的特征。流劈理比较光滑，间距也小，仅几毫米，如图 3-4 所示。

2) 破劈理

破劈理是岩石中平行且密集，并将岩石切割成薄片状的细微裂隙。它是岩石受剪切作用形成的，与岩石中矿物的定向排列无关。因此，破劈理沿着最大剪切应力方向发育，其间距一般为几毫米至几厘米，大多发育在硬脆岩石间的软弱岩石中或硬脆的薄层岩石中。破劈理与剪节理的区别在于其密集性，其间没有明显的界线。破劈理的基本特征是，劈理面平直光滑，近于平行，延伸稳定，密集成带，如图 3-5 所示。

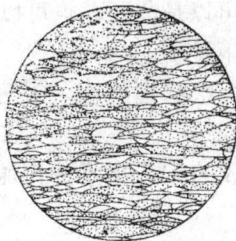

图 3-4 大理岩中的流劈理

图 3-5 破劈理

高等院校立体化创新规划教材

3) 滑劈理

滑劈理(见图 3-6、图 3-7)也是岩石中平行密集的细微剪裂面，与破劈理的区别在于，滑劈理面有微小的位移，滑劈理大多发育在具有鳞片变晶结构的板岩、千枚岩及片岩中。

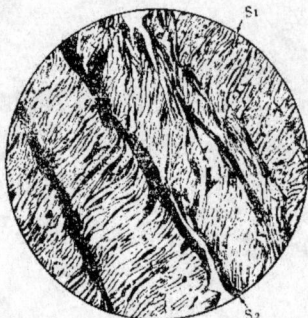

图 3-6 滑劈理(1)

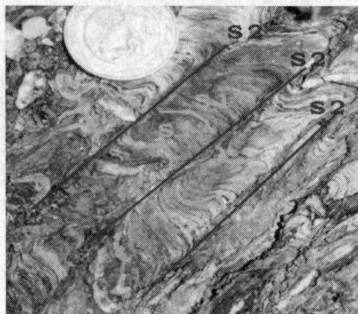

图 3-7 滑劈理(2)

在岩石强烈变形和变质岩区工作时，应注意对劈理的观察，大量测量其产状并均匀地标注在地质图或构造图上，还要采集定向标本，供室内显微观测或研究用，要区分劈理和层理、测定劈理的间隔等。在野外，劈理的识别可从以下几个方面进行。

(1) 切穿不同成分、颜色、粒度岩层的面，可能是劈理面。

(2) 劈理在不同岩性的岩层中分布的频度与层面交角可能不同，甚至出现转折或弯曲。

(3) 切穿岩层的夹层、透镜体、排列方向密集的破裂面，可能是劈理面。

(4) 单个的劈理面一般延伸不远。

3.2.3 片理的成因、类型及特征

片理又称"片状构造"，指岩石形成薄片状的构造，板状、千枚状、片状、片麻状构造可通称为片理，在变质岩中极为常见，是重要特征之一。对于其成因，一般认为在应力和温度的联合作用下，使沿剪切面方向之一发育成一组劈理，或因重结晶较强烈，进而在此方向上形成片理构造。片理面的方向有的与原岩层理斜交，但也有与原岩层理方向一致的，后者说明片理的形成可能是继承原岩层理发育而成。

片理是部分区域变质岩中片状矿物、柱状矿物定向排列的特征，是因为岩石受到定向压力(构造压力) 后，组成岩石的矿物发生重结晶作用，使得矿物向压力较小的那个方向延伸生长，造成定向排列现象。

片理构造指的是岩石中矿物定向排列所显示的构造，是变质岩中最常见、最具有特征性的构造。矿物平行排列所成的面称为片理面，其形态既可以是曲面，也可以是平面。

根据矿物的组合和重结晶程度，片理构造可以分为以下种类。

(1) 板状构造：岩石中由微小晶体定向排列所成的板状劈理构造。板理面平整而光滑，并微有丝绢光泽，沿着劈理可形成均匀薄板。

(2) 千枚状构造：由细小片状变晶矿物定向排列所成的构造。不易肉眼辨别矿物成分，常具有丝绢光泽。

(3) 片状构造：相当于狭义的片理构造。岩石主要由粒度较粗的柱状或片状矿物(如云母、绿泥石、滑石、石墨等)组成，它们平行排列，形成连续的片理构造。

(4) 片麻状构造：岩石主要由较粗的粒状矿物(如长石、石英)构成，但又有一定数量的柱状、片状矿物(如角闪石、黑云母、白云母)在粒状矿物中定向排列且不均匀分布，形成连续条带状构造。

(5) 条带状构造：变质岩中浅色粒状矿物(如长石、石英、方解石等)和暗色片状、柱状或粒状矿物(如角闪石、黑云母、磁铁矿等)定向交替排列所构成的构造。

3.3　断　　层

断层.mp4

岩层受地应力作用后发生破裂，在力的继续作用下沿破裂面两侧岩块发生显著相对位移的断裂构造，称为断层。现代活动性断层会直接影响水文工程建筑，甚至引发地震。因此，研究断层具有重要的理论意义和实际意义。

3.3.1　断层的要素

为了描述断层的空间形态和性质，将断层的各个基本组成部分冠以一定的名称。这些断层的基本组成部分，称为断层要素(见图 3-8)。

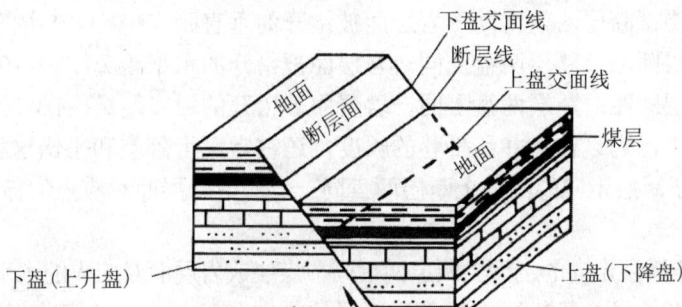

图 3-8　断层要素示意图

1. 断层面

断层的破裂面称为断层面。断层面的形态有平直的，也有舒缓波状的；断层面的产状有直立的，也有倾斜的。断层面可以用走向、倾向和倾角三要素来表示。有的断层找不到一个完整的断层面，而是一个断层破碎带。破碎带的宽度一般为数十厘米至数十米。

2. 断盘

断层面两侧相对位移的岩块称为断盘。相对上升的岩块称为上升盘，相对下降的岩块称为下降盘，如图 3-8 所示。当断层面倾斜时，位于断层面上方的岩块称为上盘，位于断层面下方的岩块称为下盘。当断层面直立时，则无上、下盘之分，可根据断盘所处的方位来命名，如断层是南北走向，位于断层西侧的称为西盘，东侧的称为东盘。

3. 断层线

断层面与地面的交线称为断层线。若地面平坦，则断层线的方向代表断层的走向。若地面起伏不平，则断层在地表的出露线就不能反映断层的延伸方向。断层线有时呈直线，

高等院校立体化创新规划教材

有时呈曲线,主要取决于断层面的形状及地形起伏情况。断层面与煤层面的交线称为断煤交线。断层面与上盘煤层面的交线,称为上盘断煤交线,与下盘煤层面的交线称为下盘断煤交线(见图3-9)。

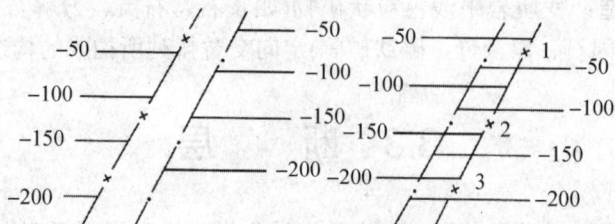

图 3-9   断煤交线示意图

1—上盘断煤交线;2—下盘断煤交线;3—煤层底板等高线

断层两盘同一岩层面相对位移的距离称为断距。断距可反映断层规模大小,它对煤矿生产影响极大。通常,断距是根据不同方向剖面上岩层或煤层被错开的相对位置来确定的。目前,断距的名称较多,这里只介绍常用的几个断距术语。在垂直于岩层走向的剖面上可测得的断距如下。

(1) 地层断距:断层两盘上同一岩层面被错开的垂直距离(图3-10 中的 ho)。

(2) 水平地层断距:断层两盘上同一岩层面被错开的水平距离(图3-10 中的 hf)。

(3) 铅直地层断距:断层两盘上同一岩层面被错开的铅直距离(图3-10 中的 hg)。

在矿山开采中,为设计竖井和平巷的长度,还常常采用落差和平错这类断距术语。

落差:垂直于断层走向的剖面上断层两盘同一煤层或岩层面对应点的标高差(图 3-11 中的 ab)

平错:垂直于断层走向的剖面上断层两盘同一煤层或岩层面对应点的水平距离(图3-11 中的 bc)。需要指出,同一条断层的断距沿断层的走向和倾斜方向均可能发生变化,要尽可能地在断层的不同部位多测一些数据,以便弄清断距的变化情况。

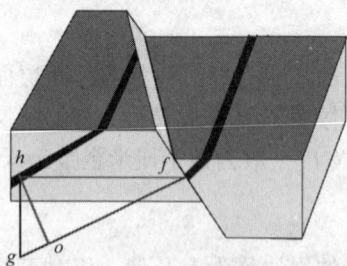

图 3-10   断距示意图

ho—地层断距;hf—水平地层断距;hg—铅直地层断距

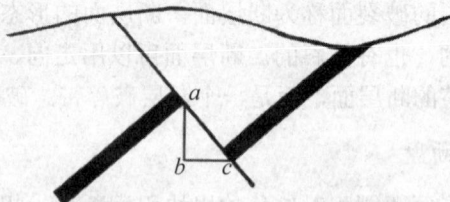

图 3-11   断层落差平错示意图

ab—落差;bc—平错

3.3.2   断层的分类

断层的分类涉及较多因素,如地质背景、运动方式、力学性制和各种几何关系等。下面对其分类进行介绍。

1. 按断层与有关构造的几何关系分类

1) 根据断层走向与岩层走向的关系划分(见图 3-12)

(1) 走向断层。断层走向与岩层走向基本一致。

(2) 倾向断层。断层走向与岩层走向基本垂直。

(3) 斜向断层。断层走向与岩层走向斜交。

2) 根据断层走向与褶皱轴向之间的几何关系划分(见图 3-13)

(1) 纵断层。断层走向与褶皱轴向基本一致。

(2) 横断层。断层走向与褶皱轴向基本垂直。

(3) 斜断层。断层走向与褶皱轴向斜交。

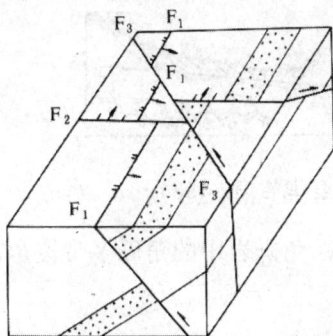

图 3-12　断层与岩层产状的关系示意图

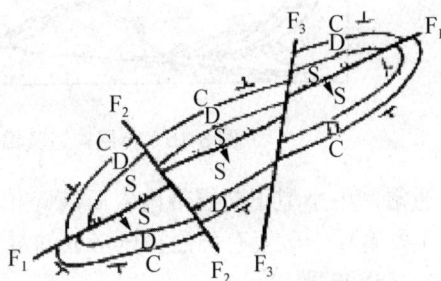

F_1—走向断层；F_2—倾向断层；F_3—斜向断层

图 3-13　断层走向与褶皱轴向的关系

F_1—纵断层；F_2—横断层；F_3—斜断层

2. 按断层两盘相对运动方式分类

根据断层两盘的相对运动，可将断层分为正断层、逆断层和平移断层(见图 3-14)。

1) 正断层

正断层的上盘沿断层面相对向下滑动，下盘相对向上滑动[见图 3-14(a)]，正断层倾角一般较陡，大多在 45° 以上，常大于 60°。近年来的研究发现，也有一些正断层的倾角很低缓(见图 3-15)。有些大型正断层陡直的断层面，向地下深处常常变缓。在伸展地区浅部的高角度正断层，向深处变缓呈铲形，若干个高角度正断层联合成一个较大规模的低角度正断层，这类断层称为剥离断层。剥离断层常造成浅层次年轻地层直接覆盖在深层次的老地层之上(见图 3-16)。

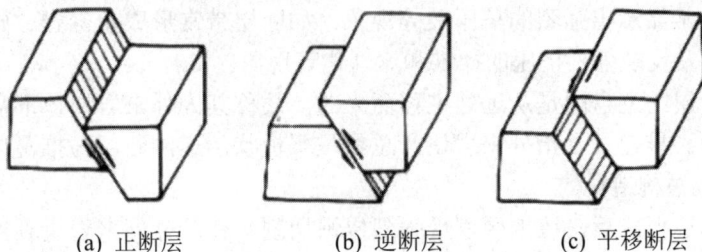

(a) 正断层　　　　(b) 逆断层　　　　(c) 平移断层

图 3-14　常见断层立体示意图

图 3-15　小型低角度正断层

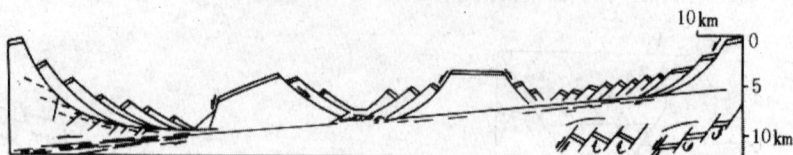

图 3-16　伸展构造及相伴产生的正断层(马杏垣，1984)

通常，中小型正断层带内岩石破碎相对不太强烈，角砾岩中的角砾多带棱角，超碎裂岩较不发育，一般没有强烈挤压形成的复杂小褶皱。

2)　逆断层

逆断层的上盘沿断层面相对向上滑动，下盘相对向下滑动。根据断层面倾角大小，可分为高角度逆断层和低角度逆断层。高角度逆断层面倾斜陡峻，倾角大于 45°；倾角小于 45°(一般多在 30°左右或更小)的逆断层，称为低角度逆断层(见图 3-17)。逆冲断层是位移量很大的低角度逆断层，倾角一般在 30°左右或更小，位移量一般在数千米以上。

图 3-17　小型低角度逆断层

逆冲断层常常显示出强烈的挤压破碎现象，如断层带常形成角砾岩、碎粒岩和超碎裂岩等断层岩，以及反映强烈挤压的揉皱和劈理化等现象。

大型逆冲断层的上盘因是从远处推移而来的，故称其为外来岩块，下盘则因相对未动而称为原地岩块。推覆体是指外来岩块，总体呈平板状。逆冲断层与推覆体共同构成逆冲推覆构造(或称推覆构造)。

逆冲推覆构造形成后，该地区遭受强烈侵蚀切割，将部分外来岩块剥掉而露出下伏原地岩块，表现为在一片外来岩块中露出一小片由断层圈闭的原地岩块，常常是较老地层中出现一小片由断层圈闭的较年轻地层，这种被断层圈闭的地质体为构造窗。如果剥蚀强烈，在大片原地岩块上地势较高的地方仅残留小片孤零零的外来岩块，表现为在原地岩块中残留一小片由断层圈闭的外来岩块，常常是较年轻的地层中出现一小片由断层圈闭的较老的地层，这种被断层圈闭的地质体为飞来峰(见图 3-18)。如图 3-19 所示，石炭、二叠系组成的飞来峰叠于较新的中生代地层之上。

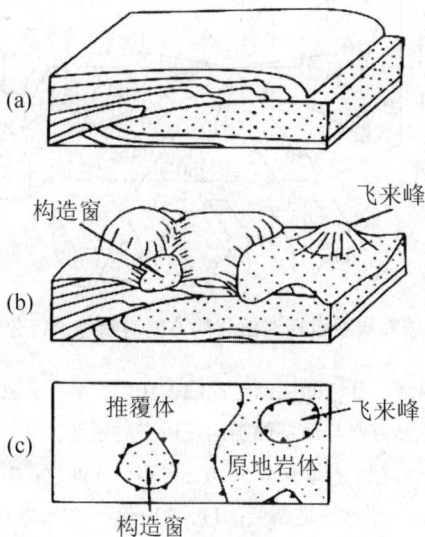

图 3-18　飞来峰

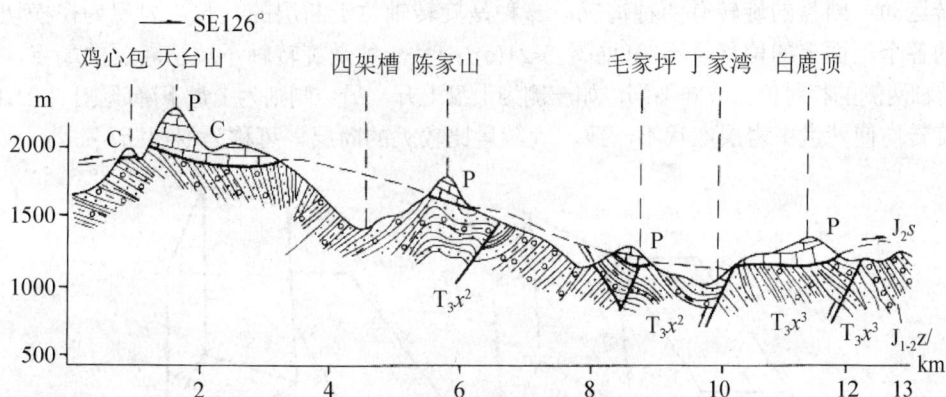

图 3-19　四川彭州逆冲推覆构造(四川区测二队，1979)

3) 平移断层

平移断层是指断层两盘顺断层面走向相对移动的断层。规模巨大的平移断层常称为走向滑动断层(简称走滑断层)。根据两盘相对滑动的方向，又可进一步命名为右行平移断层和左行平移断层。左行或右行是指垂直断层走向观察断层时，对盘向右滑动为右行，向左滑动为左行。平移断层面一般较陡，甚至直立。

断层两盘往往不是完全顺断层面的倾向或走向相对滑动，而是沿斜向滑动，于是断层常具有正、逆与平移的过渡性质。这类断层一般采用组合命名，称之为平移～正断层，正～平移断层，平移～逆断层，逆～平移断层。组合命名的后者表示主要运动分量(见图 3-20)。

高等院校立体化创新规划教材

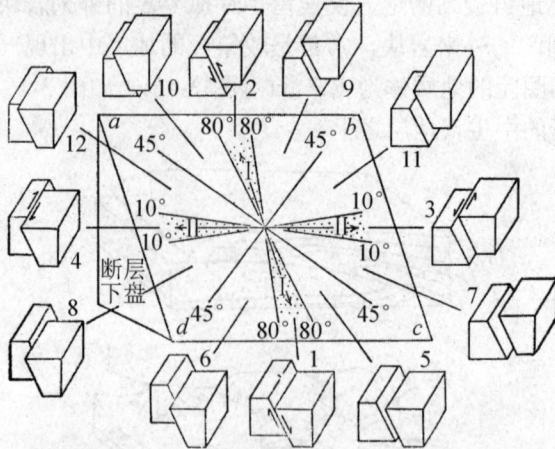

图 3-20　按断层两盘相对位移的方向对断层进行分类示意图

abcd—断层面；Ⅰ—断层面倾斜线；Ⅱ—断层面走向线；10°、45°、80°—断层两盘相对位移方向的
侧伏角(断层两盘相对位移方向与断层面走向线所夹的锐角)；1—正断层；2—逆断层；
3—左行平移断层；4—右行平移断层；5、6—平移~正断层；7、8—正~平移断层；
9、10—平移~逆断层；11、12—逆~平移断层；

　　正、逆、平移断层的两盘相对运动都是直移运动，事实上有许多断层常常有一定程度的旋转运动。断盘的旋转有两种情况：一种是旋转轴位于断层的一端，表现为在横切断层走向的各个剖面上的位移量不等[见图 3-21(a)]；另一种是旋转轴不位于断层的端点，表现为旋转轴两侧的相对位移方向不同，如一侧为上盘上升，另一侧则为上盘下降[见图 3-21(b)]。两种旋转均使两盘中岩层产状不一致。旋转量比较大的断层，可称为枢纽断层。

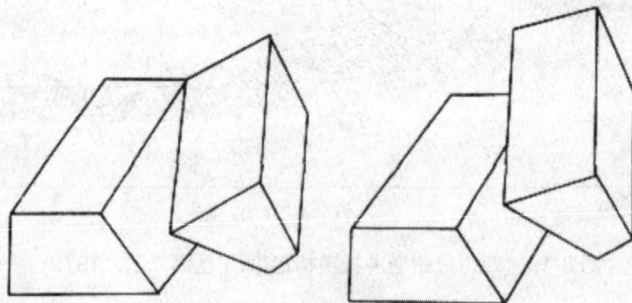

(a) 旋转轴位于断层的一端　　(b)一侧为上盘上升，另一侧则为上盘下降

图 3-21　两种旋转的枢纽断层

3. 按断层的力学性质分类

　　根据平面应力场断层所反映的应力作用方式可将断层分为压性断层、张性断层和扭性断层。

1) 压性断层

　　由压应力作用形成的断层称为压性断层。压性断层的走向与压应力作用的方向垂直。

在平面或剖面上，断裂面一般呈舒缓波状；断面上常出现大片擦痕和阶步，擦痕与断裂面的走向垂直；断裂面附近常形成挤压破碎带，其中劈理、片理和构造透镜体的排列方向与断层走向近于平行。逆断层一般属于压性断层。有的断层面倾向发生变化，不便于用两盘运动方式来命名，而用断层反映的力学性质来命名比较恰当，如图 3-22 中的 F_1 断层。

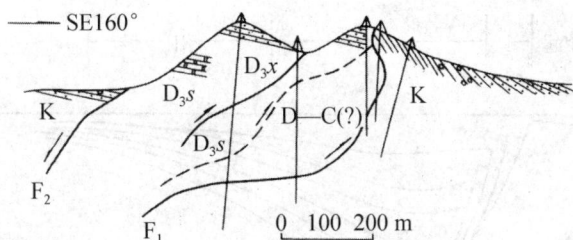

图 3-22　湖南衡阳谭子山压性断层

2)　张性断层

由张应力作用形成的断层称为张性断层。张性断层的走向与张应力作用的方向垂直。张裂面的形态一般不规则，粗糙不平、连续性差；剖面呈楔状，上宽下窄，倾角较陡；张裂带内常含有角砾岩，角砾的棱角显著，大小悬殊，胶结疏松，无定向排列。正断层一般属于张性断层。

3)　扭性断层

扭性断层又称剪性断层，是由剪应力作用形成的。扭性断层的走向与剪应力作用的方向平行。扭性断裂面一般较平直，产状稳定；断裂面上常见磨光镜面和大量水平擦痕；扭裂带内的角砾岩，棱角常被搓碎磨圆、大小较均一，平面上呈斜列展节。平移断层大多属于扭性断层。

3.3.3　断层的组合形式

断层可以单条发育，但在一定范围内和一定地质背景条件下往往成群出现并呈现有规律的组合形式，现将各类断层的组合形式概述如下。

1. 正断层的组合形式

1)　阶梯状断层

阶梯状断层是由若干条产状基本一致的正断层组成，各条断层上盘依次向同一方向下降，构成阶梯状(见图 3-23)。

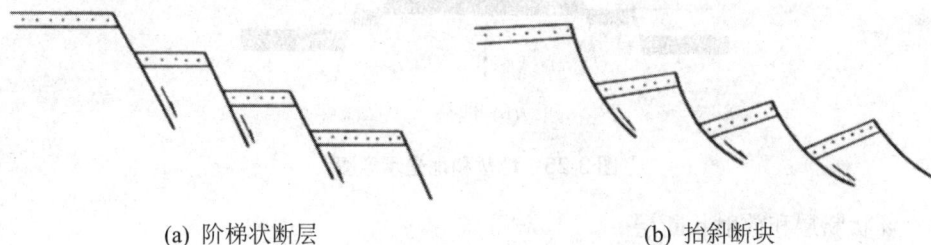

(a) 阶梯状断层　　　　　　　　　　　　　(b) 抬斜断块

图 3-23　阶梯状断层示意图

阶梯状断层在区域性抬斜过程中，断盘常沿弧形的断层面发生一定的旋转而构成阶梯状抬斜断块[见图 3-23(b)]，在地形上表现为单面山或山谷间列的景观。一些在地质历史中发育的阶梯状抬斜断块，在地形上已不明显，反映在断陷沉积上为一系列平行的箕状构造(见图 3-24)。这类箕状构造在我国东部中、新生代盆地中较常见。

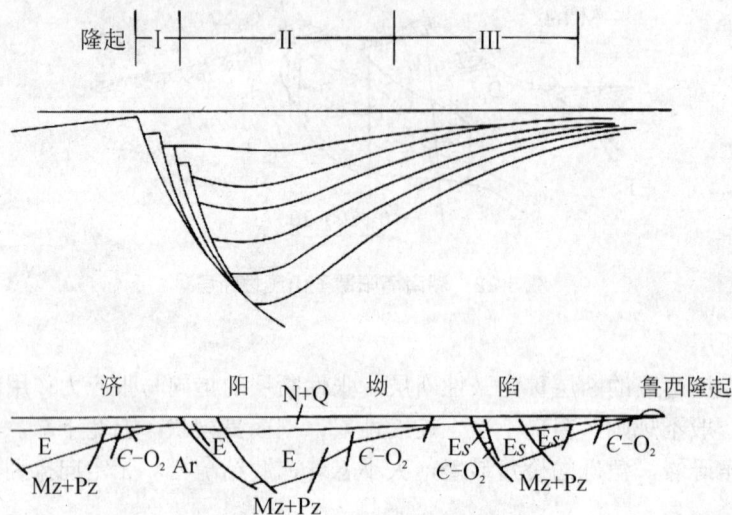

图 3-24　山东济阳断坳中的箕状构造

2)　地堑和地垒

地堑主要由两条走向基本一致、相向倾斜的正断层组成，两条正断层之间有一个共同的下降盘[见图 3-25(a)]。地垒由两条走向基本一致、倾斜方向相反的正断层构成，两条正断层之间有一个共同的上升盘[见图 3-25(b)]。组成地堑和地垒两侧的正断层可以有两条产状，也可由数条产状相近的正断层组成，形成两个依次降落的阶梯状断层带。从区域地质构造看，地堑比地垒发育更广泛，具有更重要的地质意义。

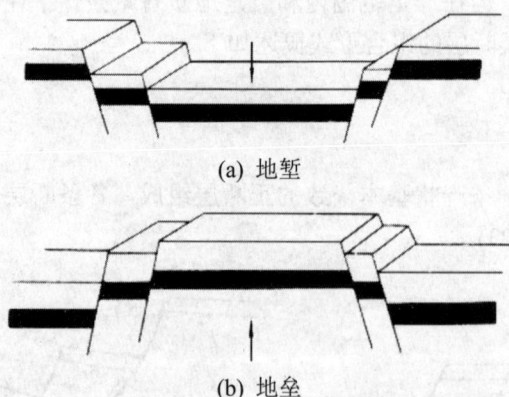

(a) 地堑

(b) 地垒

图 3-25　地堑和地垒示意图

3)　环状断层和放射状断层

若干条弧形或半环状断层围绕着一个中心成同心圆状排列，称环状断层。若干条断层自一个中心呈辐射状排列，即构成放射状断层。两者可以在同一构造上产出，也可以单独发育(见图 3-26)。

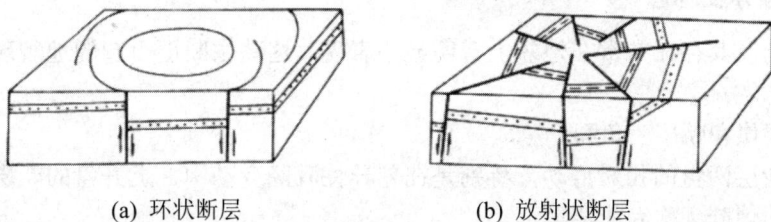

(a) 环状断层　　　　　　　　　(b) 放射状断层

图 3-26　环状和放射状断层示意图

2. 逆断层的组合形式

1)　叠瓦式逆冲断层

叠瓦式逆冲断层是逆冲断层最主要、最常见的组合形式。由一系列产状相近的逆冲断层上盘依次向上逆冲组成，在剖面上构成叠瓦状(见图 3-27)。叠瓦状构造常表现为前(上)陡后(下)缓，呈凹向上方的弧形。叠瓦式逆冲断层的各条断层向下常汇拢成一条主干断层，其总体呈帚状。

图 3-27　叠瓦状构造示意图

2)　对冲式断层和背冲式断层

对冲式断层由两条倾斜相反、相对逆冲的逆断层组成。小型对冲式断层常与背斜构造伴生(见图 3-28)，大型对冲式断层则产出于拗陷带边缘，自两侧隆起分别向拗陷带内逆冲。背冲式逆断层是由两条或两组相向倾斜的逆断层组成，自一个中心分别向两个相反方向逆冲，一般自背斜核部向外散开逆冲(见图 3-29)。

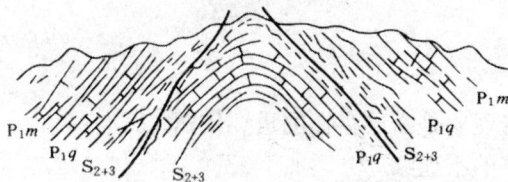

图 3-28　四川广元月明峡背斜对冲式断层(四川第二区测队，1979)

图 3-29　背冲式逆断层

高等院校立体化创新规划教材

3.3.4 断层的标志

1. 地貌及水文标志

断层活动及其存在常常在地貌上有明显的表现，这些由断层引起的地貌现象是识别断层的直接标志。

1) 断层崖和断层三角面

由于正断层两盘的相对滑动，特别是在差异性升降变动中，上升盘的断层面在地貌上常形成陡立的峭壁，称为断层崖。

断层崖受到与崖面垂直方向的水流侵蚀、切割被改造成沿断层走向分布的一系列三角形陡崖，这种三角形陡崖即为断层三角面(见图3-30)。

图3-30　河南偃师五佛山断层形成的断层三角面(马杏垣等，1980)

2) 山脊错断和水系改向

错断的山脊往往是因断层两盘相对位移所致。横切山岭走向的平原与山岭的接触带往往是一条较大的断层。断层的存在常常影响水系的发育，使河流遇断层而急剧转向，甚至河谷错断。

3) 串珠状湖泊和洼地与带状分布的泉水

由断层活动引起的断陷常形成串珠状的湖泊和洼地，如云南沿小江断裂带形成一系列呈南北向串珠状展布的湖泊和盆地。泉水呈带状分布亦为断层存在的标志，沿现代活动断层还会分布一系列温泉。

2. 构造标志

断层活动引起的构造现象是断层存在的重要依据。

1) 构造线和地质体的不连续

地层、矿层、岩脉、岩体、不整合面、片理或相带、岩体与围岩的接触带、在平面或剖面上褶皱的轴迹等突然中断或被错开，是断层存在的直接标志。

2) 构造强化带

构造强化现象包括岩层产状急剧变化，节理化带、劈理化带的突然出现，小褶皱急剧增加以及岩石挤压破碎，构造透镜体和各种擦痕等(见图3-31)。

图 3-31　西藏雅鲁藏布江断裂带内透镜化和片理化岩石

(宋鸿林摄，范崇彦素描，1978)

1—石英绿泥石片岩；2—绿泥石片岩；3—透镜体化石英脉

3. 地层标志

一套顺序排列的地层，由于走向断层的影响，常常造成一层或部分地层的重复或缺失，即当断层走向和岩层走向一致，且经剥蚀夷平作用使两盘地层处于同一水平地面上时，会使原来按顺序排列的地层部分或全部重复，如图 3-32 所示。

由于断层性质不同，断层与岩层的倾向、倾角不同，会造成六种基本的重复和缺失情况(图 3-32 与表 3-1 是相互对应的)。

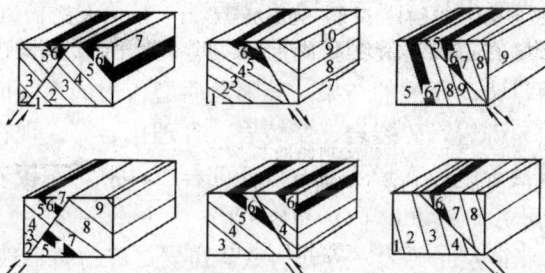

图 3-32　走向断层造成的地层重复和缺失

表 3-1　走向断层造成的地层重复和缺失

断层位移类型	断层倾向与岩层倾向的关系					
	二者倾向相反		二者倾向相同			
			断层倾角大于岩层倾角		断层倾角小于岩层倾角	
	地面上	上盘直孔剖面	地面上	上盘直孔剖面	地面上	上盘直孔剖面
正断层	重复 a	缺失 a	缺失 b	缺失 b	重复 c	重复 c
逆断层	缺失 d	重复 d	重复 e	重复 e	缺失 f	缺失 f

高等院校立体化创新规划教材

4. 岩相变化和矿化标志

当某一地区沉积岩相和厚度沿一条线发生急剧的变化时，即可能是断层活动的结果。或是由于断层远距离的推移，使岩相和厚度相差甚远的同时代地层相接触；或是由于同沉积断层的活动使断层两盘因断层活动控制了沉积作用，使同时代地层的岩相和厚度在断层两盘发生显著差异。

大断层常常是岩浆和热液运移的通道与储集场所，常造成沿一条线断续分布的矿化带、硅化带或热液蚀变带等。这类现象常指示大断层或断裂带的存在。放射状、环状岩墙群也指示断裂的存在。

5. 断层岩标志

断层岩是断层带中或断层两盘岩石在断层作用下被改造形成的，是具有特征性结构、构造和矿物成分的岩石，断层岩是断层存在的明显标志。

断层从产出的构造层次上分为脆性断层和韧性断层，断层岩也相应地分为与浅层次脆性断层伴生的碎裂岩系列及与深层次或者中深层次韧性断层伴生的糜棱岩系列。对于长英质岩石，糜棱岩形成深度为 $10\sim15km$，相当于低级绿片岩相的温度、压力条件。

断层岩的研究可以提供有关断层的大量信息。近年来，随着断层研究的深入，对断层岩的研究，尤其是对糜棱岩的研究，已成为当前构造地质学领域中一个引人注目的课题。

断层岩的属性(是碎裂岩系还是糜棱岩系)可以指示断层的属性(是脆性断层还是韧性断层)；利用断层岩可以测定断层形成时的温度和压力条件，为分析断层形成深度和形成环境的温度、压力状态提供基本依据；断层岩发育程度和展布状况以及各类断层岩的交织叠加和改造情况可以提供有关断层规模、活动史、活动深度的变化等有关信息；断层岩的结构可以为分析研究断层两盘的相对运动方向提供依据。

近年来，断层岩研究的重要进展是将断层岩划分为两大系列。过去把断层岩均作为岩石在脆性状态下断层两盘错动研磨的结果，其随着研磨作用的增强而细粒化，进而根据碎块颗粒的大小分为断层角砾岩、碎裂岩、糜棱岩、片理化岩等。现在已经确证，对于碎裂岩系列，细粒化程度取决于脆性变形下岩石破碎的程度；对于糜棱岩系列，细粒化取决于塑性变形状态和重结晶程度。

碎裂岩系列一般包括断层角砾岩、碎粒岩或碎斑岩、碎粉岩、玻化岩和断层泥等。

1) 断层角砾岩

断层角砾岩由保持原岩特点的岩石碎块组成。角砾胶结物为磨碎的岩屑、岩粉以及岩石压溶物质和外源物质。断层角砾岩中角砾的棱角常被磨蚀，因此，角砾多呈透镜状、椭圆状。角砾常具有定向排列，有时排成雁列式[见图 3-31、图 3-33(b)]。胶结物有时也显示定向排列的特点，围绕角砾排列，甚至发育成劈理(见图 3-31)。也有一些断层角砾岩中的角砾是带棱角的，这类角砾岩中的角砾形状多不规则，大小不一，杂乱无章。角砾岩中的角砾一般在 2mm 以上[见图 3-33(a)]。

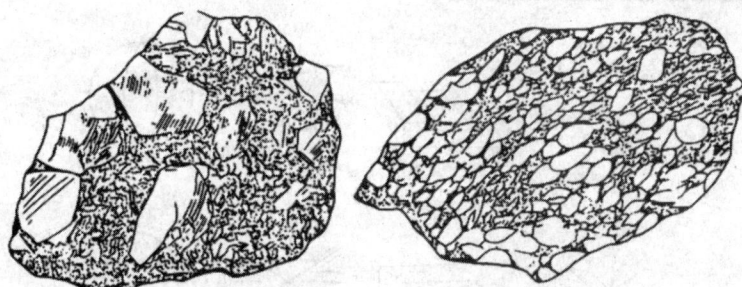

(a) 角砾呈尖棱角状，排列无序　　　　(b) 角砾呈透镜状，定向排列

图 3-33　苏州逆冲断层中的断层角砾岩

(孙岩、韩克从，1982)

角砾岩的种类很多，如不整合面上的底砾岩、火山角砾岩、同生角砾岩、膏盐角砾岩、岩溶角砾岩等，在野外工作中应注意区分。

断层角砾岩与其他角砾岩区分的主要标志是看角砾与围岩是否有同源关系，是否顺层发育，是否有摩擦搓碎现象等。

2)　碎粒岩或碎斑岩

碎粒岩是被断层两盘研磨得更细的断层岩，碎粒岩是由原岩的岩粉或细粒或原岩的矿物碎粒组成的。在偏光显微镜下，岩石具有压碎结构。碎粒岩中若残留一些较大矿物颗粒，则构成碎斑结构，这种岩石可称为碎斑岩。碎粒岩的粒径一般在 0.1～2mm。

3)　碎粉岩

碎粉岩的岩石颗粒被研磨得极细，粒度比较均匀，一般在 0.1mm 以下，这种岩石也可称为超碎裂岩。

4)　玻化岩

如果岩石在强烈研磨和错动过程中局部发生熔融，而后又迅速冷却，会形成外貌似黑色玻璃质的岩石，称为玻化岩。玻化岩往往呈细脉分布于其他断层岩中。

5)　断层泥

如果岩石在强烈研磨中成为泥状，单个颗粒一般不易分辨，仅含少量较大碎粒，这种未固结的断层岩称为断层泥。对比原岩成分与断层泥成分，发现两者不尽相同，这说明断层泥的细粒化不仅有研磨作用，而且有压溶作用等。

3.3.5　断层的成因分析

岩石受力超过其强度时，便开始发生破裂。破裂之初先出现微裂隙，微裂隙逐渐发展，相互联合，形成一条明显的破裂面。安德森(E. M. Anderson, 1951)等学者分析了断层的应力状态，提出了分析地表或近地表的脆性断层的形成模式。

安德森模式认为，形成断层的三轴应力状态中的一个主应力轴趋于垂直水平面，断层面是一对剪裂面，σ_1 与两剪裂面的锐角分角线一致，σ_3 与两剪裂面的钝角分角线一致，断层两盘垂直于 σ_2 方向滑动。断层形成的应力状态为：若 σ_1 直立，σ_2、σ_3 水平，则产生正断层；若 σ_3 直立，σ_1、σ_2 水平，则产生逆断层：若 σ_2 直立，σ_1、σ_3 水平，则产生平移断层(见图 3-34)。

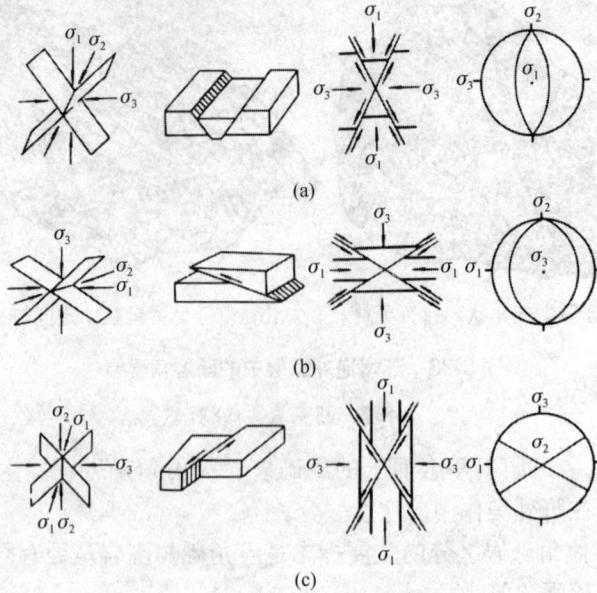

图 3-34　形成断层的三种应力状态

1. 正断层

正断层是根据断层的两盘相对位移划分的。断层形成后，上盘相对下降、下盘相对上升的断层称正断层。它主要是受到拉张力和重力作用形成的。正断层产状较陡，通常在 45°以上，而以 60°左右者较为常见。正断层在地形上表现显著，多形成河谷、冲沟和湖泊等。正断层与平移断层多出现于张裂性板块边界。

正断层的成因主要应从以下几个方面进行分析。

1)　正断层形成的应力条件

正断层是在一定范围内地壳伸长的结果，是在地壳处于与断层走向垂直的方向上水平拉伸状态下产生的，即 σ_1 直立，它可以是岩体的重力，也可以是岩浆岩体、盐丘或基底断块等向上隆起或上冲引起的。σ_3 水平，与断层走向垂直，它可以是较小的压应力，也可以是张应力。引起正断层的有利条件是最大主应力(σ_1)在铅直方向上增大，或是最小主应力(σ_3)在水平方向上逐渐增大[见图 3-34(a)]。

2)　正断层形成的构造背景

背斜形成时，因岩层上拱，导致外弯层产生与背斜枢纽垂直的张应力，加之岩体自重产生的铅直应力，造成背斜顶部出现纵向地堑(见图 3-35)。短轴背斜沿枢纽方向的局部拉伸，也可以形成走向与背斜枢纽垂直的两组倾向相反的横向正断层(见图 3-36)。

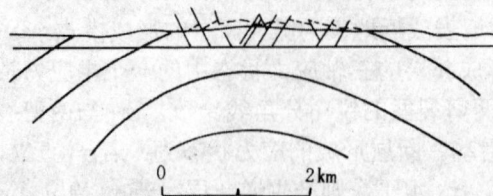

图 3-35　美国海员山背斜顶部正断层和小型地堑

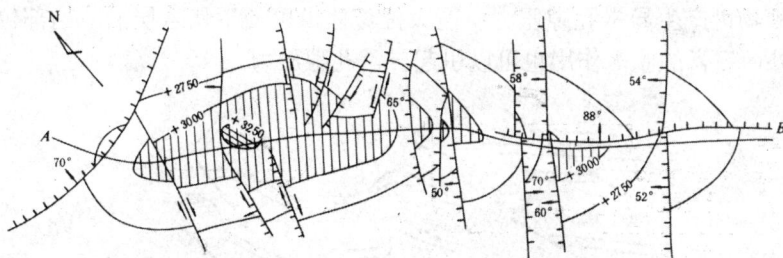

图 3-36 短轴背斜中的横断层

区域性的水平拉伸造成沉降盆地，在其边缘常形成同沉积断层，这类正断层的下降盘边下降边沉积，随着沉积物的厚度增大，使其下部位移量大于上部。穹隆垂直上隆，形成穹隆中心直立(或陡倾)的挤压(σ_1)以及向穹隆外围缓倾的拉伸(σ_3)，从而形成环形正断层。此外，差异升降运动也可以产生正断层。

2. 逆断层的成因分析

1) 逆断层形成的应力条件

逆断层主要是在压缩条件下形成的。区域性的水平挤压作用产生水平基准面侧向缩短的断层，又称收缩断层。这种条件符合安德森逆冲断层应力模式，即 σ_1 水平，σ_3 直立。所以，适于逆冲断层形成作用的可能情况是，σ_1 在水平方向逐渐增大，或者是最小主应力 σ_3 逐渐减小。因而，水平挤压有利于逆断层的发育[见图 3-34(b)]。

2) 逆断层形成的构造背景

(1) 早于褶皱形成的逆断层。在断层形成前，地层未褶皱，水平挤压作用使水平地层产生逆断层。这类断层的特征是：其中一段顺层面滑动称断坪；另一段切层滑动，称为断坡。断坪的断层标志不太明显(见图 3-37)，断坪与断坡交替，使整个断层构成阶梯状。图 3-38(a)为早于褶皱产生的沿剪裂面形成的逆断层。

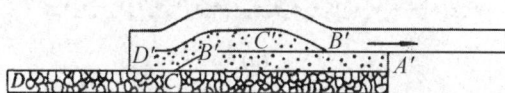

图 3-37 褶皱前形成的逆断层及其断坪与断坡

(2) 由褶皱进一步发展而成的延伸逆断层[见图 3-38(b)]。当水平挤压有一侧减弱时，褶皱倒向水平应力小的一侧，持续变形使倒转翼拉薄，进而断开，形成逆断层。这种断层常发育在造山带边缘强烈不对称褶皱的地带。

(3) 与褶皱同时发育的破裂逆断层[见图 3-38(c)]。脆性岩层在水平挤压作用下形成开阔褶皱，同时也很快出现破裂，形成一系列在剪裂面基础上发育起来的破裂逆断层。随着破裂逆断层的发展，褶皱进一步加强。

3. 逆冲推覆构造的形成

(1) 孔隙液压对逆冲推覆构造形成的作用。巨大的推覆体之所以能够做长距离的运移，异常孔隙压力起了重要的作用。当异常孔隙压力接近或等于推覆体总负荷压力时，推覆体即处于漂浮状态，此时很小的推力即可使推覆体产生运移而不破碎。大陆边缘快速堆积的年轻沉积物可产生异常孔隙压力；巨大推覆体也可使下伏岩层的适当部位产生异常孔隙压力，此外，石膏的脱水作用也可以引起异常孔隙压力。

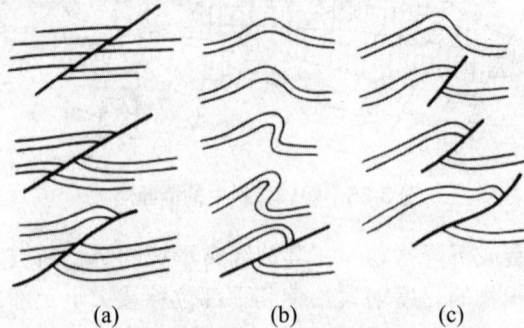

(a)　　　　　　　(b)　　　　　　　(c)

图 3-38　逆断层与褶皱的关系

(2) 逆冲推覆构造的驱动力。对这个问题，地质学家有各种不同的假说和观点，早期认为，水平挤压作用是逆冲推覆构造的基本驱动力，即水平挤压力推动推覆体的后部，使其向前运动。随着研究的不断深入，又提出重力是引起推覆构造的基本驱动力，即在地壳伸张地带有因重力滑动的推覆作用造成的重力滑覆构造。重力滑覆构造的特点是，滑覆体的后部被正断层所切，或被底部滑脱面所切[见图 3-39(a)]。由于重力滑动作用无法解释某些断层面不是向逆冲方向倾斜的情况，所以又有学者提出了重力扩张的观点，并以模拟实验证明。重力导生出的侧向水平推动力的扩展作用产生逆冲断层，使推覆体的后部被更后面的逆冲断层所切[见图 3-39(b)]。此外，还有因板块俯冲和碰撞挤压等造成逆冲推覆构造的观点。

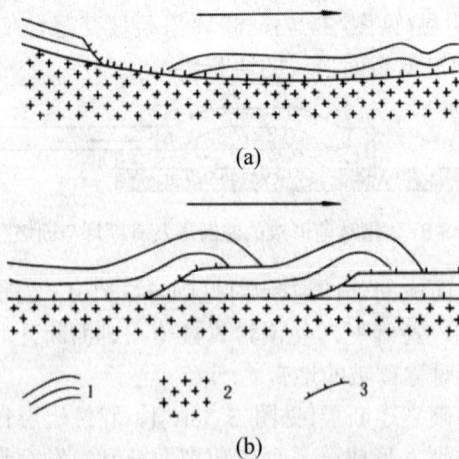

(a)

(b)

1　　　　2　　　　3

图 3-39　重力滑动与重力扩张

1—盖层；2—基底；3—逆冲断层

4．平移断层的成因分析

(1) 由于侧向水平挤压，当 σ_2 直立时，顺平面 X 剪裂面发育而成平移断层，规模可大可小，常为两组共轭发育，一组右行，一组左行，一般与褶皱延伸方向斜交。

(2) 不均匀的侧向挤压使不同部分的岩块在垂直于纵向逆断层和褶皱枢纽方向上做不同程度的向前推移,因而在各部分岩块之间形成了走向垂直于逆断层或褶皱枢纽的平移断层,这种断层一般规模不大。

5. 走滑断层的相关构造

大型平移断层即走滑断层,其两盘顺直立断层面相对水平滑动。走滑断层和兼具倾斜滑动的走滑断层是相当普遍的,与走滑断层相关的构造也是很重要的构造。

(1) 由于走滑断层面的弯曲,在弯曲部位会产生挤压区和拉伸区。如图 3-40、图 3-41 所示,在右行走滑断层的 A 处弯曲部位发生拉张,形成断陷盆地和正断层等张性构造;在右行走滑断层的 B 处弯曲部位发生挤压,形成隆起断块和逆断层等压性构造。

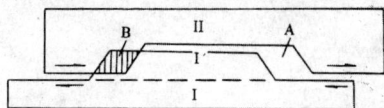

图 3-40　走滑断层引起的拉张区和挤压区

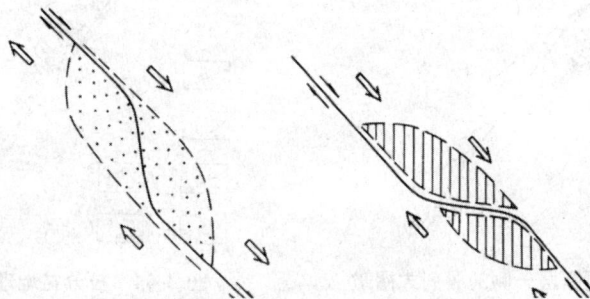

(a) 右阶式弯曲处引起的断陷盆地　　　(b) 左阶式弯曲处引起的断块隆起

图 3-41　右行走滑断层弯曲引起的相关构造

(2) 走滑断层弯曲并与次级断层交切处,形成复杂的挤压～拉伸交织带(见图 3-42)。

走滑断层还常造成其一侧出现雁列式褶皱。褶皱轴与断层呈小角度相交,多以背斜形式产出。随着远离断层,褶皱逐渐减弱或倾伏(见图 3-43)。

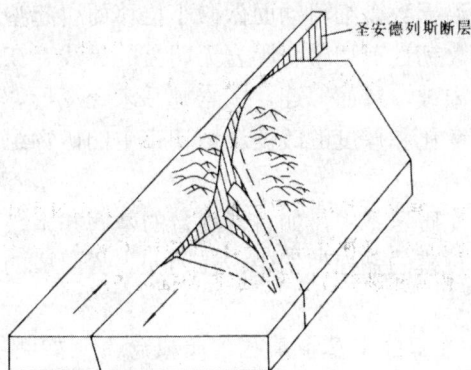

图 3-42　圣安德列斯断层弯曲与次级断层交切引起的挤压～拉伸现象

高等院校立体化创新规划教材

(3) 拉分盆地。拉分盆地是走滑断层系中拉伸形成的断陷盆地。其形状似菱形，盆地两侧长边为走滑断层，两短边为正断层。拉分盆地规模变化很大，大者长百余千米，宽数十千米；小者长数百米，宽仅数十米，拉分盆地的形成可以是在两条走滑断层控制下发育形成的，也可以是在一组雁列走滑断层控制下发育形成的(见图 3-44)。其宽度相对较稳定，取决于两条边界走滑断层的间隔。我国南方的一些红盆地，如江西于都～南丰断裂带上的某些红盆地，就具有明显的拉分性质。

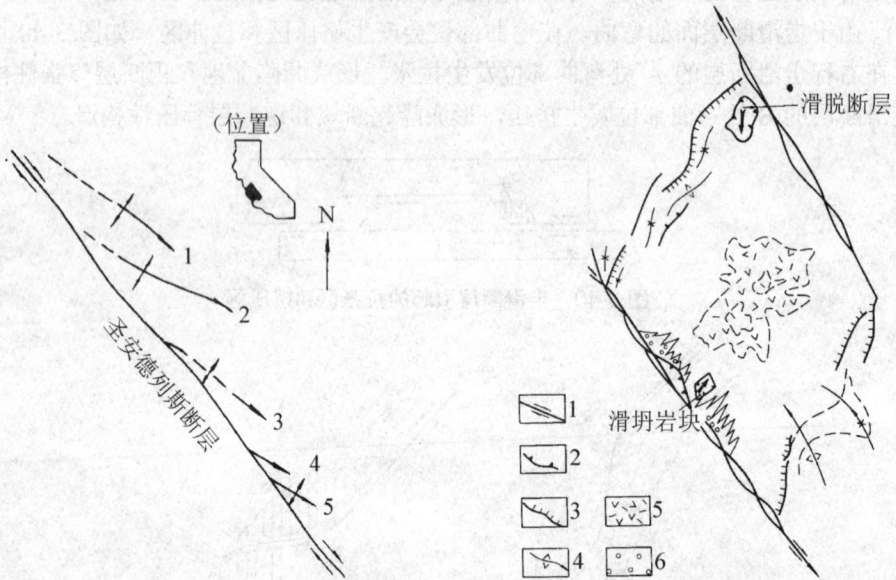

图 3-43 圣安德列斯断层一侧的雁列式褶皱

1—谢尔沃背斜；2—科林加背斜；3—奥尔查德背斜；
4—麦克唐纳背斜；5—赛里克背斜

图 3-44 拉分盆地理想化模式图

1—走滑断层；2—逆冲断层；3—正断层；
4—褶皱轴；5—火山岩系；6—碎屑岩系

6. 韧性剪切带

韧性剪切带又称韧性断层，它是岩石在塑性状态下经剪切作用形成的强烈变形带，是一条向下深切的大断裂，在浅层次为脆性断层，向深层次则过渡为韧性断层(见图 3-45)。韧性断层的特点是，岩石沿无数微细滑动面做微小位移而引起塑性流动，从而导致韧性剪切带两侧岩块的相对位移。韧性剪切带与围岩无明显的界线，在露头尺度上常见不到明显的不连续面，表现为断而未破，错而似连，围岩几乎未经变形。当围岩中的标志层通过剪切带时，常会发生方向的变化和厚度的改变，剪切带中的矿物组分和粒度也发生一定程度的变化。

韧性剪切带主要产于变质岩系中，如古老地台的基底和褶皱造山带核部。我国冀东太古界片麻岩中发现有相当规模的韧性剪切带；江西元古界组成的九岭隆起南缘也是一条规模巨大的韧性剪切带。

韧性剪切带的研究，改变并丰富了某些地质概念。例如断层的牵引现象，可能很多"牵引"产生于断裂之前，是韧性剪切现象，即"牵引"导致破裂，而不是断层导致"牵引"。又如糜棱岩，过去认为是脆性破裂的继续，是碎裂物质被研磨变细的产物，属碎裂岩系列的细粒部分，但二十余年来，经深入的显微和超显微研究发现，糜棱岩的细粒化是矿物在较高温度和较高围压下发生晶体塑性变形的产物。韧性剪切带内的变形岩石一般形成糜棱岩系列。有些推覆体的底部滑动面，常常是倾角很小的韧性剪切带。

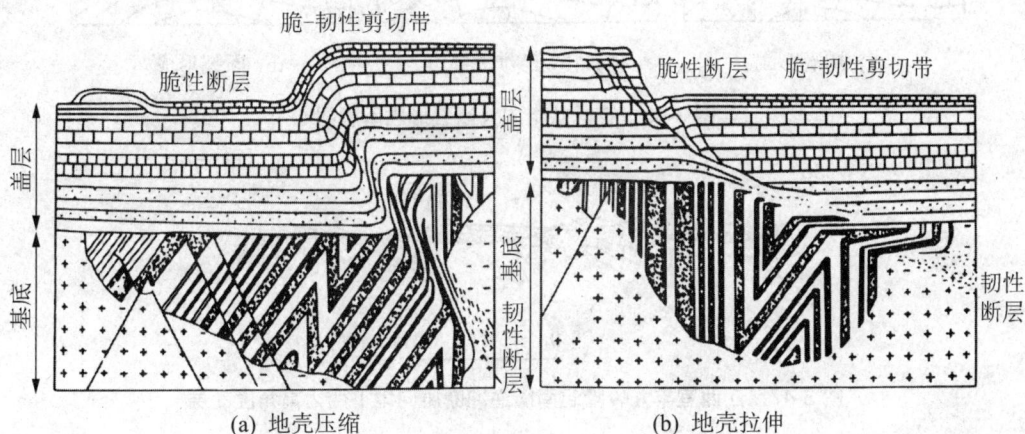

图 3-45　脆性断层与韧性断层的关系

3.3.6　断层的观测与研究

在观测和研究断层时，应尽可能测定断面产状。断层面有时出露于地表，可以直接测定；有时没有出露，只能间接测定。如果断层面比较平直、地形切割强烈且断层线出露良好，可以根据断层线的 V 形来判定断层面的产状。隐伏断层的产状主要是根据钻孔资料，用三点法予以测定。利用物探资料也可判定断层产状。

断层伴生和派生的小构造也有助于判定断层产状，如断层伴生的剪节理带和劈理带，一般与断层面趋近一致，而断层派生的同斜紧闭揉褶带、片理化断层岩的面理以及定向排列的构造透镜体带等，常与断层面成小角度相交。这些小构造变形愈强烈、愈压紧，说明其与断层面愈接近。需要指出的是，这些小构造的产状常常是易变的，应大量测量并进行统计分析方能确定其代表性的产状，然后加以利用。

在确定断层面产状时，要充分考虑到断层产状沿走向和倾向可能发生的变化。许多断层，尤其是逆冲断层的断层面，常成波状起伏或台阶式。对于这种波状性形成的原因和解释是多样的：一种可能是岩石沿两组交叉剪切面发生破裂，在断层发育过程中经进一步的挤压和摩擦而形成波状弯曲；另一种可能是大断层形成前由分散的初始小断裂逐渐联合而形成的，由于联合的方式不同，可以有折线状、正弦曲线状或花冠状(见图 3-46)等。至于台阶式，主要是逆冲断层中断坪与断坡交替变化的结果。台阶式可以在进一步变形发展中改变为波状或更复杂的形态。此外，各套岩系的岩性差异，不同深度物理条件对断裂的影响以及多期变形等，也都影响断层产状的变化。区域性逆冲断层以及一些正断层，常表现为上陡下缓的形式。总之，不要简单地把局部产状作为一条较大断裂的总的产状，也不能认为某类断层一定具有某种固定形态。至于切割很深的大断裂，其产状总是具有一定的变化，如隆起边缘的大断层，地表常为低角度逆冲断层，向深处倾角可逐渐变大，甚至直立(见图 3-47)。

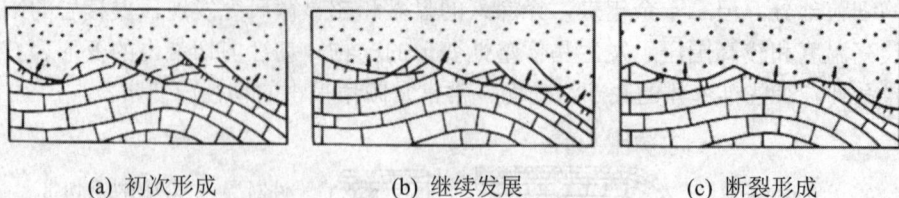

(a) 初次形成　　　　　(b) 继续发展　　　　　(c) 断裂形成

图 3-46　花冠状走向大断裂形成示意图

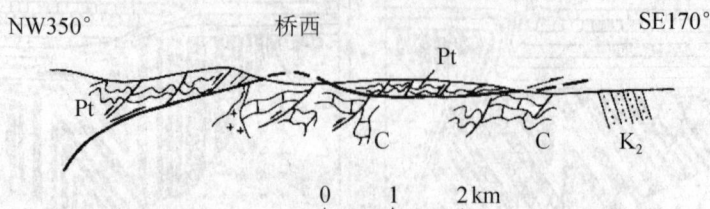

图 3-47　江西宜丰九岭隆起南缘逆冲断层向地下变为高角度断层

　　广义的断层效应泛指断层引起的所有现象，这里讨论的断层效应主要是指斜向断层和横向断层引起标志层的视错动。由于岩层与断层复杂的交切关系以及两盘滑动引起的标志层在平面和剖面上的视错动，常常难以从标志层的相对视错动上正确判定两盘的相对滑动或断层的性质。例如倾向正断层，在平面上可能造成平移滑动的错觉。产生错觉的主要原因是，未能从主体和实际位移诸因素来全面分析两盘的错动。如图 3-48 所示是一个被一条以横向平移为主的断层切断的背斜，但在两翼的纵剖面上却分别显示正断层和逆断层的效应。下面分别介绍各类断层引起的效应。

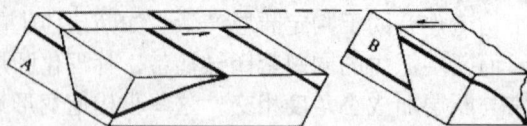

图 3-48　横向平移为主的断层在背斜两翼的纵剖面上分别显示正断层和逆断层的效应

1. 正(逆)断层引起的效应

　　当倾向断层的两盘沿断层倾斜方向滑动时，侵蚀夷干后在水平面上两盘岩层表现为水平错移，给人以平移断层的假象(见图 3-49)。从图 3-49(b)可以看到，在水平面上显示上升盘的岩层界线向岩层倾斜方向错动。

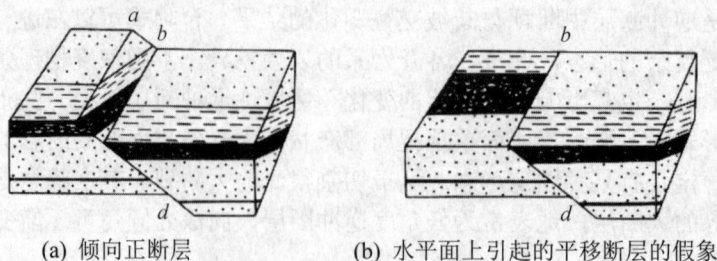

(a) 倾向正断层　　　　(b) 水平面上引起的平移断层的假象

图 3-49　倾向正断层引起的效应

2. 平移断层引起的效应

倾向断层顺断层面走向滑动时,剖面上会表现为正(逆)断层。如图 3-50 所示,向岩层倾向平移错动的一盘在剖面上表现为上升盘。

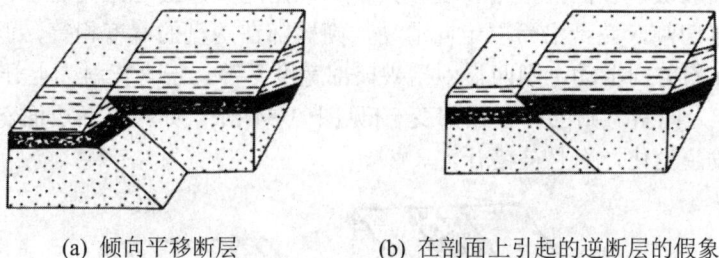

(a) 倾向平移断层　　　　　　(b) 在剖面上引起的逆断层的假象

图 3-50　平移断层引起的效应

上述情况说明倾向正(逆)断层和倾向平移断层引起的平面和剖面效应是相似的。因此,在野外观察断层时,不能仅从水平面或剖面上的岩层错移判断断层类型。

3. 平移正(逆)断层或正(逆)平移断层引起的效应

当倾向断层的上盘沿断层面斜向下滑时,会出现三种效应:当滑移线与岩层在断层面上的交迹线平行时,在平面或剖面上岩层好像没有错移(见图 3-51);当滑移线位于岩层在断层面上交迹线的下侧时,在剖面上表现为正断层,而在平面上则表现为平移断层。如果滑移线位于岩层在断层面上交迹线的上侧,则在剖面上表现为逆断层,在平面上表现为平移断层(见图 3-52)。

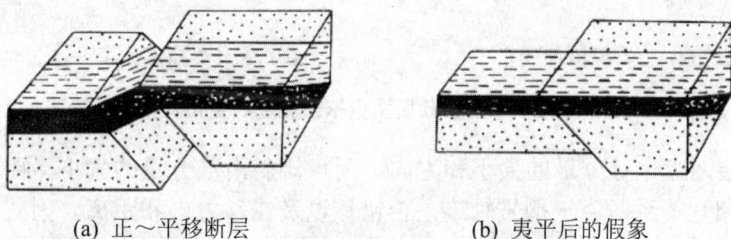

(a) 正~平移断层　　　　　　(b) 夷平后的假象

图 3-51　正~平移断层引起的效应

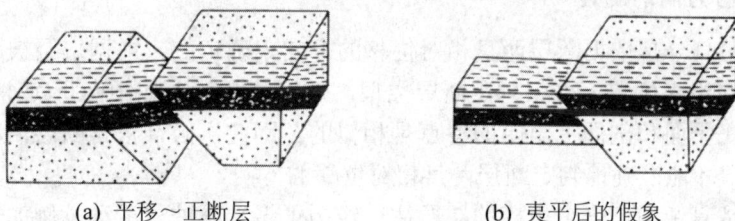

(a) 平移~正断层　　　　　　(b) 夷平后的假象

图 3-52　平移~正断层引起的效应

4. 横断层错断褶皱引起的效应

褶皱被横断层切断后,在平面上有两种表现,一种是断层两盘中褶皱核部宽度的变化,另一种是褶皱轴迹的错移。断层是否具有平移性质,主要依据褶皱轴迹在平面上的错

高等院校立体化创新规划教材

移情况来判断。被横断层切断的直立褶皱，若两盘褶皱轴迹在一直线上，则无平移滑动(见图 3-53)；反之，表明有平移分量。如果褶皱是斜歪的或倒转的，倾斜的轴面被横断层切断，若沿断层面倾斜滑动，被夷平后两盘在平面上表现出轴迹错移(见图 3-54)。轴迹在两盘被错开的距离取决于轴面的倾角和位移大小。倾角越大，错位距离越小。如果轴面倾斜的褶皱被横断层切割，完全沿断层走向滑动，则核部在两盘的宽度相等，但核部错开。如果两盘沿断层倾斜方向滑动，则两盘中褶皱核部宽度不等。若为背斜，上升盘核部变宽[见图 3-54(a)]。若为向斜，则上升盘核部变窄[见图 3-54(b)]。如果沿断层面斜向滑动，不仅褶皱核部宽度发生变化，而且被错开。

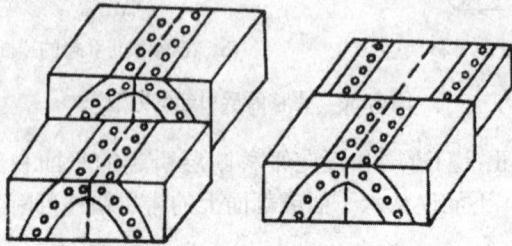

图 3-53   被横向正断层切断的直立褶皱

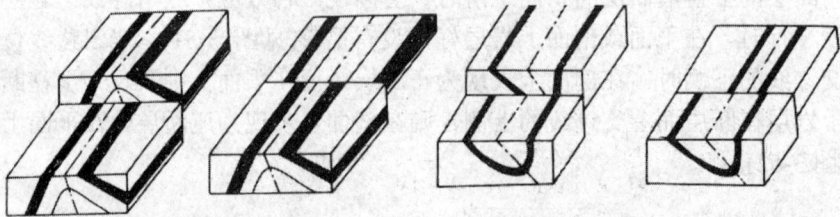

(a) 上升盘核部变宽   (b) 上升盘核部变窄

图 3-54   褶皱被横断层切断后两盘核部宽度的变化和轴迹的错移

总之，断层两盘位移分量的大小和方向、两盘倾斜滑动分量的大小、褶皱轴面倾角这三个变量及其相互关系，决定褶皱轴迹是否错移以及错移方向和距离。因此，在分析断层时，应从断层、褶皱及其相互关系的整体并结合有关构造进行分析。

5. 断层位移方向的确定

断层类型的划分是依据断层两盘相对位移的方向来确定的。根据岩层被断层错动后在平面和剖面上的出露位置，可以判定断层类型，但某些断层，如倾向正(逆)断层和倾向平移断层，它们在平面和剖面上出露的特点是相似的。因此，必须依据断层活动留下的遗迹或伴生现象等，才能准确地判定断层两盘相对位移的方向。

断层运动是复杂的，一定规模的断层往往经历了多次脉冲式滑动。例如一条正断层，在各次微量滑动中，虽然上盘以沿倾斜下滑为主，但是也包含多次斜向滑动，甚至向上的滑动。对一些现代活动断层的观测，已初步绘出两盘相对滑动的曲线。因此，在分析并确定两盘的相对运动时，应充分考虑其复杂多变性。不过，一条断层的活动性质或一定阶段的活动性质常常又具有相对稳定性，如上盘顺倾斜下滑或斜滑下降。这种运动总会在断层面上或其两盘上留下一定的痕迹，如擦痕等。这些遗迹或伴生现象是分析判断两盘相对运动的主要依据。

1) 两盘地层的新、老关系

断层两盘地层的新、老关系是判断断层相对升降的重要依据。对于走向断层，通常老地层出露的一盘是上升盘。当地层层序倒转，或断层面与岩层面倾向相同且断层倾角小于岩层倾角时，则新地层出露的一盘是上升盘。如果是横断层切过褶皱，断层两盘地层的新、老关系则如图 3-54 所示，即背斜上升盘核部变宽，向斜上升盘核部变窄。

2) 断层面(带)的构造特征

擦痕和阶步都是断层两盘岩块相对错动时在断层面上因摩擦和碎屑刻画留下的痕迹，据此可判断断层的存在和断盘的相对运动方向。擦痕表现为一组彼此平行且比较均匀、细密的相间排列的脊和槽。有时还可见到擦痕的一端粗而深，另一端细而浅。由粗而深的一端向细而浅的一端的指向为对盘运动方向。在硬而脆的岩石中，有的层面被摩擦得光滑如镜，称摩擦镜面。在两盘相对错动过程中，相邻两盘逐渐分开时生长的纤维状矿物晶体，如纤维状石英、方解石、绿泥石、叶蜡石等，称为擦抹晶体。实质上，很多擦痕就是十分细微的擦抹晶体。

阶步是在断层面上与擦痕直交的细微陡坎。阶步的陡坎一般面向对盘的运动方向。在断层面暴露时，擦抹晶体常被横张裂隙断开而形成一系列微小阶梯状断口，陡坎指示对盘运动的方向(见图 3-55)。在野外观察到的阶步大都是正阶步。在断层面形成初期，由于微剪切羽列横断，也会形成一系列小陡坎，这些小陡坎的倾斜方向指示断层本盘运动的方向，称为反阶步。随着断层两盘的相对运动，反阶步大都被磨掉，因而保留在断层面上的陡坎主要是断层发育晚期形成的正阶步。

断层常常是长期、多次活动的，所以断层面上保留的往往是最后一次运动所造成的擦痕。即使一次活动中，断层两盘也不一定保持稳定不变的方向和方位。因此，不能仅以擦痕和阶步来确定断层运动的总方向，还要结合其他标志进行综合分析。

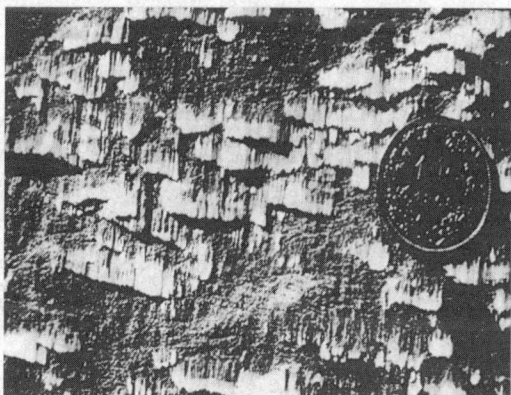

图 3-55　擦痕和阶步

牵引构造是断层两盘沿断层面做相对滑动时，断层附近的岩层因受断层面摩擦力拖曳而产生的弧形弯曲现象，或是岩层先产生弯曲而后断裂，使岩层的弯曲形态进一步变形而成，这种弯曲叫牵引褶皱，褶皱的弧形弯曲突出方向指示本盘的运动方向(见图 3-56)。一般来说，变形越强烈，牵引褶皱越紧闭。

在水平岩层或缓倾斜岩层中的正断层下降盘中，还可发育一种逆(或反)牵引构造，多以背斜形式出现，岩层弧形弯曲突出方向指示对盘的运动方向(见图 3-57)。

逆牵引褶皱是由于正断层面是一个凹的曲面，断层上盘沿断层面下滑时，因向下断面倾角变小而在上部出现裂口，为弥合这个空间，上盘下降的拖力使岩层弯曲，从而形成逆(或反)牵引构造[见图 3-57(a)]。如果岩层呈脆性，则会使岩层破裂而形成反向断层[见图 3-57(b)]。

图 3-56　断层带中的牵引褶皱及其指示的两盘滑动方向

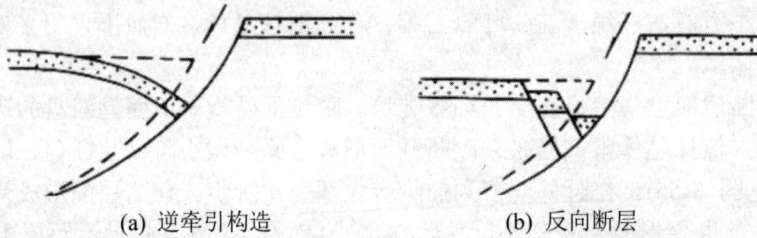

(a) 逆牵引构造　　　　　　　(b) 反向断层

图 3-57　断层的逆牵引构造和反向断层示意图

3)　羽状节理和两侧小褶皱

在断层两盘相对运动过程中，断层的一盘或两盘的岩石常常产生羽状排列的张节理和剪节理，这些派生的节理与主断面斜交。羽状张节理面与主断面所夹的锐角尖端指示其所在盘的运动方向(见图 3-58 中的 T、图 3-59 的断层下盘)。羽状剪节理有两组(见图 3-58 中的 S_1、S_2)，其中，S_1 组剪节理面与主断面夹角较小，一般在 15° 左右，其锐角尖端指示本盘运动方向。

断层两盘相对错动，有时使其两盘岩层形成复杂的紧闭小褶皱。这些小褶皱的轴面与主断面常成小角度相交，所交锐角尖端指示对盘运动方向(见图 3-58 中的 D)。

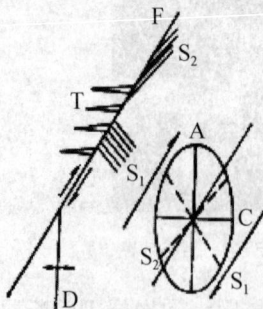

图 3-58　断层及其派生节理和小褶皱关系示意图

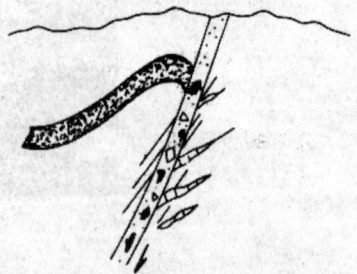

图 3-59　根据断层带中标志层角砾的分布推断两盘相对运动方向

F—主断层；S_1、S_2—剪节理；T—张节理；D—褶皱轴面

4)　断层角砾岩

断层切断并挫碎某一标志性岩层或矿层时，根据其角砾在断层破碎带中或断层岩中的分布，可以推断两盘相对位移方向(见图 3-59)。有时断层角砾呈规律性排列，这些角砾的压扁面与断层面所夹锐角尖端指示对盘运动方向。

断层运动是复杂多变的，常常是多期、多次的，先期活动留下的各种现象，常被后期活动所磨失、破坏、叠加和改造，最后留下的只是改造变动过的最后一期活动的遗迹。因此，对上述标志要进行统计分析并互相印证。

对于在一次构造运动中形成的断层，可利用与其同期变形的地层、褶皱等的相互关系确定其形成时期。如果一条断层切断一套较老的地层，而被另一套较新的地层以角度不整合接触所覆盖，则据此可确定断层形成的时间是在不整合面下伏的最新地层形成以后和上覆最老的地层形成之前(见图 3-60)。如果断层被岩脉、岩墙充填，且岩脉、岩墙有错断迹象，则说明岩体侵入于断层形成或活动时期。利用放射性同位素法可以测定岩体时代，从而可确定断层的形成时代。如果断层被岩体切断，断层则形成于岩体之前；若断层切断岩体，则说明断层活动晚于岩体。如果断层与被其切断的褶皱呈有规律的几何关系，则两者很可能是在同一次构造运动中形成的，查明这次构造作用的时期，也就确定了断层的形成时期。

一些区域性的大断裂是长期活动的，常常经历了一个以上的构造旋回。即使在一个构造旋回中，不仅在激化时期活动，而且在相对宁静期也有活动；也可以活动一个时期后静止，以后又再活动。大断裂的长期、多次活动主要根据断裂控制下发育的地层及其厚度和岩相变化来确定，断层两盘几个时期的地层、厚度、岩相可能发生显著变化。

岩浆活动也是分析断层是否有长期活动的依据。长期、多次活动的大断裂往往成为多期岩浆活动带，其岩性也在一定程度上反映断层切割深度的变化。伴随长期、多次岩浆活动，常形成复杂的多期金属成矿带。

生长断层，又称同沉积断层，主要发育于沉积盆地的边缘。在沉积盆地形成发育的过程中，盆地边缘断层不断活动，盆地不断沉降，沉积不断进行，盆地外侧不断隆起。同沉积断层主要发育于大中型沉积盆地的边缘，在大盆地内部也常有次级同沉积断层。

同沉积断层规模不一，以大中型为主，主要发生在中、新生代，很可能与中、新生代断陷盆地的广泛发育有关。其主要特点如下。

(1)　一般为走向正断层，断层面上陡下缓，常呈凹面向上的铲状。

(2)　下降盘地层明显增厚。

(3)　断距随深度增大，地层时代愈老，断距愈大(见图 3-61)。

高等院校立体化创新规划教材

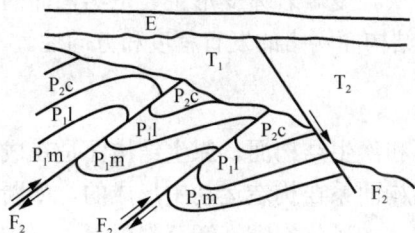

图 3-60　构造剖面示意图

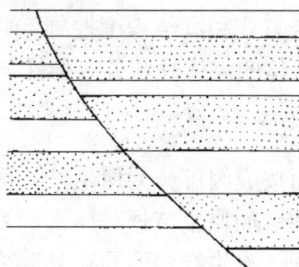

图 3-61　简单生长断层的示意剖面图

近年来，在中、新生代煤田中也发现了不少生长断层。直接控制了煤层的形成和赋存。例如，我国甘肃省阿干镇煤矿，在井下揭露的 402 号断层，初步确定是一条生长断层(见图 3-62)。下盘煤层的上分层厚 2.4m，下分层厚 9.5m，层间距为 13～15m，所夹岩层为砂岩；上盘同一煤层的上分层厚 3m，下分层厚 13m，层间距为 36m，所夹岩层为砂、砾岩。这说明在这段煤、岩层沉积期间，该断层正处于活动时期。

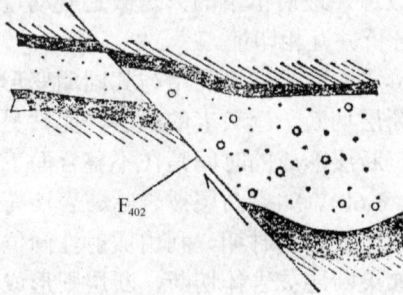

图 3-62　甘肃省阿干镇煤矿断层示意图

3.4　岩层岩体的接触关系

岩层岩体的接触关系.mp4

岩体是由结构面和结构体两部分组成的。结构面也称不连续面，切割岩体的各种地质界面统称为结构面。它们是一些具有一定方向、延展较广、厚度较薄的二维地质界面，如层面、沉积间断面、节理、断层等，也包括厚度较薄的软弱夹层。结构面在空间按不同组合，可将岩体切割成不同形状和大小的块体，这些被结构面所围限的岩块称为结构体。岩体的结构特征，就是指岩体中结构面和结构体的形状、规模、性质及其组合关系的特征。

3.4.1　岩石和岩体

岩石具有一定的结构和天然应力，它们对岩体的工程性质有明显的影响。岩体是指在一定工程范围内，由包含软弱结构面的各类岩石所组成的具有不连续性、非均质性和各向异性的地质体。各种地质不连续面称为结构面，而被结构面分割的岩石块体称为结构体。

岩体结构分为不同的类型，是决定岩体力学性质的最重要因素。岩体具有不连续性，包括岩性不连续和结构不连续两个方面，前者形成岩体宏观的不均匀性，后者使岩体具有多裂隙性。岩体中常有的结构面定向排列，使岩体具有宏观的各向异性。岩体强度受岩块之间的组合方式和联结程度控制，并显著地低于岩块强度。岩体变形主要是结构面的位移引起的。岩体的渗透性和各向异性，亦主要取决于结构面网络的发育程度和方向性。

1. 结构面

结构面按成因可分为原生结构面、构造结构面和次生结构面。原生结构面是在成岩过程中形成的，如原生节理、层理和片理等。构造结构面系在构造运动中形成的，如断层、节理和劈理。次生结构面是在外营力作用下形成的，如风化裂隙、卸荷裂隙等。结构面并非几何上的平面，常呈起伏状，表面的粗糙度各不相同。结构面有的闭合，有的开裂，而开裂的结构面有的是洁净的，有的则有充填物。充填物的厚度和物质也有多种情况：薄的可以是泥质或矿物薄膜，厚的可以是具有一定厚度的各种构造岩。结构面的表面粗糙程度和充填情况，对结构面的抗剪强度和岩体强度有重要影响。按力学观点，结构面可分为软弱结构面和硬性结构面。结构面的规模有大小之分。规模大的结构面包括断层、不整合面、岩性界面、接触面和岩脉；规模小的结构面有成组出现的节理、层理、片理、板理、劈理和片麻理等。在对岩体进行工程地质勘查研究时，可按结构面的延展规模和对工程岩体变形破坏影响的大小，将其分为四级或五级。

2. 结构体

结构体与结构面是相互依存而共同出现的。它们的结合形成各种岩体结构。结构体的特征可以从结构体的规模和形状加以划分。可将结构体按规模分为二级：一级结构体是被大的结构面分割的岩石块体，工程上可作为单个块体加以分析和评价；二级结构体是被各种结构面切割成的小型岩块，其形状有板状、柱状、六面体或四面体等。

3. 结构类型

一般将岩体结构分为四大类，即块状结构、层状结构、碎裂结构和散体结构。根据所研究岩体的具体结构特点，还可将每一大类再分成几个亚类。岩体结构的分类不是绝对的，由于岩体结构的力学效应与工程规模密切相关，可根据工程的规模和特点，进行有针对性的、专用的岩体结构分类。

岩体中的天然应力场是由其重力和构造应力形成的。岩体的强度和变形特性均与岩体所处的天然应力状态有关，在进行岩体力学研究时，需将人类工程活动引起的局部应力场与天然应力场综合在一起考虑。

3.4.2　岩层岩体接触关系的若干类型

地层接触关系是指上下岩层之间在空间上的接触形态和时间上的发展概况。直接从一个侧面记录了地壳运动的发生和演化历史。

1. 整合接触

在地壳下降比较稳定的地区，接触面上下的两层岩层相互平行，接触面产状致密，岩层沉积没有间断，这种岩层接触关系称为整合接触。

2. 伪整合接触(平行不整合接触)

在地壳下降不稳定的地区，岩层的沉积就有可能出现间断，当岩层的沉积不连续(缺少某个时期的地层沉积)或存在一个古风化剥蚀面，但接触面上下的岩层却又相互平行时，这种岩层接触关系称为伪整合接触或假整合接触，也有的称为平行不整合接触。虽然，沉积不连续，但是说明地壳升降均匀。

3. 不整合接触(角度不整合接触)

如果岩层的沉积不连续或存在一个古风化剥蚀面且接触面上下的岩层又不平行时，其接触关系称为不整合接触或角度不整合接触。这种情况的发生说明地壳发生了强烈的构造

高等院校立体化创新规划教材

运动，如不均匀的升降(造山、褶皱等)。

4. 侵入接触

侵入岩浆岩与周围其他岩体之间的接触关系称为侵入接触，在侵入接触的接触面附近，岩石常发生变质作用。也就是说，岩浆是由下部地壳向上侵入先期形成的岩层中成岩。这种情况多发生在地壳活动强烈的区域，比如板块碰撞带、陆内造山带等，代表一种地壳挤压或张拉的状态。

3.5 软岩、弱面与夹层

软岩、弱面与夹层.mp4

随着地下工程建设规模的不断扩大，在城乡建设、水电、交通、矿山、港口以及国防军事等领域都涉及软岩问题，而国家西部大开发战略的实施，大量的交通、能源与水利工程在西部的兴建，地下工程软弱围岩的稳定性和支护方法更加成为地下工程中迫切需要解决的问题。在我国天生桥、二滩、小浪底、乌江构皮滩、瀑布沟等大型水电工程中，均存在软弱岩体的流变性及围岩的稳定性问题；许多煤矿开采时间较长，由于资源开采深度的增加，使一些生产矿井软岩巷道大变形、大地压、难支护的工程问题更加突出；在软岩地区修建的桥隧工程中，围岩的稳定性同样是工程设计和施工中的重点和难点，且常常由于围岩地质条件多变，围岩、支护结构失稳事故时有发生，给人民生命和财产造成巨大损失。所以对于软岩、弱面与夹层等特殊的工程基础，我们要特别重视。

3.5.1 软岩的概念及分类

软岩是一种特定环境下的具有显著塑性变形的复杂岩石力学介质。软岩可分为地质软岩和工程软岩两大类别。地质软岩指强度低、孔隙度大、胶结程度差、受构造面切割及风化影响显著或含有大量膨胀性黏土矿物的松、散、软、弱岩层，该类岩石多为泥岩、页岩、粉砂岩和泥质矿岩，是天然形成的复杂的地质介质；工程软岩是指在工程力作用下能产生显著塑性变形的工程岩体。

工程软岩强调软岩所承受的工程力荷载的大小，强调从软岩的强度和工程力荷载的对立统一关系中分析、把握软岩的相对性实质。根据软岩特性的差异及产生显著塑性变形的机理，软岩可分为四大类，即膨胀性软岩、高应力软岩、节理化软岩和复合型软岩。

根据高应力类型的不同，高应力软岩可细分为自重应力软岩和构造应力软岩。前者的特点与深度有关，与方向无关；而后者的特点与深度无关，而与方向有关。高应力软岩根据应力水平分为三级，即高应力软岩、超高应力软岩和极高应力软岩(见表3-2)。

表 3-2　高应力软岩分级

级　别	应力水平/MPa
高应力软岩	25～50
超高应力软岩	50～75
极高应力软岩	>75

工程软岩和地质软岩的关系是，当工程荷载相对于地质软岩(如泥页岩等)的强度足够小时，地质软岩不产生软岩显著塑性变形力学特征，就不作为工程软岩，只有在工程力作用下发生了显著变形的地质软岩，才作为工程软岩；在大深度、高应力作用下，部分地质硬岩(如泥质胶结砂岩等)也呈现了显著变形特征，则应视其为工程软岩。

近些年，工程软岩的概念被提了出来，它是指在工程力作用下能产生显著塑性变形的工程岩体。如果说目前流行的软岩定义强调了软岩的软、弱、松、散等低强度的特点，那么工程软岩的定义不仅重视软岩的强度特性，而且强调软岩所承受的工程力荷载的大小，强调从软岩的强度和工程力荷载的对立统一关系中分析、把握软岩的相对性实质。

工程软岩要满足的条件是：

$$\sigma \geqslant [\sigma] \text{ 且 } U \geqslant [U]$$

式中，σ 为工程荷载，MPa；$[\sigma]$ 为工程岩体强度，MPa；U 为岩体变形，mm；$[U]$ 为允许变形，mm。

此定义揭示了软岩的相对性实质，即取决于工程力与岩体强度的相互关系。其中，工程力包括重力、构造应力、渗透力、工程扰动力以及温度应力等。而定义中的"显著塑性变形"则是指以塑性变形为主体，变形量超过了工程设计的允许变形值并影响了工程的正常使用。对同种岩体，在较低工程力的作用下，表现为硬岩的小变形特性，而在较高工程力作用下则可能表现为软岩的大变形特性。换句话说，当工程荷载相对于工程岩体(如泥页岩等)的强度足够小时，地质软岩不产生软岩显著塑性变形力学特征，不作为工程软岩；只有在工程力作用下发生了显著变形的地质软岩，才作为工程软岩。

目前，人们普遍采用的软岩定义基本上可归于地质软岩的范畴，按地质学的岩性划分，地质软岩是指强度低、孔隙度大、胶结程度差、受构造面切割及风化影响显著或含有大量膨胀性黏土矿物的松、散、软、弱岩层，该类岩石多为泥岩、页岩、粉砂岩和泥质砂岩等单轴抗压强度小于 25MPa 的岩石，是天然形成的复杂的地质介质。国际岩石力学会将软岩定义为单轴抗压强度(σ_c)为 0.5～25MPa 的一类岩石，其分类依据基本上是依强度指标。

3.5.2　软岩的物理性质及结构特征

软岩之所以能产生显著塑性变形，是因为软岩中的泥质成分(黏土矿物)和结构面成为决定软岩工程力学特性的主要因素。一般来说，软岩具有可塑性、膨胀性、崩解性、流变性和易扰动性等。正是这些特殊的性质，导致软岩地区修建地下工程时面临如前所述诸多工程、地质问题。

1. 可塑性

可塑性是指软岩在工程力的作用下产生变形，去掉工程之后，这种变形不能恢复的性质。低应力软岩、高应力软岩和节理化软岩的可塑性机理不同，低应力软岩的可塑性是由软岩中泥质成分的亲水性所引起的，而节理化软岩是由所含的结构面扩展、扩容引起的，高应力软岩是泥质成分的亲水性和结构面扩容共同引起的。

低应力软岩一般是泥岩、泥页岩类，一方面，当和水充分作用时，可变成液态而流动。另一方面，当水量逐渐减少时，软岩变硬但刚开始开裂。评价低应力软岩的可塑性程

高等院校立体化创新规划教材

度，一般用塑性指数这个术语。塑性指数是液限和塑限的含水量之差，表示了塑性的含水量范围。节理化软岩的可塑性变形是由于软岩中的缺陷和结构面扩容引起的，与黏土矿物成分吸水软化的机制没有关系。高应力软岩的可塑性变形机制比较复杂，前述两种机制可同时存在。

2. 膨胀性

软岩在力的作用下或在水的作用下体积增大的现象，称为软岩的膨胀性。根据产生膨胀的机理，膨胀性可分为内部膨胀性、外部膨胀性和应力扩容膨胀性三种。内部膨胀是指水分子进入晶胞层间而发生的膨胀。外部膨胀性，是极化的水分子进入颗粒与颗粒之间而产生的膨胀性。扩容膨胀性，是软岩受力后其中的微裂隙扩展、贯通而产生的体积膨胀现象，故亦称应力扩容膨胀性。实际工程中，软岩的膨胀是综合机制。但对低应力软岩来讲，以内部膨胀和外部膨胀机制为主；对节理化软岩来讲，则以扩容机制为主；对高应力软岩来讲，诸种机制同时存在且均起重要作用。

3. 易崩解性

低应力软岩和高应力软岩、节理化软岩的崩解机理是不同的。低应力软岩的崩解性是软岩中的黏土矿物集合体在与水作用时膨胀应力不均匀分布造成崩裂现象；高应力软岩和节理化软岩的崩解性则主要表现为在巷道工程力的作用下，由于裂隙发育不均匀造成局部张应力集中而引起的向临空面崩裂的现象。高应力软岩也存在着遇水崩解的现象，但不是控制性因素。

时梦熊等根据软岩崩解特征，将低应力软岩归结为四种崩解类型，如表 3-3 所示。

表 3-3　低应力软岩崩解的四种模式

崩解分类	崩解物形态	崩解特征	崩解物形态示意
I	泥状	浸入水中即刻"土崩瓦解"，呈泥状	
II	碎削泥、碎片泥、碎块泥	浸入水中呈絮状、粉末状崩落，短则几分钟，长则 20～30min，样品即崩解完毕，崩解物为粒状、片状碎削或碎块，但用手搓仍为泥	
III	碎岩片、碎岩块	浸入水中呈块状崩裂、塌落或片状开裂，全部样品崩解完毕需 1h 至数小时，崩解物为碎岩片或碎岩块	
IV	整体岩块	浸入水中经数天或半月，甚至更长时间都不发生崩解破坏，或仅在局部沿隐微裂隙、节理开裂	

高应力软岩和节理化软岩的崩解性，是由在高应力的作用下岩体中分布极不均匀的裂隙尖端发生应力集中而扩展、崩裂。在巷道开挖时，常常形成高应力破坏对称台阶。

4. 流变性

软岩是一种流变材料，具有流变特性的材料的力学性状和行为流变性是指物体受力变形过程与时间有关的变形性质。软岩的流变性包括弹性后效、流动、蠕变、松弛等，主要是结构面的闭合和滑移变形引起的。

1) 蠕变

蠕变性是指在恒定荷载作用下发生的流变性质，用蠕变方程和蠕变曲线来表示。在较高的应力水平下，蠕变曲线一般可分为三个阶段，如图 3-63 所示。

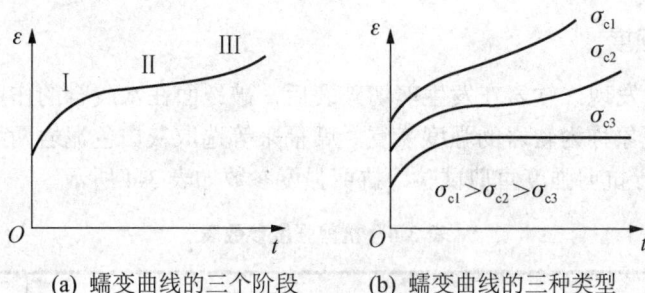

(a) 蠕变曲线的三个阶段　　　(b) 蠕变曲线的三种类型

图 3-63　典型蠕变曲线

Ⅰ阶段：衰减蠕变。应变速率由大逐渐减小，蠕变曲线上凸。

Ⅱ阶段：等速蠕变。应变速率近似为常数或为 0，蠕变曲线近似为直线。

Ⅲ阶段：加速蠕变。应变速率逐渐增加，蠕变曲线下凹。

并不是任何材料在任何应力水平上都存在蠕变三阶段。同一材料，在不同应力水平上的蠕变阶段表现不同，可分为以下三种类型。

(1) 稳定蠕变：在低应力水平下($\sigma = \sigma_{c3}$)，只有蠕变Ⅰ阶段和Ⅱ阶段，且Ⅱ阶段为水平线，永远不出现Ⅰ阶段那种变形迅速增大而导致破坏的现象。

(2) 亚稳定蠕变：在中等应力水平下($\sigma = \sigma_{c2} > \sigma_{c3}$)，也只有蠕变Ⅰ阶段和Ⅱ阶段，但Ⅱ阶段蠕变曲线为稍有上升的斜直线，在相当长的期限内不致出现Ⅲ阶段。

(3) 不稳定蠕变：在比较高的应力水平下($\sigma = \sigma_{c1} > \sigma_{c2} > \sigma_{c3}$)，连续出现蠕变Ⅰ、Ⅱ、Ⅲ阶段，变形在后期迅速增长而导致破坏。

2) 松弛

松弛性是指在保持恒定变形条件下，应力随时间延续而逐渐减小的性质。用松弛方程和松弛曲线表示(见图 3-64)。

松弛特性可划分为三种类型。

(1) 立即松弛：变形保持恒定后，应力立即消失，松弛曲线与 σ 轴重合，如图中 ε_6 曲线。

(2) 完全松弛：变形保持恒定后，应力逐渐消失，如图中 ε_5、ε_4 曲线。

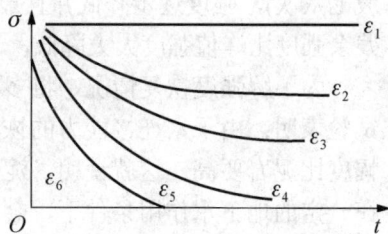

图 3-64　松弛特征曲线

(3) 不完全松弛：变形保持恒定后，应力逐渐松弛，但最终不能完全消失，而趋于某一定值，如图中 ε_3、ε_2 曲线。

此外，还有一种极端情况：变形保持恒定后应力始终不变，即不松弛，松弛曲线平行于 t 轴。在同一变形条件下，不同材料具有不同类型的松弛特性。同一材料，在不同变形条件下也可能表现为不同类型的松弛特性。

5. 易扰动性

软岩的易扰动性是指由于软岩软弱、裂隙发育、吸水膨胀等特性，导致软岩抗外界环境扰动的能力极差。对卸荷松动、施工震动、邻近巷道施工扰动极为敏感，而且具有吸湿膨胀软化、暴露后风化的特点。

6. 残余抗剪强度

通过试验研究发现，软岩在发生剪切破裂后，破裂面在水胶合的作用下会重新产生一定的强度，这种现象称为软岩的强度恢复。席福来等选取灰白色泥岩两组和白色泥质粉砂岩两组共 12 块进行抗剪强度直剪试验，抗剪强度参数如表 3-4 所示。

表 3-4 抗剪强度参数表

岩 性	抗剪强度		备 注
	黏聚力(MPa)	内摩擦角(°)	
白色泥质砂(第一组)	0.17	30	峰值强度
	0.045	7.5	残余强度
	0.050	9.0	强度恢复
白色泥质砂(第二组)	0.225	18.5	峰值强度
	0.03	7.0	残余强度
	0.035	11.0	强度恢复
灰白色泥岩	0.14	6.5	峰值强度
	0.053	2.5	残余强度
	0.058	3.5	一次强度恢复
	0.055	3.0	二次强度恢复

从表 3-4 中可见，完整岩块时，粉砂岩抗剪强度高于泥岩很多。当将岩样多次剪切(一般七八次)，强度逐步降低并且最后两次试验时，其值相差无几，此时即得残余抗剪强度。残余强度比峰值强度大大降低，且粉砂岩比泥岩降低的幅度更大。

为了解强度恢复情况，将多次剪切后的岩样复位并加水饱和 24h，再进行剪切试验。试验表明：由于水连接能力的恢复，岩块的残余强度有所恢复，且泥质粉砂岩的强度恢复幅度比泥岩要高。这就说明，泥质岩类为主要岩性的软岩巷道，在围岩出现某种破坏后，在一定的地下水作用条件下，会出现强度恢复现象，例如所谓的顶板破坏后再造现象。但应注意泥岩的第一次强度恢复试验后，再饱和 24h，待到二次强度恢复值比第一次幅度小一些。这证明第一次水连接恢复后，再行扰动剪切，其恢复水连接能力有所降低。

3.5.3 影响软岩工程的地质条件

影响软岩工程的地质条件如下。

(1) 岩体的力学强度。软岩的力学强度一般均较低，对隧洞而言，岩体力学强度越低，稳定性越差。

（2）岩体的结构类型。岩体工程性质的好坏，还取决于各种软弱结构面和其间的充填物以及它们本身的空间分布状态，包括结构面的组数、间距及岩体单位体积的节理数。它们直接影响围岩的完整性。岩体越破碎，稳定性越差。

（3）初始地应力。初始地应力越大，开挖卸荷作用越大，洞室越不稳定。构皮滩电站初始地应力较低，以自重应力为主。

（4）地下水。地下水不仅通过水力、物理及化学作用弱化围岩的工程性质，降低围岩强度，而且增加了围岩支护结构上的支承荷载，引起围岩变形或失稳破坏。岩体透水性及富水性愈强，地下水对其影响愈大。

3.5.4　泥化夹层及弱面

泥化夹层是指受风化或构造破坏，原状结构发生显著变异并在地下水长期作用下，形成含水量在塑限和液限之间的泥状软弱夹层。根据泥化机制的不同，泥化夹层可划分为泥化型和蚀变-泥化型。

泥化夹层是软弱夹层中性质最坏的一类，对岩体的抗滑稳定往往起控制作用。我国对泥化夹层的研究，始于江西陡水的上犹江水电站建设。以后，陆续对数十个工程区的泥化夹层进行了不同程度的研究，其中，以葛洲坝工程研究得最全面深入。泥化夹层通常是综合成因的结果，一般认为泥化夹层的形成必须具备下述三个条件。

（1）物质基础。黏土岩类夹层是泥化夹层形成的物质基础，而且原岩中黏粒含量愈高，蒙脱石组黏土矿物愈多，愈有利于泥化。

（2）构造作用。构造作用可以破坏原来黏土岩夹层的完整性，为地下水的渗入提供通道，同时，原岩的矿物颗粒连接也会受到严重的破坏，为泥化提供了重要的有利条件。许多工程实例表明，由层间错动形成的层间剪切带是形成泥化夹层的重要条件。

（3）地下水的作用。黏土岩夹层经层间错动使原岩结构遭受强烈破坏后，水在黏粒周围形成结合水膜，使颗粒进一步分散，颗粒间连接力减弱，含水量增加，使岩石处于塑态，甚至接近液态，即产生了泥化。水在泥化夹层形成过程中，还有溶解盐类、水化和水解某些矿物等复杂的物理化学作用。

泥化夹层的结构特征：发育完善的层间剪切带，一般可分为泥化错动带、劈理带和节理带三个带。泥化错动带与层间错动的主滑动面相一致，由于主滑面上下岩层错动时的研磨作用，使黏土矿物和水分沿错动面富集，因而形成泥膜或泥化带，并可见镜面及擦痕等剪切滑动的痕迹。劈理带由于片状黏土颗粒沿劈理面定向排列，水极易沿劈理浸入，故劈理带也常易形成泥化。节理带岩石的结构基本未遭受破坏，因此，一般不能形成泥化带。

岩石圈下层的网状塑性流动，作为包含塑性流动网络的黏塑性流动，控制着大陆板块内部的构造变形和动力学过程。塑性流动网络由两组网带共轭相交而成，而塑性流动网带是黏塑性流动过程中因剪切局部化、黏性摩擦生热和网带介质的弱化而形成的延性弱面，称为构造弱面。

研究表明，类似于断裂和节理等脆性弱面，延性弱面对介质强度的影响也具有条件性，即当应力方向改变时，只有在滑移角 θ 不超出一定限值的条件 $(\theta_1 \leqslant \theta \leqslant \theta_2)$ 下才可能沿原

高等院校立体化创新规划教材

有弱面滑移，显示其弱化效应；延性弱面可以用弱化度 R 表示其屈服限的相对降低程度，弱化度与滑移角下限值之间的关系为 $R=\sin2\theta_1$；根据亚洲中东部地区"塑性流动-地震"网络的最大共轭角推算，网带的弱化度 R 近似于 0.81。

本 章 小 结

本章介绍了不同的地质构造，包括褶皱、节理、劈理、片理、断层、岩层岩体的接触关系，软岩、弱面与夹层。通过学习这些地质构造，可以更加深入地了解与建筑工程有关的地质知识、岩石的分类与识别及其工程性质、地层和地质构造层等。

思考与练习

1. 填空题

(1) 褶皱的形成机制与其受力方式、变形环境及岩层的变形行为密切相关。不同的形成机制在不同的条件下起作用，常见的有_____、_____和_____。

(2) 劈理是指岩石_____，具有沿着一定方向劈开成平行或大致平行的_____的一种构造。

(3) 碎裂岩系列一般包括_____、_____、_____、假玄武玻璃和断层泥等。

2. 简答题

(1) 地质构造与工程建设的关系是怎样的？

(2) 断层的工程地质评价是什么？

第4章 地 下 水

本章导读

本章将详细介绍地下水的物理性质与化学性质、地下水的类型、地下水运动的基本规律、地下水的补给、径流和排泄以及地下水对土木工程建设的影响。通过学习可以对地下水与工程的关系有清楚的了解与掌握。

学习目标

- 掌握地下水的基本特性。
- 了解地下水的类型、运动规律。
- 掌握地下水运动对土木工程建设的影响。

地下水.mp4

4.1 概 述

概述.mp4

地下水是贮存于包气带以下地层孔隙，包括岩石孔隙、裂隙和溶隙之中的水。地下水是水资源的重要组成部分，由于水量稳定，水质好，是农业灌溉、工矿和城市的重要水源之一。但在一定条件下，地下水的变化也会引起沼泽化、盐渍化、滑坡、地面沉降等不利自然现象。

地下水是很重要的水资源，对人类的水源提供具有很重要的意义，然而在工程建设中，由于地下水的特殊性和其化学成分，对钢筋混凝土具有很大的侵蚀性，对工程建筑有极大的作用和影响。

自然界的岩石、土壤均是多孔介质，在它们的固体骨架间存在着形状不一、大小不等的孔隙、裂隙或溶隙，其中有的含水，有的不含水，有的虽然含水，却难以透水。通常把既能透水又饱含水的多孔介质称为含水介质。

所谓含水层是指贮存有地下水，并在自然状态或人为条件下，能够流出地下水的岩体。由于这类含水的岩体大多呈层状，故名含水层，如砂层、砂砾石层等。也有的含水岩体呈带状、脉状甚至块状等复杂状态分布，对于这样的含水岩体可称为含水带、含水体或含水岩组。

对于那些虽然含水，但几乎不透水或透水能力很弱的岩体，称为隔水层，如质地致密的火成岩、变质岩，以及孔隙细小的页岩和黏土层均可成为良好的隔水层。实际上，含水层与隔水层之间并无一条截然的界线，它们的划分是相对的，并在一定的条件下可以互相转化。如饱含结合水的黏土层，在通常条件下，不能透水与给水，成为良好的隔水层，但在较大的水头作用下，由于部分结合水发生运动，黏土层就可以由隔水层转化为含水层。

4.2 地下水的物理性质与化学性质

地下水的物理性质
与化学性质.mp4

地下水的物理性质主要指温度、颜色、透明度、嗅、味等。化学性质由溶解和分散于地下水中的气体、离子、分子，胶体物质和悬浮固体的成分，微生物及这些物质的含量所决定。

影响地下水水质的主要因素是土壤、岩石的成分，渗透性和地下水的埋藏深度。地下水存在于土壤和岩石的孔隙中，与土壤和岩石长期接触，不同地区的土壤和岩石类型不同，地下水的化学成分的地区性差异极大。

一般来说，浅层地下水由于渗过地壳表层的大量降水多次冲刷土壤和岩石，所含盐类贫乏，矿化度低。干旱地区的浅层地下水，通过岩土的毛细管作用强烈蒸发，矿化度增高。埋藏较深的地下水，很少或完全不受气候条件的影响，而岩石的成分对地下水的成分有重要的意义。总的趋势是，地下水的矿化度随水的埋藏深度的增大而增高。

由于地下水在运动过程中与各种岩土体相互作用，而岩土中的可溶性物质(很多是矿物)随水迁移、聚集，使地下水成为一种复杂的溶液，这种复杂的地下水溶液通常具有温度、颜色、透明度、气味和导电性等物理性质。地下水中溶解的化学成分同一般天然水中的化学成分基本相同(见天然水水质)。它不同于地表水的是，它含有极少量的溶解氧，而 CO_2 则溶解较多；有一些地下水还含有 H_2S、CH_4 和氡。在大多数地下水中，阴离子主要是 HCO_3^-，阳离子主要是 Na^+、Ca^{2+} 和 Mg^{2+}。地下水按矿化度分为淡水(<1g/L)、微咸水(1～3 g/L)、咸水(3～10 g/L)、盐水(10～50 g/L)和卤水(>50 g/L)。由于地下水具有以上的物理性质和化学成分，因此在地下水中通常具有以下化学性质。

1. 地下水的矿化度

水中所含离子、分子及化合物的总量称为水的总矿化度，低矿化度的水中常以含有 HCO_3^- 为主，高矿化度的水常以含有 Cl 为主。高矿化度的水能降低混凝土的强度，腐蚀钢筋等。

2. 地下水的酸碱度

地下水的酸碱度用水的 pH 值来表示，常温常压下，当 pH 值小于 5 时，为强酸性水；pH 值为5～7时，为弱酸性水；pH 值为 7 时，为中性水；pH 值为 7～9 时，为弱碱性水；pH 值大于 9 时，为强碱性水。

3. 地下水的硬度

通常情况下，水的硬度按水中 Ca^{2+}、Mg^{2+} 的含量多少可以分为以下三种情况。

(1) 总硬度。它是指水在未被煮沸时 Ca^{2+}、Mg^{2+} 的总含量。

(2) 暂时硬度。它是指水在被煮沸时水中的 Ca^{2+}、Mg^{2+} 因失去 CO_2 生成沉淀碳酸盐而失去的 Ca^{2+}、Mg^{2+} 的数量。

(3) 永久硬度。它是指水经过煮沸后，仍然留在水中的 Ca^{2+}、Mg^{2+} 的含量，也就是总硬度与暂时硬度的差值。

总体说来，地下水的矿化度、酸碱度和硬度对混凝土的强度都有影响。

4. 地下水的侵蚀性

具体地说，即为侵蚀性的 CO_2 和游离的 CO_2 的含量。CO_2 是地下水中的气体成分之一。以气体状态存在于水中的 CO_2 称为游离的 CO_2。当水中游离的 CO_2 的含量增加时，水溶解碳酸盐的能力就相应增强。

当水中含有一定数量的 HCO_3^- 时，必须有相当的游离 CO_2 与之保持平衡，这部分游离的 CO_2 称为平衡 CO_2。游离的 CO_2 一部分与新生的 HCO_3^- 相平衡，另一部分则消耗于对碳酸盐的溶解，这后一部分的 CO_2 就被称为侵蚀性 CO_2。不是所有的游离 CO_2 都能和碳酸盐起作用，能溶解碳酸盐的只是其中的一部分。

4.3　地下水的类型与工程地质

地下水按照不同的赋存与物理、化学性质等可以分为不同的类型。学习并分析这些类型的特点有助于更好地帮助我们了解工程地质情况。下面介绍地下水的分类以及工程水文地质勘查的相关知识。

地下水的类型与工程地质.mp4

4.3.1　地下水的分类

1. 按赋存形式和物理性质划分

1）　结合水

被分子力吸附在岩土颗粒周围形成极薄的水膜，可抗剪切，不受重力影响，不能传送静水压力，在 110℃ 下消失，主要存在于黏土中，影响其物理力学性质。

2）　毛细管水

赋存于岩土毛细孔中，受毛细管力和重力的共同作用，可被植物吸收，影响岩土的物理力学性质，会引起沿海地区和北方灌区的土地盐碱化。

3）　重力水

赋存于岩土孔隙、裂隙和洞穴中，不能抗剪切，受重力作用，可以传送静水压力。

结合水、毛细管水属专门研究课题，在水文地质勘查中，所指地下水一般是重力水。

2. 按含水介质特征划分

1）　松散岩类孔隙水

松散岩类孔隙水主要赋存于第四纪、第三纪松散半固结的碎石土和砂性土的孔隙中。

2）　碎屑岩类裂隙孔洞水

碎屑岩类裂隙孔洞水主要赋存于中、新生代红色岩层的孔隙、孔洞中。

3）　碳酸盐岩类裂隙溶洞水(岩溶水)

碳酸盐岩类裂隙溶洞水主要赋存于古、中生代灰岩、白云岩的裂隙溶洞中，分为以下三种。

(1)　裸露型：灰岩、白云岩基本上出露。

(2)　覆盖型：灰岩、白云岩被第四纪松散层覆盖。

(3)　埋藏型：灰岩、白云岩被非碳酸盐岩类覆盖。

4) 火山岩裂隙孔洞水

火山岩裂隙孔洞水赋存于火山岩的裂隙、孔隙、气孔、气洞(熔岩隧道)中，在广东主要分布于雷州半岛。

5) 基岩裂隙水

基岩裂隙水分为块状岩类裂隙水和层状岩类裂隙水。

(1) 块状岩类裂隙水：赋存于侵入岩、混合岩、正变质岩的裂隙中。

(2) 层状岩类裂隙水：赋存于沉积岩、副变质岩的裂隙中。

3. 按埋藏条件和水力特征划分

1) 上层滞水

上层滞水是位于不连续隔水层之上的季节性潜水。

2) 潜水

潜水是位于地表下第一个隔水层之上，具有自由水面的水。

3) 承压水

承压水是充满两层隔水层之间，具有压力水头的水。

4. 按地下水矿化度划分

矿化度是水化学成分测定的重要指标，用于评价水中总含盐量，用 M 表示，单位为 g/L。该项指标一般只用于天然水，是农田灌溉用水适用性评价的主要指标之一。

1) 淡水

淡水的矿化度：$M<1g/L$。

2) 咸水

咸水按矿化度大小分为以下四种：①微咸水：$1g/L \leqslant M<3g/L$；②半咸水：$3g/L \leqslant M<10g/L$；③盐水：$10g/L \leqslant M<50g/L$；④卤水：$M \geqslant 50g/L$。

5. 按地下水的出露温度划分

1) 冷水

水温低于当地年平均气温(即常温带温度)，一般 $t<25℃$[据《地热资源地质勘查规范》(GB 11615—89)]。

2) 温水(低温热水)

温水温度：$25℃ \leqslant t<40℃$。

3) 温热水(中温热水)

温热水温度：$40℃ \leqslant t<60℃$。

4) 热水(高温热水)

热水温度：$60℃ \leqslant t<100℃$(沸点)。

5) 过热水(超高温热水)

过热水温度：$t \geqslant 100℃$。

6. 按地下水化学类型划分

常用舒列夫分类，将水中大于 25mmol/L 百分比的 6 种常见离子 HCO_3^-、Cl^-、SO_4^{2-}、

Ca^{2+}、Mg^{2+}、Na^+(包括 K^+)组成 49 种水型,按阴离子在前、阳离子在后的组合形式分类命名,如 HCO_3-Ca 型、SO_4-Mg 型、$Cl-Na$ 型、$HCO_3·Cl-Ca·Na$ 型等。此分类法基本上可以反映地下水的形成过程,如雷琼自流水盆地为补给区→径流区→排泄区,地下水的化学类型总的变化趋势是 HCO_3-Ca→$HCO_3·Cl-Ca·Na$→$Cl-Na$;滨海平原常见 $Cl-Na$ 型水;白垩系红层盆地由于有膏盐分布,常出现 SO_4-Ca 型水;花岗岩区多见 HCO_3-Na 型水;碳酸盐岩类分布区常见 HCO_3-Ca、$HCO_3-Ca·Mg$ 型水。

7. 按含水层埋藏深度划分

这种分类用于存在多层地下水的大型自流盆地、三角洲平原和滨海平原。以雷琼自流盆地为例划分为以下四种类型。

(1) 浅层水:埋深<30m 的地下水,多属潜水或微承压水。

(2) 中层水:埋深介于 30~200m 的承压水,多属温水。

(3) 深层水:埋深介于 200~500m 的承压水,多属温热水。

(4) 超深层水:埋深 > 500m 的承压水,为温热水或热水,部分为咸水。

4.3.2　水文地质勘查概述

1. 水文地质勘查类型

水文地质勘查按勘查目的分为四种类型:综合水文地质勘查、供水水文地质勘查、工程水文地质勘查、特殊项目水文地质勘查。

1) 综合水文地质勘查

综合水文地质勘查是为社会经济发展规划而做的水文地质勘查,是一项基础性的水文地质勘查工作,采用 1:50 000~1:200 000 的中小比例尺,以测绘为主,提交区域水文地质普查报告和综合水文地质图。任务是查明区域地下水的类型、分布和埋藏条件、含水层富水性、地下水的化学成分、地下水的补给、径流、排泄条件、动态特征及地下水资源概况,为社会经济发展规划和进一步的水文地质工作提供基础水文地质资料。

2) 供水水文地质勘查

供水水文地质勘查是以地下水作为供水水源的勘察工作,包括城市供水勘察,工矿、村镇、港口、机场、车站的供水勘察,农田供水勘察,畜牧场的供水勘察,以及热水勘察、矿泉水勘察等,是专项水文地质工作,一般采用 1:5000~1:50 000 的比例尺,用测绘、物探、钻探、测试、监测等多种手段,查明含水层的分布、埋藏条件、地下水的形成条件、水质、动态变化、补给量、可采量和采水地段,以及开采工艺手段、地下水的保护措施,为开采地下水提供依据。勘察过程中可将钻孔安装成供水井,称为"探采结合";在水文地质条件较简单的地方,也可以通过打供水井获取必要的资料,称为"采探结合"。

3) 工程水文地质勘查

工程水文地质勘查是为防治地下水对建设工程的危害而进行的水文地质勘查工作,如疏排地下水勘察、防地下水渗漏勘察、降低地下水水位的勘察等,实际操作上常列入岩土工程勘察和治理工作范畴。

4) 特殊项目水文地质勘查

特殊项目水文地质勘查有很多种,如防治地方病的水文地质勘查,为利用地下水中有用组分和元素(碘、溴、硼等)的水文地质勘查,为利用含水层储热、储冷的水文地质勘查,为治理地下水污染的水文地质勘查,为保护旅游资源的水文地质勘查,为进行地下水人工回灌的水文地质勘查,矿床水文地质勘查等。

2. 水文地质勘查方法

水文地质勘查方法分为 6 种。

1) 测绘

用一定比例尺的地质图作底图,通过点、线、面的观测和记录,查明或了解有关问题,没有地质底图时,用地形图做底图,进行地质、水文地质测绘。测绘过程中注意以下三点。

(1) 充分利用遥感影像,提高测绘质量和效率,注意室内判释和野外验证的结合。

(2) 向当地居民、单位调查了解有关情况。

(3) 注意点、线的控制程度和代表性,以穿越法为主,追踪法为辅。

观测路线宜按下列要求布置。

(1) 垂直岩层或岩浆体、构造线走向;

(2) 沿地貌变化显著方向;

(3) 沿河谷、沟谷和地下水露头多的地带;

(4) 沿含水层(带)走向。

观测点宜布置在下列地点。

(1) 地层界线、断层线、褶皱轴线、岩浆岩与围岩接触带、标志层、典型露头和岩性岩相变化带;

(2) 地貌界线;

(3) 地质灾害点;

(4) 井、泉、钻孔、矿井、岩溶点(如溶洞、暗河出入口、漏斗、落水洞);

(5) 溪沟。

水文地质测绘工作宜安排在旱季进行,便于溪沟测流。雨季复查重要井、泉,以便于掌握地下水动态变化规律。

2) 物探

物探是一种先进的勘察手段,应用时应注意其针对性、适用性,应尽量采用多种方法,并注意配合钻探验证。常用水文地质物探方法有电场法、电磁波法、放射性法、声波法等。广东水文地质物探在查明古河床分布、岩溶发育段分布、断裂富水带、热储分布、咸淡水界线等方面已积累了丰富经验,水文测井技术处于全国前沿地位。在雷琼地区利用测井资料划分含水层、咸水层和测量水温、井径、井斜、主要出水段等方面取得了成功经验,从而推行无岩芯钻进,大大提高了钻探成井速度。目前已从模拟测井向数字测井发展,提高了探测精度和效率。

3) 钻探

钻孔宜在测绘和物探的基础上布置,勘探线和点的布置要合理,钻孔结构要满足抽水实验、成井的要求。岩石要采用清水作冲洗液，松散层可采用泥浆作冲洗液，但做抽水实验前要彻底洗孔。钻探质量特别是岩芯采取率要满足要求：一般完整岩层、黏性土不少于70%，破碎带、溶蚀带、碎石土、砂性土不少于 30%。钻进过程要详细记录进尺快慢、声响、翻浆颜色、涌水、掉钻、冒气、翻渣等情况。对取出的岩芯应顺序排列，及时填回次牌，认真进行编录。

4)　测试

水文地质测试包括抽水试验、注水试验、压水试验、试坑渗水试验、地下水实际流速的测定和连通试验等。目前在实际中用得最多的是钻孔抽水试验。

抽水试验段尽量布置在富水性较好和拟选择的水源地。按抽水孔水量、水位的稳定控制方法分为稳定流抽水试验和非稳定流抽水试验；按抽水孔和观测孔的数量，分为单孔抽水试验、多孔抽水试验和群孔抽水试验；按试段含水层的数量分为分层抽水试验和混合抽水试验；按试段揭露含水层的完整程度分为完整井抽水试验和非完整井抽水试验；按抽水降深顺序分为正向抽水试验和反向抽水试验。

完整岩石抽水段，可用裸孔；破碎岩石、碎石土和砂土抽水段，应下过滤管，抽水段管径一般不小于108mm。抽水段上、下应做好止水工作。试验开始前彻底洗孔。

试验中除观测静止水位、动水位和涌水量外，应同时测定水温。抽水试验结束前采取水样，停抽后测定恢复水位。

在岩溶地区做抽水实验时，应注意观测钻孔附近地面变形情况，防止出现塌陷、裂缝。

5)　实验

水文地质勘查过程，要采取一定数量的岩样做磨片鉴定、化学分析和物理力学性质测定；土样、砂样做物理性质、水理性质、化学性质、力学性质测定；水样做化学分析、光谱分析、细菌分析。必要时，取古生物进行鉴定，砂、土做微生物、孢子花粉鉴定和重砂分析，水、土做同位素年龄测定。

6)　监测

监测主要是对地下水动态的长期观测，还应对水源地附近的地面稳定情况进行长期观测。观测点为钻孔、井、泉点和地面变形点，应根据水文地质条件和地下水动态类型布置。

地下水动态类型可分为气象型、潮汐型、人工开采型三种。

(1)　气象型：地下水动态主要随气象因素呈季节性变化，是最主要的动态类型。

(2)　潮汐型：海岸地带地下水动态随潮汐周期变化，主要是日变化，是海岸地下水动态类型。

(3)　人工开采型：地下水动态随开采强度变化，呈多年变化，为开采区地下水动态类型。

地下水动态观测项目为地下水位、涌水量、水化学成分、水温和地面变形。水位、涌水量、水温一般半月至 1 个月观测一次，水化学成分一般枯、平、丰水期各测试一次，地面变形视情况每年至多年观测一次。地下水动态观测时间不得少于 1 个水文年。

4.3.3　工程水文地质勘查要查明的主要问题

工程水文地质勘查是岩土工程勘察的内容，一般在岩土勘察中进行，当岩土勘察工作不能满足要求，或工程设计或施工过程中地下水问题突出时，则需补做或专做工程水文地质勘查工作，查明地下水的不良作用和防治措施。例如，当场地水文地质条件复杂，在基坑开挖过程中需要对地下水进行治理(降水或隔渗)时，应进行基坑支护工程水文地质勘查。工程水文地质勘查要查明的主要问题如下。

1. 地下水类型

地下水按赋存介质特征分为松散岩类孔隙水、碎屑岩类裂隙孔洞水、碳酸盐岩类裂隙溶洞水、火山岩裂隙孔洞水和基岩裂隙水；按埋藏条件和水力特征分为上层滞水、潜水和承压水。

2. 地下水静止水位及其变化幅度

天然地基承载力设计值的计算、砂土地震液化判别、膨胀土膨缩深度的确定、基础深度的确定、边坡稳定性评价、基坑土侧压力计算、基坑降水量和地下工程涌水量计算、基坑坑底突涌计算、地下室底板抗浮计算、判别岩土渗漏变形(流土、管涌、潜蚀)等一系列问题，都需要地下水静止水位资料。应准确测定，一般在终孔后 24h 后统一测定。尽量利用抽水孔、观测孔观测，必要时下测水管观测。

地下水位受地形、气象、水文和人为因素的影响而变化，要收集区域水文地质资料、邻区资料或通过长期观测和调查访问，查明地下水水位变化特征。一般随季节变化，海岸带随潮汐变化，江湖岸受洪汛影响，人工采排区受抽水影响。在进行地下室底板抗浮计算时，应提供最高地下水水位资料。如果无最高地下水水位资料，平原区地下水设防水位可取建筑物的室外地坪标高。

3. 测定水文地质参数

根据工程要求，通过抽水试验、渗水试验、注水试验、压水试验、地下水流速测定、孔隙水压力测定、长期观测和室内实验，提供渗透系数、影响半径、导水系数、给水度、释水系数、单位吸水率、地下水实际流速、孔隙水压力等参数。

在一般性工程勘察中，常常只做简易抽水实验，稳定时间 4h，提供粗略的渗透系数。重要工程应做两次以上降深抽水试验，宜最少布置一个观测孔，最大水位降深宜接近工程设计所需要的水位降深的标高或达到设计疏干降深的一半。一般采用大井法计算地下工程涌水量。

4. 预测地下水引起的不良地质作用及其防治措施

1) 不良的地质作用

地下水引起的不良地质作用主要有以下方面。

(1) 沼泽化、盐渍化；

(2) 岩土软化，产生崩解、湿陷；

(3) 膨胀土的胀缩变形；

(4) 地面沉降、塌陷；

(5) 边坡失稳；

(6) 地下工程突水；

(7) 基础上浮,基坑底突涌;

(8) 海水入侵。

2) 防治地下水应采取的措施

防治地下水必须从思想上认识到地下水的危害,同时要加强监管,做好勘测、设计、施工。验收各阶段地下水防治工作,确保施工质量和安全,主要采取的措施包括以下几个方面。

(1) 水文地质勘测。

要详尽了解最高地下水位的标高、类型、补给来源、水质、流量、流向、渗透系数、压力以及历年气候变化情况、降水量、蒸发量及地层冻结深度等技术指标,这是合理确定工程防水标高、防护要求与地下水防治措施的前提与保证。

(2) 结构自防水设计。

① 选用合理的结构形式:应根据防护要求、使用功能结合工程地质和水文地质条件等因素综合确定,能短的不长、能整的不散,避免结构突变(或断面突变),尽量使结构选型规则、整齐,借以提升结构的整体刚度。

② 优化构造节点设计:构造节点长期以来就有"十缝九漏"的说法,虽然有些夸张,却也充分暴露出变形缝防水存在的问题。结构设计中要尽量减少裂缝开展及变形缝的设置。后浇带与构造节点的防水宜优先采用复合式防水设计,如中埋式止水带与外贴防水层复合使用;中埋式止水带与遇水膨胀橡胶条、嵌缝材料复合使用等。

③ 避免设计上"强度越高越好"的错误观念:高强度的混凝土中水泥含量较多,产生的大量水化热易使结构开裂。如果采用较高强度的混凝土时,宜优先采用水化热小的矿渣水泥。

(3) 降排水系统设计。

① 排水是指坑内明排,一般是在基坑周围设置排水沟及集水井,用抽水设备不断将基坑中的渗水排出,疏干开挖土方及基础施工的作业面,随排随挖,措施比较简单。

② 降水是人工强制降低施工面地下水位,常用的降水方法有轻型井点降水、喷射井点降水、电渗井点降水等,采用何种方法一般应根据含水层特性、渗透系数、降水要求(深度)等确定。

(4) 支护与隔水设计。

支护结构不仅能承受基坑开挖卸载所产生的土压力,而且能够有效地承担动水压力,起到阻隔地下水的作用。其中地下连续墙在软土层大基坑开挖中应用最为广泛。地下连续墙是在泥浆护壁的条件下分槽段构筑的钢筋混凝土墙体,其刚度大,止水效果好,并且可以作为拟建主体结构的外墙,可取得较好的经济效益。此外,内撑式支护、水泥土重力挡墙支护、土钉支护、钢板桩支护、锚杆支护、喷射混凝土支护等也都能起到相应的支护隔水功能。尤其是锚杆支护现已广泛应用于煤矿井田开拓及地铁隧道掘进等地下工程中。

(5) 抗浮设计。

主体工程采用天然地基时,单层地下室或裙房地下室可采用加大恒载(如覆土)抗浮。例如,国家体育馆地基位置较深,恰恰这块地的地下水位较高,地下水对场馆产生较大浮力。经过多次研究,最终选用 80000t 废旧钢渣回填。大空间、大面积的单层地下室亦可采用抗浮锚桩协助抗浮。

高等院校立体化创新规划教材

(6) 特殊施工工艺——冻结法。

冻结法是利用人工制冷技术对地层土体进行加固支护的一种施工方法。英国首先利用人工地层冻结技术成功地进行了深基坑开挖围护，随后，我国的基坑及地下工程建设中也较多采用冻结法，如润扬大桥悬索锚定施工、上海地铁线施工以及 80%以上的煤矿井筒掘进等都采用了冻结法。冻结法以氨水为制冷剂、以盐水作为冷媒剂，通过人工制冷的方法实现施工面内地下水冻结，一方面有效地阻隔地下水对施工面的干扰，另一方面，被冻结的土层具有较强的承载力，能够很好地支撑土壁。冻结法不仅具有适应性强、隔水效果好、干作业、无污染、无噪声等优点，而且其经济效益也是不容忽视的。基坑越深，冻结法施工越具有优越性。一般认为，当基坑深度小于 7m 时，冻结法在经济上不合算；当基坑深度大于 10m 时，冻结法在经济上显示出优越性。

4.3.4　地下水资源评价方法简介

地下水资源评价，必须在查明水文地质条件和获得必要的水文地质计算参数的基础上进行，包括天然资源、开采资源的计算论证。

1. 天然资源评价

天然资源是指地下水的补给量，常用的评价方法有以下三种。

1)　大气降雨入渗法

大气降雨入渗法通过降雨渗流进行补充。

$$q=F\cdot\alpha\cdot A/365$$

式中：q——大气降雨入渗补给量(m^3/d)；

　　　α——入渗系数；

　　　F——计算面积(m^2)；

　　　A——年平均降雨量(m)。

α可通过长期观测资料获得。

2)　地下径流模数法

地下径流模数法，也称地下径流率，是 $1km^2$ 含水层分布面积上地下水的径流量，表示一个地区以地下径流形式存在的地下水量的大小。

3)　断面法

断面法通过不同的断面进行统计计算：

$$q=K\cdot I\cdot\omega$$

式中：q——计算断面的地下水径流量(m^3/d)；

　　　K——计算断面的平均渗透系数(m/d)；

　　　I——计算断面的平均水力坡度；

　　　ω——计算断面的面积(m^2)。

对潜水：

$$\omega=h\cdot B$$

对承压水：

$$\omega=M\cdot B$$

式中：h、M——潜水层、承压水层的厚度(m)；

　　　B——计算断面的宽度(m)。

2. 开采资源评价

开采资源是指地下水的允许开采量。常用的评价方法有三种。

(1) 枯季泉、井涌水量可作为泉、井的开采资源。

(2) 布井法：

$$q_采=n·q$$

式中：$q_采$——计算段地下水开采水量(m³/d)；

　　　q——代表性钻孔枯季涌水量(m³/d)；

　　　n——计算段可布井数。

(3) 开采模数法。

开采模数法是指单位时间、单位面积含水层的开采量，常以 m³/(年·km²)表示，可以体现开采的强度。与补给模数比较，可分析地下水开采是否过量或尚有开采潜力。

4.3.5　地下水对工程建筑的影响

地下水位的变化，对工程建筑的影响极大，如地下水位上升，可引起浅基础地基承载力的降低，在有地震砂土液化的地区会引起液化的加剧，岩土体会产生变形、滑移、崩塌失稳等不良的地质作用。其影响主要有以下几个方面。

(1) 地下水侵蚀性的影响主要体现在水对混凝土、可溶性石材、管道以及金属材料的侵蚀和危害。突出表现在地下水的侵蚀性和地下水中的化学性质的积极作用，给工程带来很大的危害，侵蚀性在或快或慢地进行，改变了各种建筑材料的使用预期。

(2) 在饱和的砂性土层中施工，由于地下水的水力状态的改变，使土颗粒之间的有效应力等于零，土颗粒悬浮于水中，随着水一起流出的现象被称为流砂。这种不良地质作用的影响主要表现为，在工程施工过程中会造成大量的土体流动，致使地表塌陷或建筑物的地基破坏，会给工程施工带来极大的困难，或者直接影响建筑工程及附近建筑物的稳定。

(3) 如果地下水渗流水力坡度小于临界水力坡度，那么虽然不会产生流砂现象，但是土中细小颗粒仍有可能穿过粗颗粒之间的孔隙被渗流带走。其结果是使地基土的强度受到破坏，土下形成空洞，从而导致地表塌陷，破坏建筑场地的稳定，此种现象就是常说的潜蚀。

(4) 地下水的不良地质作用中，还有一个应尤其注意的是基坑涌水现象。这种现象发生在建筑物基坑下有承压水时，开挖基坑会减小基坑底下承压水上部的隔水层厚度，减小过多会使承压水的水头压力冲破基坑底板，形成涌水现象。涌水会冲毁基坑，破坏地基，给工程带来一定程度的经济损失。

(5) 过度开采地下水，经常造成地面沉陷，塌陷的地面给工程造成极大的危害，经济损失很大。此类的工程实例很多，例如某一工厂为了赚取更大的利润，工业用水采用地下水，由于开采量超大，过度抽取地下水而造成了地面塌陷成很大的漏斗状，造成周边的建筑开裂，很多地基失稳，给人们带来了极大的安全隐患，过度开采地下水的实例告诉我们，地下水资源可以被利用，但是不能盲目、过度地利用，否则就会受到大自然的惩罚。

高等院校立体化创新规划教材

总之，地下水的复杂成分和性质，对工程建筑的不良影响以及危害体现在以上诸多方面，因此工程建筑中要谨防地下水的影响，避免地下水的多种危害。

4.4　地下水运动的基本规律

地下水运动的基本
规律.mp4

在许多工程中都会遇到渗流问题，如水利工程中的土坝和闸基、建筑物基础施工中开挖的基坑等。在地下水渗流问题中，通常要求计算其渗流量并评判其渗透稳定性。当渗流的流速较大时，水流拖曳土体的渗透力将增大。渗透力的增大将导致土体发生渗透变形，并可能危及建筑物或周围设施的安全。因此，在工程设计与施工中，应正确分析可能出现的渗流情况，必要时采取合理的防渗技术措施。

4.4.1　渗透理论

1. 渗透的定义

存在于地基中的地下水，在一定的压力差作用下，将透过土中孔隙发生流动，这种现象称为渗流或渗透。

2. 渗透模型

实际土体中的渗流仅是流经土粒间的孔隙，由于土体孔隙的形状、大小及分布极为复杂，导致渗流水质点的运动轨迹很不规则，如图 4-1(a)所示。考虑到实际工程中并不需要了解具体孔隙中的渗流情况，可以对渗流做出以下两方面的简化：一是不考虑渗流路径的迂回曲折，只分析它的主要流向；二是不考虑土体中颗粒的影响，认为孔隙和土粒所占的空间之总和均为渗流所充满。做了这种简化后的渗流其实只是一种假想的土体渗流，称为渗流模型，如图 4-1(b)所示。为了使渗流模型在渗流特性上与真实的渗流相一致，它还应该符合以下要求。

(1) 在同一过水断面，渗流模型的流量等于真实渗流的流量；
(2) 在任意截面上，渗流模型的压力与真实渗流的压力相等；
(3) 在相同体积内，渗流模型所受到的阻力与真实渗流所受到的阻力相等。

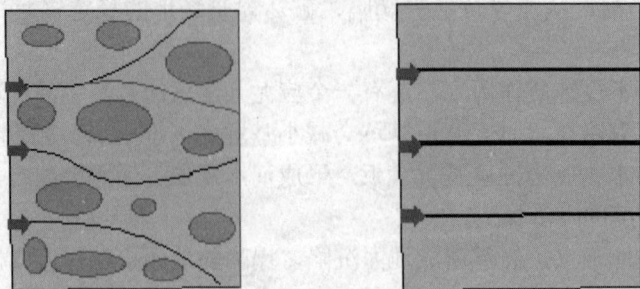

(a) 水在土孔隙中的运动　　　　(b) 渗流模型

图 4-1　渗透模型

4.4.2 达西定律

地下水在土体孔隙中渗透时，由于渗透阻力的作用，沿程必然伴随着能量的损失。为了揭示水在土体中的渗透规律，法国工程师达西(H. Darcy)经过大量的试验研究，1856 年总结得出渗透能量损失与渗流速度之间的相互关系，即为达西定律。

达西实验的装置如图 4-2 所示。装置中的①是横截面积为 A 的直立圆筒，其上端开口，在圆筒侧壁装有两只相距高度为 l 的侧压管。筒底以上一定距离处装一滤板②，滤板上填放颗粒均匀的砂土。水由上端注入圆筒，多余的水从溢水管③溢出，使筒内的水位维持一个恒定值。渗透过砂层的水从短水管④流入量杯⑤中，并以此来计算渗流量 q。设 Δt 时间内流入量杯的水体体积为 ΔV，则渗流量为 $q = \Delta V / \Delta t$。同时读取断面 1—1 和断面 2-2 处的侧压管水头值 h_1、h_2，Δh 为两断面之间的水头损失。

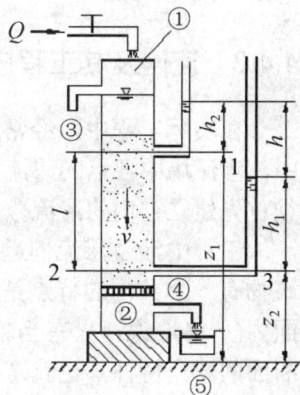

图 4-2 达西渗透实验装置图

达西分析了大量实验资料，发现土中渗透的渗流量 q 与圆筒断面积 A 及水头损失 Δh 成正比，与断面间距 l 成反比，即

$$q = kA\frac{\Delta h}{l} = kAi \quad \text{或} \quad v = \frac{q}{A} = k \cdot i$$

式中，$i = \Delta h / l$，称为水力梯度，也称水力坡降；k 为渗透系数，其值等于水力梯度为 1 时水的渗透速度。上面两个式子所表示的关系称为达西定律，它是渗透的基本定律。

达西定律是由沙质土体实验得到的，后来推广应用于其他土体如黏土和具有细裂隙的岩石等。进一步的研究表明，在某些条件下，渗透并不一定符合达西定律，因此在实际工作中我们还要注意达西定律的适用范围。

大量试验表明，当渗透速度较小时，渗透的沿程水头损失与流速的一次方成正比。在一般情况下，砂土、黏土中的渗透速度很小，其渗流可以看作是一种水流流线互相平行的流动——层流，渗流运动规律符合达西定律，渗透速度 v 与水力梯度 i 的关系可在 v-i 坐标系中表示成一条直线，如图 4-3(a)中的曲线①所示。粗颗粒土(如砾、卵石等)的试验结果如图 4-3(b)所示，由于其孔隙很大，当水力梯度较小时，流速不大，渗流可认为是层流，v-i 关系呈线性变化，达西定律仍然适用。当水力梯度较大时，流速增大，渗流将过渡为不规则的相互混杂的流动形式——紊流，这时 v-i 关系呈非线性变化，达西定律不再适用。

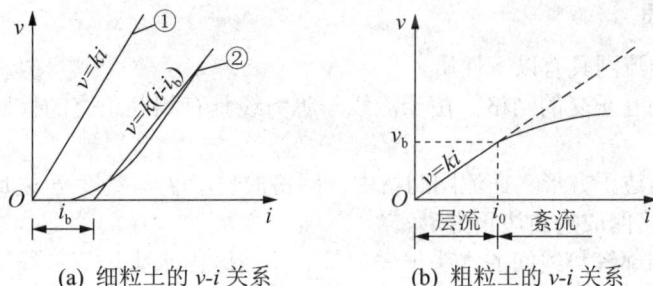

(a) 细粒土的 v-i 关系　　　(b) 粗粒土的 v-i 关系

图 4-3 粒土与 v-i 的关系

①砂土、一般黏土；②颗粒极细的黏土

少数黏土(如颗粒极细的高压缩性土,可自由膨胀的黏性土等)的渗透试验表明,它们的渗透存在一个起始水力梯度 i_b,这种土只有在达到起始水力梯度后才能发生渗透。这类土在发生渗透后,其渗透速度仍可近似地用直线表示,即 $v=k(i-i_b)$,如图 4-3(a)中的曲线②所示。

4.4.3 流网及其工程应用

在实际工程中,经常遇到的是边界条件较为复杂的二维或三维问题,在这类渗流问题中,渗流场中各点的渗流速度 v 与水力梯度 i 等均是位置坐标的二维或三维函数。对此必须首先建立它们的渗流微分方程,然后结合渗流边界条件与初始条件求解。

工程中涉及渗流问题的常见构筑物有坝基、闸基及带挡墙(或板桩)的基坑等。这类构筑物有一个共同的特点是,轴线长度远大于其横向尺寸,因而可以认为渗流仅发生在横断面内(严格地说,只有当轴向长度为无限长时才能成立)。因此对这类问题只要研究任一横断面的渗流特性,也就掌握了整个渗流场的渗流情况。如取 xoz 平面与横断面重合,则渗流的速度 v 等即是点的位置坐标(x, z)的二元函数,这种渗流称为二维渗流或平面渗流。

在实际工程中,渗流问题的边界条件往往比较复杂,其严密的解析解一般很难求得。因此对渗流问题的求解除采用解析解法外,还有数值解法、图解法和模型试验法等,其中最常用的是图解法,即流网解法。

平面稳定渗流基本微分方程的解可以用渗流区平面内两簇相互正交的曲线来表示。其中一簇为流线,它代表水流的流动路径,另一簇为等势线,在任一条等势线上,各点的测压水位或总水头都在同一水平线上。工程上把这种等势线簇和流线簇交织成的网格图形称为流网,如图 4-4 所示。

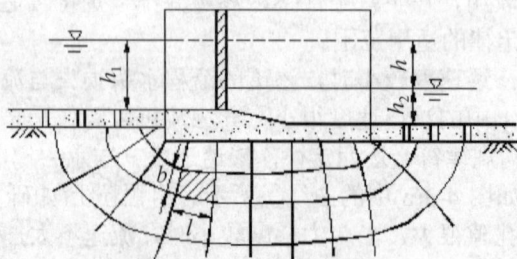

图 4-4 闸基的渗流流网

1. 流网的性质

各向同性土的流网具有以下性质。

(1) 流网是相互正交的网格。由于流线与等势线具有相互正交的性质,故流网为正交网格。

(2) 流网为曲边正方形。在流网网格中,网格的长度 l 与宽度 b 之比通常取为定值,一般取 1.0,使方格网成为曲边正方形。

(3) 任意两相邻等势线间的水头损失相等。渗流区内水头依等势线等量变化,相邻等势线的水头差相同。

(4) 任意两相邻流线间的单位渗流量相等。相邻流线间的渗流区域称为流槽,每一流槽的单位渗流量与总水头 h、渗透系数 k 及等势线间隔数有关,与流槽位置无关。

2. 流网的绘制方法及实例

(1) 绘制的方法。流网的绘制方法大致有三种：第一种方法是解析法，即用解析的方法求出流速势函数及流函数，再令其函数等于一系列的常数，就可以描绘出一簇流线和等势线。第二种方法是实验法，常用的有水电比拟法。此方法利用水流与电流在数学上和物理上的相似性，通过测绘相似几何边界电场中的等电位线，获取渗流的等势线与流线，再根据流网性质补绘出流网。第三种方法是近似作图法，也称手描法，是根据流网性质和确定的边界条件，用作图方法逐步近似画出流线和等势线。在上述方法中，解析法虽然严密，但数学上求解还存在较大困难。实验方法在操作上比较复杂，不易在工程中推广应用。目前常用的方法还是近似作图法，故下面主要对这一方法做一些介绍。

近似作图法的步骤大致为：先按流动趋势画出流线，然后根据流网正交性画出等势线，形成流网。如发现所画的流网不成曲边正方形时，需反复修改等势线和流线，直至满足要求为止。

(2) 流网绘制实例。如图 4-5 所示为一带板桩的溢流坝，其流网可按以下步骤绘出。

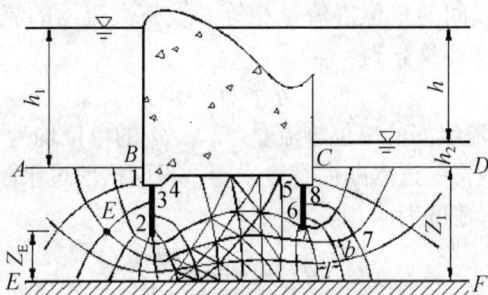

图 4-5　溢流坝的渗流流网

① 首先将建筑物及土层剖面按一定的比例绘出，并根据渗流区的边界，确定边界线及边界等势线。

如图中的上游透水边界 AB 是一条等势线，其上各点水头高度均为 h_1，下游透水边界也是一条等势线，其上各点水头高度均为 h_2。坝基的地下轮廓线 B—1—2—3—4—5—6—7—8—C 为一条流线，渗流区边界 EF 为另一条边界流线。

② 根据流网特性，初步绘出流网形态。

可先按上下边界流线形态大致描绘几条流线，描绘时注意中间流线的形状由坝基轮廓线形状逐步变为与不透水层面 EF 相接近。中间流线数量越多，流网越准确，但绘制与修改工作量也越大，中间流线的数量应视工程的重要性而定，一般中间流线可绘 3~4 条。流线绘好后，根据曲边正方形网格要求，描绘等势线。绘制时应注意等势线与上、下边界流线应保持垂直，并且等势线与流线都应是光滑的曲线。

③ 逐步修改流网。

初绘的流网，可以加绘网格的对角线来检验其正确性。如果每一网格的对角线都正交，且成正方形，则流网是正确的，否则应做进一步修改。但是，由于边界通常是不规则的，在形状突变处，很难保证网格为正方形，有时甚至成为三角形或五角形。对此应从整个流网来分析，只要绝大多数网格满足流网特征，个别网格不符合要求，对计算结果影响不大。

　　流网的修改过程是一项细致的工作，常常是改变一个网格便带来整个流网图的变化。因此只有通过反复的实战演练，才能做到快速正确地绘制流网。

　　(3) 流网的工程应用。

　　① 渗流速度计算。

　　如图 4-5 所示，计算渗流区中某一网格内的渗流速度，可先从流网图中量出该网格的流线长度 l。根据流网的特性，在任意两条等势线之间的水头损失相等，设流网中的等势线的数量为 n(包括边界等势线)，上下游总水头差为 h，则任意两条等势线间的水头差为

$$\Delta h = \frac{h}{n-1}$$

而所求网格内的渗流速度为

$$v = k \cdot i = k \cdot \frac{\Delta h}{l} = \frac{kh}{(n-1)l}$$

　　② 渗流量计算。

　　由于任意两相邻流线间的单位渗流量相等，设整个流网的流线数量为 m(包括边界流线)，则单位宽度内总的渗流量 q 为

$$q = (m-1)\Delta q$$

式中，Δq 为任意两相邻流线间的单位渗流量，q、Δq 的单位均为 $m^3/(d \cdot m)$。其值可根据某一网格的渗透速度及网格的过水断面宽度求得，设网格的过水断面宽度(即相邻两条流线的间距)为 b，网格的渗流速度为 v，则

$$\Delta q = v \cdot b = \frac{kh}{(n-1)l} \cdot b$$

而单位宽度内的总渗流量 q 为

$$q = \frac{kh(m-1)}{n-1} \cdot \frac{b}{l}$$

4.5　地下水的补给、排泄和径流

　　地下水在补给、径流、排泄过程中，不断地进行着水量的交换和运移。由于水是盐分和热量的良好的溶剂和载体，所以在水量交换的同时，也伴随着水化学场和温度场的相应变化，即水量、盐量、热量都在变化。这些变化的特点决定了含水层(含水系统)中水量、水质、水温的分布规律。因此，在做地下水研究时，只有搞清地下水的补水、径流、排水规律或特点，才能更合理地利用地下水，更有效地防范地下水害。

4.5.1　地下水的补给

1. 大气降水入渗补给

1) 大气降水入渗机理

大气降水落到地表以后，要通过包气带到达地下水面补给地下水。有时虽然下了雨，

也渗入地下去了，但尚未到达地下水面就消耗于湿润包气带，地下水并未获得水量。像这种不能使地下水得到补给的降水称为无效降水。只有当大气降水渗入地下，补足包气带水分亏缺之后，多余的继续下渗，到达地下水面的那一部分降水量，才是有效降水。显然，大气降水补给地下水的数量大小及补给方式，受控于包气带的厚度、岩性、结构、含水状况以及降水特征等许多因素，情况很复杂。

一般认为，在松散层中大气降水通过包气带补给地下水时，其下渗方式有两种。

(1) 活塞式下渗。入渗水的湿锋面整体向下推进的入渗方式。

活塞式下渗发生在均质土的包气带中。在水的下渗过程中，"新水"总在"老水"之上，如此湿润了包气带以后，多余的水才补给地下水。

然而，自然界极少具备完全均质的土层，均质是相对的，非均质是绝对的。尤其研究水分渗透这种缓慢的运动，土层的不均匀性(土质不均、虫孔、根孔、裂隙)显得更加突出。由于水具有"往低处流、欺软怕硬、爱走捷径"的特性，故在多数情况下为捷径式下渗。

(2) 捷径式下渗。入渗水的湿锋面首先沿渗透性强的大孔隙通道快速向下推进的入渗方式。

捷径式下渗在黏土中尤为明显，因为黏土中往往存在虫孔、根孔及裂隙等大的孔隙通道。这些部位的湿锋面向下推进速度较快，可以超过其他部位的"老水"抢先到达地下水面补给地下水，不必像活塞式下渗那样，必须将整个包气带的水分亏缺补足以后，多余的水才能补给含水层。

一般认为，在砂质土中主要为活塞式下渗；在黏性土中则活塞式下渗与捷径式下渗同时发生。

2) 影响大气降水补给地下水的因素

大气降水落到地面，一部分转为地表径流；一部分被蒸发返回大气；一部分下渗进入包气带。进入包气带的这些水并不能全部补给地下水，甚至完全不能补给到地下水中去，因为渗入地下的水首先要湿润包气带而被包气带滞留。若雨量不大，入渗有限，还不能将包气带全部湿润，即入渗水不能补足包气带水分的亏空，当然就谈不上补给地下水了(无效降水)。若继续下雨，入渗水湿润了整个包气带之后，便可到达地下水面补给地下水了(这部分才叫有效降水)。所以降水特征、包气带特征、地形、植被等都可影响大气降水补给地下水的数量。

(1) 降水特征的影响。降水特征包括：降水量、降水强度和降水持续时间。

① 降水量的影响。降水量是指大气降水平铺在地面上所得水层厚度的毫米数。一个地区年降水量的大小是影响地下水补给的决定因素。因为大气降水是补给地下水最普遍最根本的源泉。

由于入渗到地面以下的水量，并不能全部补给地下水，不能全部成为可从井孔中抽出的水源，而是有相当一部分用于湿润包气带，补足水分亏缺以土壤水的形式被滞留在包气带之中。与这部分被滞留在包气带的水量相对应的降水量，对地下水补给来说不起作用，故称为无效降水量。若年降水量小于湿润包气带所需的水量，则对地下水无补给作用。即使年降水量大于湿润包气带所需水量，也会由于断续的降水间隔中土面蒸发、叶面蒸发的耗散，使得渗入地下用于湿润包气带的水量大大减少，从而增加了无效降水量。只有包气带饱和后再继续降水，才能补给地下水，成为有效降水。所以年降水量越大，补给地下水的量越大。一般情况下，年将水量大的地区，地下水也较丰富。

②　降水强度和时间的影响。降水强度是指单位时间内降水量的多少。

如果降水强度过大，如倾盆大雨，降水强度超过入渗地面的速率，即大于土壤吸收降水的能力，则大部分降水转变为地表径流流失，补给地下水的比例就会降低。如果每次降水量都很小，且降水时间间隔较长，水只能湿润部分包气带，甚至只湿了地皮，在降水间隔期间又被蒸发消耗。此类间歇性的小雨对地下水补给来说，只能是无效降水。所以，间歇性的小雨和集中的暴雨都不利于地下水获得补给，而不超过地面入渗速率的绵绵细雨才最有利于地下水的补给。

(2)　包气带特征的影响。包气带特征主要指包气带的厚度、岩性、透水性。一般来说，包气带的岩石透水性好，有利于降水入渗补给地下水。如果包气带由黏性土层构成，水的入渗就比较困难，降水就易于形成地表径流流失，不利于补给地下水。如果包气带过厚，即地下水埋深较大，滞留降水的数量就大，不利于补给地下水。

如果包气带很薄，即地下水埋深很浅，也不利于降水入渗。因为毛细水带达到或接近地表，土壤水分较多，会降低水的入渗率即土壤吸纳降水的能力，而使大量降水转为地表径流，也不利于降水补给地下水。

(3)　地形的影响。地面坡度大，水在自身重力的作用下，易于形成地表径流，影响补给地下水。平缓与局部低洼的地势，有利于降水就地入渗，并可以滞积表流，增加降水入渗份额。

(4)　植被的影响。植被发育，土壤中有机质多，根系、树冠、枝叶、落叶、草地都能保护土壤结构，可以滞蓄降水而减少地表径流的发生，有利于降水入渗。

植被发育可以改善小气候，增加降水量，有利于地下水获得更多的补给。但是，在干旱地区，植物以蒸腾的方式强烈地消耗包气带的水分，会造成包气带水分的大量亏缺，使地下水获得降水补给明显减少，如一株 15 岁的柳树每年要消耗 $90m^3$ 的水分，那么一行大树就相当于一条排水渠。

大气降水补给地下水的能力(属于补给条件)大小，常以降水入渗系数 α 表示：

$$\alpha = q_x / X \quad (一般 \alpha = 0.2 \sim 0.5)$$

式中：q_x——年大气降水的入渗量(mm)；

　　　X——年降水量(mm)。

显然：$q_x = X - D - \Delta s$(D 为地表径流深度；Δs 为包气带水分滞留量)，降水入渗系数为大气降水入渗补给地下水的份额。

降水入渗系数的求法包括地中渗透仪法和潜水天然变幅法。

①　地中渗透仪法。在若干个入渗(蒸发)皿中放入本区代表性原状土，以水位调节管控制不同的地下水位埋深。经过若干年观测，可以得到不同包气带岩性、不同地下水位埋深、不同年降水量条件下的入渗系数 α 数值，作成图表就可以得出各种条件下的 α 值大小。

②　潜水天然变幅法。本法适用于地下水水平径流、垂向越流、蒸发都很微弱并且不受开采影响的地段。观测不同包气带岩性、不同地下水位埋深，同时还观测由降水入渗引起的地下水位抬升值 Δh，并测定水位变动带的给水度 μ，则

$$\alpha = q_x / X = \mu \, \Delta h / X$$

承压含水层的补给：潜水含水层可以在其整个分布范围内得到大气降水的补给。而承压含水层则不然，它只能在出露地表的地方或与地表相通的地方获得补给。因此，地形和地质构造对承压水的补给影响很大。若承压含水层出露处地形较高，只在出露处获得补给；若承压含水层出露在低洼处，则整个汇水范围内的水都可以汇集补给之。

2. 地表水对地下水的补给

地表水存在于江、河、湖、海、库、池、塘、渠等低洼地，在一定条件下都可以成为地下水的补给源。这里的一定条件包括：一是与地下水有水力联系；二是地表水位高于地下水位。

一般山地河流河谷深切，河水位常低于地下水位，故河流排泄地下水。山前地带，河流堆积，地面高程较大，河水位常高于地下水位，故河水补给地下水。大型河流的中下游，常由于河床堆积成为地上河(黄河)，也是河水补给地下水。

冲积平原或盆地的某些部位，河水与地下水之间的补给、排泄关系往往随季节而变化。地下水位变化滞后于河水水位变化，并且较河水水位变化幅度小。因此，旱季，河水水位迅速降到地下水位以下，则地下水补给河水(河水接受地下水补给或河流排泄地下水)；雨季，河水水位猛涨至地下水位以上，则河水补给地下水(地下水接受河水的补给或河水向地下水排泄)。这种连续性的饱和补给，其运动状态符合达西定律：

$$q_补 = K\omega I$$

式中：$q_补$——流量(单位时间内通过某一断面的水量)；

K——渗透系数(河床的透水性指标)；

ω——过水断面面积(透水河床长度×浸水周界)；

I——水力梯度(由河水位与地下水位的水位差决定)。

实际工作中，如何获得某一段河流补给(或排泄)地下水的水量呢？可以采取测定河流流量的方法进行。即在该河段上、下游断面上分别测得流量 $q_上$ 及 $q_下$，则二者之差乘以过水时间即可。

若 $q_上 > q_下$，为河水补给地下水，则 $q_{总补} = (q_上 - q_下)t$。

若 $q_上 < q_下$，为地下水补给河水，则 $q_{总排} = (q_下 - q_上)t$。

如果补给地下水的是一条间歇性河流，河水的渗漏量就不等于地下水所获得的补给量了。因为一次短时间的洪流，渗入地下的水要有相当一部分耗于湿润包气带，用上式求得的渗漏量就大于地下水所获得的补给量了。

大气降水和地表水体是地下水获得补给的两个重要来源，但二者的补给特征是不同的。

大气降水：面状补给，范围大而均匀，持续时间短。

地表水体：线状补给，范围限于水体周边，持续时间长或不间断。

3. 大气降水及河水补给地下水量的确定

1)　平原区大气降水入渗补给量($q_补$)的确定：

$$q_补 = \frac{\alpha XF}{1000}(m^3)$$

式中：X——降水量(mm)(在气象部门获得)；

高等院校立体化创新规划教材

α——降水入渗系数；

F——补给面积(m^2)。

2) 山区大气降水与河水入渗量的确定

山区地下水循环属于渗入——径流型。大气水、地表水、地下水三者经常转换，单独求算大气降水入渗量，因地形和岩性复杂而难以实现。一般山区地下水埋深较大，蒸发作用可以忽略，故常依测得某一流域的地下水排泄量来代替大气降水入渗量。

(1) 若该山区没有河水外排，只有泉或泉群排泄地下水，即可用所有泉水流量之和作为地下水的排泄量，即大气降水入渗补给地下水的量。

(2) 干旱季节，常年流水河中没有地表径流注入，则河流中的流量皆由地下水提供，称之为基流量。该基流量就是流域内地下水的排泄量，即干旱季节河流的基流量就是大气降水入渗补给地下水的量。(基流量可由测流法获得)

(3) 当流域内地下水分散排泄时，由于排泄点甚多，测起来很困难，则可用分割河水流量过程线的方法求得全年地下水的排泄量，以此代表大气降水补给地下水的量。其中最简单的方法是：流量过程线的直线分割法。具体方法如下。

在控制研究区域的河流断面上，定期测定河流流量，即可作出全年流量过程线，即流量随时间的变化曲线。

从流量过程线的起涨点 A 引水平线交退水段的 B 点，则 AB 线与时间轴所围定的部分就相当于地下水的排泄量，即剔除了由洪水期地表径流流入河中的水量，剩下的就是由地下水提供的基流量(大气降水入渗补给量，即 $q_基 = q_补$)。

获得基流量($q_基$)，再求得该流域面积(F)，收集到降水量(X)，也可根据 $q_补 = \dfrac{\alpha X F}{1000}$ 求出入渗系数(α)，即

$$\alpha = \frac{1000 \cdot q_补}{XF}$$

4. 含水层之间的补给

某含水层获得另外含水层或水体的补给，必备以下两个条件，缺一不可。

(1) 水位差。

(2) 透水通道。包括"天窗"、导水断层、钻孔、弱透水层等。

值得强调的是，平原区含水层之间通过弱透水层发生越流补给有"三大"特点。

(1) 驱动越流的水力梯度大。因为 $I = h/L$，层间垂向 L 很小。

(2) 发生越流的面积大。远比水平流动的过水断面大。

(3) 越流量大。据达西定律：$q = K\omega I$，尽管弱透水层的 K 值较小，但由于 ω、I 较大，越流补给量也就很可观了。所以在广阔的平原区开采地下水时，含水层之间的越流补给量不可忽视。

5. 其他补给源

(1) 凝结水补给。

凝结水在昼夜温差较大的干旱地区，可成为地下水补给源之一。空气中含有了水分就构成湿度。饱和湿度随着温度的降低而减小，当温度降到一定程度，空气中的绝对湿度可

与饱和湿度相等。若温度继续下降，饱和湿度便继续减小，超过饱和湿度的那一部分水分便凝结成液态水。这种由气态水转化成液态水的过程叫作凝结作用。

白天，在太阳辐射的作用下，大气和土壤都进入吸热升温过程；到夜晚，都进入散热降温过程。由于土壤和空气的热学性质不同，热响应能力不同，土壤散热快而大气散热慢。当地温降到一定程度，土壤孔隙中的水汽达到饱和。地温继续下降，随着绝对湿度的减小，过饱和的那部分水汽便凝结成水滴。此时，由于大气温度较高，绝对湿度较大，水汽便由大气向土壤孔隙运动，如此不断地补充和凝结，数量足够大时便补给地下水。

(2) 地壳深部水分上移补给地下水。

(3) 水库、坑塘、沟渠、浇地以及排放在环境中的工业废水和生活污水等，都可能入渗补给地下水。

4.5.2　地下水的排泄

地下水的排泄是含水层或含水系统失去水量的过程。排泄方式包括泉—点状排泄、河渠—线(带)状排泄、蒸发(蒸腾)—面状排泄、越流—含水层之间的排泄(得水者为补，失水者为排)。

1. 泉—地下水的天然露头

1) 按泉的成因划分

按泉的成因可分为侵蚀泉、接触泉、溢流泉。

(1) 侵蚀泉是指沟谷切割到潜水含水层而形成的泉。

(2) 接触泉是指地形面切割到含水层底板水从二者之间接触处流出的泉。

(3) 溢流泉是指潜水流动受阻(被堵)而涌出地表所形成的泉。

2) 按补给泉水的含水层性质划分

按补给泉水的含水层性质可分为上升泉和下降泉。

(1) 上升泉是指由承压水补给的泉。上升泉按成因又可分为：侵蚀泉、断层泉、接触带泉。侵蚀(上升)泉是指沟谷切割到承压含水层顶板形成的泉，断层(上升)泉是指地下水通过导水断层上升而涌出地表的泉，接触带(上升)泉是指地下水沿接触带上升而形成的泉。

(2) 下降泉是指由潜水或上层滞水补给的泉。

2. 泄流

地面侵蚀到含水层地下水沿地表水体周界分散带状排泄的形式。泄流是地下水的一种排泄方式，它分散地排泄于地表水体(若集中排泄于地下水体，则叫水下泉、暗泉)。

由于泄流是地下水的一种排泄形式，所以泄流量的求算方法与地下水补给河水量的求法相同，用断面测流法或流量过程线直线分割法。

3. 蒸发与蒸腾

对地下水来说，蒸发是在一定条件下，地下水转变为气态水而耗散的过程。蒸腾则是发生在植物枝叶上的一种蒸发现象，具体表述为植物根系吸收的地下水分通过叶面转化成气态水而耗散的现象。山地中地下水主要以泉和泄流方式排泄，当然也包括人工排泄。天

高等院校立体化创新规划教材

然状态下，平原或地势低平的地区，尤其在干旱气候条件下的松散堆积物区，蒸发成为地下水主要的甚至唯一的排泄方式。

当然，人工取水也是地下水的主要排泄方式。潜水面以上有一个毛细水带，在地下水埋深不大，毛细水带达到地表或接近地表时，由于大气湿度或地表附近介质中空气湿度相对较低，毛细水便不断地转化为水蒸气进入大气，潜水则源源不断地通过毛细作用提供水分，蒸发则不断地进行着。结果是地下水量不断减少，同时盐分不断地滞积在毛细水带的上缘。所以，强烈的潜水蒸发，在不断消耗地下水量的同时，必将导致土壤积盐和水的不断浓缩盐化。影响潜水蒸发的因素主要包括：气候、潜水埋深、包气带岩性(透水性)和植被发育情况。

(1) 气候干燥，潜水位埋深小，则土面蒸发强烈，反之蒸发强度小。

(2) 包气带岩性的影响，主要通过毛细上升高度和上升速度来控制蒸发作用。若包气带由亚砂土、粉土构成，则有利于潜水蒸发的进行。因为亚砂和粉土颗粒较小，孔隙细小，既有较大的毛细上升高度，又有较快的上升速度，可以将地下水源源不断地输送到地面蒸发耗散。而由砂或黏土构成的包气带，由于砂的毛细水上升高度太小，黏土的毛细水上升速度太慢，都不利于潜水的土面蒸发。

水分总是从湿度大的地方向湿度小的地方运移，一般情况下，毛细水带的湿度总是大于其上部孔隙中的湿度，所以蒸发作用深度可达数十米。当然，这有一个蒸发强度的临界深度问题，即在临界深度以下潜水蒸发强度大大减弱。在开发潜水资源保护环境方面，就有一个控制最佳水位的问题。如石家庄地区耕地，潜水埋深大于 2m 时，其蒸发量大大减少。为防止土壤盐碱化，就要将水位控制在 2m 左右。那么，将潜水位控制在 10m 以下不是更能防止蒸发耗水和土地盐碱化吗？是的。但水位埋深过大，植物根系不能吸收利用潜水，又会产生土壤干化—沙化—植被退化的生态环境问题。

(3) 植物的蒸腾作用对地下水量的消耗往往相当可观。据估计，植被发育的土面比裸露的土面蒸发量要大 1 倍。另外，植被茂密可以遮蔽土面，使之免受日光暴晒升温而抑制蒸发。对于农田供水来说，应尽量减少土面无效蒸发，使更大份额的水分转化为作物的有效蒸腾，变为经济产出。

4. 人工排泄

在人类经济工程活动频繁的地区，人工开采地下水(供水、排水)往往成为地下水最主要的排泄方式。水资源危机和水环境问题多与人类过度开采地下水活动有关。

4.5.3 地下水的径流

地下水径流是地下水由补给区向排泄区的运移过程。一般情况下，地下水处在不断的径流运动之中，径流是连接补给与排泄的中间环节，它将地下水的水量、盐量从补给区传输到排泄处，从而影响含水层或含水系统中水质、水量的时空分布。研究地下水径流主要从径流方向、径流量入手。

1. 径流方向

地下水在补给区获得水量补给之后，通过径流到排泄区排泄。所以，地下水总的径流方向是由补给区指向排泄区(由源指向汇)。但在某些局部地段，由于地形变化造成局部势源与势汇关系的差异，使得局部地下水径流方向与总体方向不一致。例如，在 4.4 节河间地块流网图(图 4.5)中，补给区分水岭处的地下水，先垂直向下，在排泄区又垂直向上流，中间地带近乎水平运动。再如，从井孔中抽水时，井孔周围的水流都指向井孔，呈向心状径流。又如河北平原，在总的地势控制下，地下水从地形较高的西部太行山前向东部地势较低的渤海方向流。但在广阔的大平原的某些局部地段，会由于地形、地质——水文地质结构或含水系统的差异，使得地下水在遵循整体东流的基础上而发生变化。在地表河流或古河道裸露区，常常是大气降水补给地下水，水先向下流，然后叠加在东流的地下水流场中。近几十年来，人们用水量大增，某些地段过度开采地下水，形成若干大小不等的地下水降落漏斗，使天然的地下水流场(地下水系统)平衡状态被打破，为了达到并维持新的平衡，地下水系统的水头重新分布，使河北平原的某些部位的地下水径流方向发生改变，甚至变反。更有甚者会使补给区与排泄区易位。如以沧州市为中心的地下水降落漏斗，中心部位水位降低数十米，周围地下水径流便向漏斗中心运动。

关于地下水径流方向问题的思维是："水往低处流"。此处高低内涵有三：一是地形的高低(高处→低处)，二是水位(水头)的高低(高水头→低水头)，三是重力势的高低(高势→低势、势源→势汇)。

在降水入渗之后就自然具有这种重力势，它随着水的运动克服介质阻力做功消耗而减小，表现为水位(水头)降低。地下水在运动中，由源向汇，近汇者先至，先者径直；远汇者后至，后者径曲。所以，研究地下水径流方向，应以地下水流网为工具，以重力势场及介质分析为基础，具体问题具体分析。

因此，含水层透水性能的好坏、地形高差大小及切割破碎状况、径流距离等，都影响着地下水径流强度，径流强度又控制着水质变化，因此可将它们称为地下水径流的影响因素或地下水径流条件。

2. 径流量

地下水的径流量，可用达西公式求得，即 $q=K\omega I(\mathrm{m}^3/\mathrm{s})$。如果求算某一时间段的径流量，则再乘以该时间段即可(qT)。

此外，还有两种表示径流强度的方法。

(1) 地下水径流模数(径流率)(M_e)。即指每 $1\mathrm{km}^2$ 含水层面积上的径流量：

$$M_e = q \times 1000 / F \times 365 \times 86400[\mathrm{L}/(\mathrm{s}\cdot\mathrm{km}^2)]$$

式中：q——地下水径流量(m^3/s)；

F——含水层或含水系统的补给面积(km^2)。

实际工作中，以 M_e 的大小来表征某个地区单位时间内以地下径流形式存在的水量多少，用以说明径流条件的好坏，与径流强度具有意义上的同一性。

径流强度($V=q/\omega$)主要说明地下水运动的快慢。

径流模数(M_e)主要说明有多少水量在运动(水量评价中多用)。

(2) 地下径流系数(η)。即指地下水径流量与同一时间内落在含水层补给面积上的降水量之比。与大气降水入渗系数相同，即大气降水入渗补给地下水成为地下径流的水量占降水量的份额：

$$\eta = 0.001(q/X \times F)$$

式中：q —— 地下水径流量(m^3/s)；

X —— 降水量(mm)；

F —— 补给面积(km^2)。

4.6 地下水对土木工程建设的影响

地下水对土木工程
建设的影响.mp4

随着城市建设的高速发展，特别是高层建筑的大量兴建，地下水的水质不仅对基础工程有影响，对地下防空设施、地下室、地下广场等地下建筑物的影响也日渐突出。腐蚀性地下水对混凝土结构耐久性的影响问题已不可回避。为了尽量减少这种现象的发生，应该深入了解地下水腐蚀混凝土的机理、腐蚀因素，从而更好地防治地下水对建筑物的腐蚀。

4.6.1 地下水的侵蚀作用

1. 地下水引起腐蚀的原因

(1) 当地下水中的某些化学成分含量过高时，水对混凝土、可溶性石材、管道和钢铁构件以及器材都有腐蚀作用。地下水中氯离子、硫酸根离子含量高，被埋入混凝土的钢筋表面产生一层钝化保护层，这一保护层在水泥开始水化反应后很快自行生成。然而氯离子能够破坏这层氧化膜，钢筋在水和氧的存在下发生锈蚀。

钢筋锈蚀有两种后果：一是锈蚀物的体积增加几倍，以至于它们的生成导致了混凝土的破裂、剥落和分层，这就使腐蚀剂更容易进入钢筋表面，必然加速钢筋的锈蚀；二是锈蚀过程减小了钢筋的横截面积，也就减小了它的荷载能力。氯盐的作用，引起钢筋的锈蚀，是使钢筋混凝土破坏的主要原因。

(2) 地下水或潮湿的土中的某些盐类，通过毛细水上升，浸入混凝土的毛细孔中，经过干湿交替作用，盐溶液在毛细孔中被浓缩至饱和状态，当温度下降时，析出盐的结晶，晶体膨胀使混凝土遭受腐蚀破坏。温度回升，水汽增加时，结晶会潮解；当温度再次下降时，再次结晶，腐蚀进一步加深。这种环境加快了混凝土在腐蚀介质(水、土)中的腐蚀速度，缩短了建筑物的使用寿命。

2. 地下水腐蚀的类型

根据地下水的腐蚀性指标及其对混凝土的腐蚀特征，腐蚀类型分为以下三类。

1) 结晶性腐蚀

地下水中的硫酸盐类与混凝土中的固态游离石灰质或水泥结石起化合反应，产生含水结晶体，由于结晶体的形成使混凝土体积增大，产生膨胀压力，导致混凝土胀裂破坏。

2) 分解性腐蚀

地下水中的氢离子、侵蚀性二氧化碳和游离碳酸超过一定储量时，导致水泥结石水解，引起混凝土强度降低。

3) 结晶分解复合性腐蚀

地下水中的阳离子($Mg^{2+}+NH_4^+$)产生分解性腐蚀；阴离子($Cl^-+SO_4^{2-}+NO_3^-$)产生结晶性

腐蚀，将此类复合性腐蚀作用归为结晶分解复合性腐蚀。

3. 地下水的腐蚀作用

地下水的腐蚀作用，主要反映在它对混凝土与金属材料和设备的破坏上。当地下水中含有某些成分时，对建筑材料中的混凝土、金属等有侵蚀性和腐蚀性，它破坏混凝土基础，危害建筑物和构筑物的稳定性，当建筑物的混凝土基础及其他混凝土构件经常处于地下水的作用时，在工程地质勘查中，必须采取水样，进行水化学腐蚀性分析，评价地下水的侵蚀性，为工程设计提供依据。

因此，地下水腐蚀性的强弱主要与水的特殊化学组分有关外，还与建筑场地的自然地理环境和水文地质条件密切相关，这些在评价时都应考虑。然而，近些年来，随着工农业的迅猛发展，人为因素的影响已到了不可忽视的地步，是地下水腐蚀性评价中值得重视的一个方面。例如，长春市地下水 pH =6.5，一般对混凝土没有腐蚀性，因此，水质评价问题不突出。但随着工农业的发展，尤其工业废渣的堆放和废液的排放，局部形成腐蚀性的问题十分严重，1992 年扩建一汽厂时，场地的粉煤灰堆积厚达 0.5～5.0m，并为废硫酸排放区。如果不研究地下水水质的腐蚀性，采取相应措施，其后果将不堪设想。

4. 预防腐蚀采取的措施

目前，在我国各大中城市，大规模开采地下水，造成地下水位大幅度下降的现象非常普遍，使地下水赋存的环境发生变化，破坏了原来的水文地质条件，导致水化学成分有很大的变化，有可能使地下水从无腐蚀性变为有腐蚀性。此种情况，在评价地下水的腐蚀性中，应予以充分注意。预防腐蚀的措施主要有以下几种。

1)　原材料的选择

(1)　水泥。混凝土的强度和性能主要取决于水泥，一旦遭受腐蚀，强度及性能将不复存在。由于各种水泥的矿物组分不同，因而对各种腐蚀性介质的耐蚀性就有差异，正确选用水泥品种，对保证工程的耐久性有重要意义。

(2)　粗、细集料的耐蚀性和表面性能对混凝土的耐蚀性能具有很大影响。混凝土中所采用的粗细集料，应保证致密，同时控制材料的吸水率以及其他杂质的含量，确保材质状况良好。

(3)　搅拌及养护用水。考虑其对混凝土及砂浆强度的耐久性影响，应正确选择混凝土搅拌及养护用水，检查其杂质情况，目前主要采用自来水，严禁采用海水和井水。

(4)　外加剂。在拌制混凝土过程中掺入外加剂，可以改善混凝土的性质，如提高混凝土的密实性或对钢筋的阻锈能力，从而提高混凝土结构的耐久性，如阻锈剂、密实剂、早强剂等。由于外加剂的化学组成中的氯盐可能使混凝土结构中的钢筋脱钝，给结构物带来隐患。在选择外加剂时需对其中氯盐的含量进行检测，并做相关实验。

2)　混凝土配合比的设计

提高混凝土自身的防腐性能，主要是提高其密实性和抗中性化能力，一般混凝土的强度等级≥C25，对于预应力混凝土结构，其强度等级≥C35。为合理减少水泥和混凝土中碱的含量，应尽量采用低碱水泥。同时合理使用粉煤灰、矿渣等矿物掺和料，这也是提高混凝土抗裂和耐久性能的重要途径。

3) 对基础、基础梁的表面采取防护措施

对处在强、中等腐蚀性环境中的基础，应设碎石灌沥青或沥青混凝土的耐腐蚀垫层。基础梁的表面贴环氧沥青玻璃布两层或贴沥青玻璃布两层或涂环氧沥青厚浆型涂料两遍。

4) 加强混凝土养护

控制混凝土表面裂缝，确保施工质量，对防腐蚀也能起到一种加强作用。

此外，防止、降低地下水污染也是降低地下水腐蚀的一个重要方面。对于个别严重腐蚀的区域采用桩基础时，除了对桩身采用防腐蚀措施，如表面用沥青类、高分子树脂等涂膜防护外，也可以采用场地降水、排水换土等。

随着人类对环境的改变，对地下水腐蚀的防治应该越来越趋向于环保、高效的科学方式，改善水环境，减少水污染应该得到更多的重视。

4.6.2　渗流对工程的影响

流体在孔隙介质中的流动称为渗流，水在地表下发生在土壤或岩石孔隙中的渗流也称为地下水流动。渗流现象广泛存在于给水排水工程、环保工程、水利水电工程，这是必须对渗流规律和特点有所认识和了解的原因。

地下水流动是一种受到多种因素影响的复杂流动现象，其流动规律与土壤介质结构有关，也与水在地下的存在状态有关，下面对这两个方面的问题进行介绍。

由于土壤的结构特征决定渗流特征，据此可以对土壤分类。在一个给定方向上渗流特征不随地点而变化的土壤称为均质土壤，否则称非均质土壤。在各个方向上渗流特性相同的土壤称为各向同性土壤，否则称为各向异性土壤。严格地说，只有等直径圆球形颗粒规则排列的土壤才是均质各向同性土壤，但是，为简化分析，通常可以假设工程问题的实际土壤也具有这些特性。

土壤的疏密程度，即土壤中孔隙总体积大小用孔隙率 n 表示，n 指一定体积土壤中孔隙体积与总体积(土壤中固态颗粒的体积与孔隙体积之和)的比值，显然，孔隙率大的土壤，其透水性强，渗流更易于发生。

土壤颗粒的均匀程度用土壤的不均匀系数 η 表示：

$$\eta = \frac{d_{60}}{d_{10}}$$

式中，d_{60} 表示土壤被筛分时，保证占重量 60%的土壤能通过的筛孔的直径，d_{10} 对应能通过 10%重量土壤的筛孔。η 显然大于 1，这一比值越大，土壤越不均匀，透水性越差。

水以气态水、附着水、薄膜水、毛细水和重力水五种形态存在于土壤中，但是前四种水对渗流并不产生影响，它们可以被认为是土壤中静态形式的水。参与地下水流动的主要是在重力作用下运动的重力水，重力水在地下水中所占比重最大，本章中讨论的渗流流动规律实际是指重力水的运动规律。

工程中渗流含水层下的不透水地基表面一般假定为一个倾斜平面，并以 i 表示其坡度，称为底坡，底坡值为倾斜面与水平面夹角的正弦值。不透水层地基上的无压渗流与地面明渠流有相似之处，渗流含水层的上表面称为浸润面，其上各点处压强相等，这一压强值可认为等于大气压，这是无压渗流这一概念的来源。如果渗流流域广阔，过水断面(近似取为铅垂面)成为宽阔的矩形，这种渗流是二维的。顺流所作铅垂面与浸润面的交线称为浸润线，如图 4-6 所示。

无压渗流可以分为均匀流与非均匀流，非均匀流又可以分成渐变渗流与急变渗流。均匀渗流指渗流水深、流速、过水断面面积形状与大小顺流不变的渗流。本节只介绍比较简单的渗流的一些特征。

在均匀渗流中，地下水从上游断面流动到下游断面时，单位重量的水的位能沿程下降，其值等于水力损失，因此，均匀渗流的水力坡度 J 必然等于底坡 i。在渗流方向上应用达西定律，可以计算各断面的平均流速 v：

$$v = kJ = ki$$

渗流量 Q 为

$$Q = vA_0 = kiA_0$$

式中，A_0 为地下渗流过水断面面积。

图 4-7 所示为一渐变渗流。由于水深沿程变化，渗流的浸润线不再与不透水层上表面相平行。取两个距离为 d_s 的过水断面，和明渠渐变流一样，两断面之间的流线基本平行，长度基本相等，流线大体为直线，且沿同一流线水力损失相等。现水力坡度中两要素，即流程长度和沿程水力损失在不同流线上基本相等，因而水力坡度 J 基本为常数。达西定律显然也适合同一流线，因而同一断面上各点速度 u 也相等，这种条件下，各点 u 值显然等于由达西公式决定的断面速度平均值 v：

$$u = v = kJ$$

即为裘皮依公式。

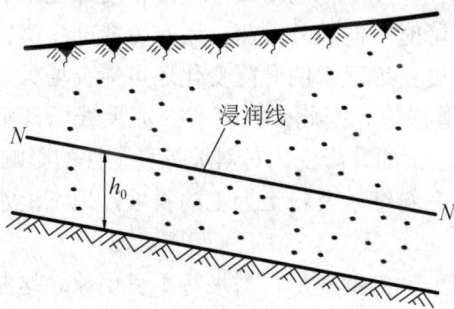

图 4-6　渗流浸润线　　　　图 4-7　渐变渗流

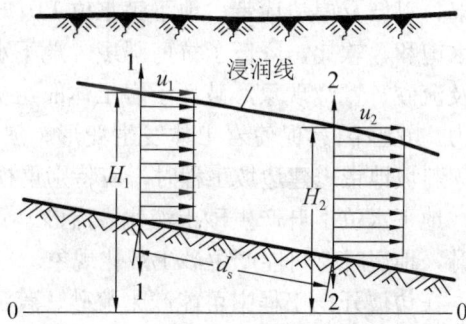

裘皮依公式和达西公式形式上相同，但它们是有区别的。达西公式适用均匀流，裘皮依公式则用于渐变渗流，在流经不同地点处，水力坡度 J 可能不等。达西公式决定的速度 v 指断面平均流速，裘皮依公式决定的流速 u 既指断面平均速度，也指断面各点速度。

渐变流的两个距离较大的过水断面上速度分布剖面均为矩形，但由于水深不等，为通过同一流量，水深较小的断面上速度比较大，矩形较宽。

在渗水层地基上以不透水材料建造的水工建筑物底平面每点处都作用有地下水产生的向上的压强，它们的合力方向也向上，称为建筑物底平面上扬压力。这一压力显然会影响建筑物的稳定性，有必要对扬压力值做出估计。

图 4-8 所示为一建筑在渗水层中的低坝，坝体上、下游水深分为 h_1 和 h_2，地下水将在坝底形成一向上的分布压强，这一压强平均值可以取水深 h_1 和 h_2 产生的静压力平均值：$\frac{\gamma}{2}(h_1 + h_2)$，于是单宽坝体受到的扬压力 p_Z 为

$$p_Z = \frac{\gamma}{2}(h_1 + h_2)$$

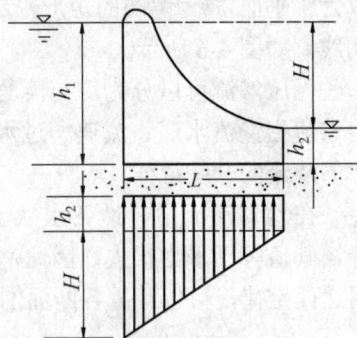

图 4-8 扬压力

地下水渗流除了在建筑物底面产生扬压力影响建筑物稳定性外，还可能引起渗水层地基变形，影响建筑物安全，其中典型的隐患为管涌和流土。

(1) 管涌。在非黏性土壤中，当渗流速度达到一定值时，渗流水将把部分细小颗粒冲刷带走，土壤中孔隙变大，使得渗流水速增加，这样反复作用的结果是，会在地基中产生过流通管，严重影响建筑物安全，这种现象称管涌。

(2) 流土。在黏性地基中，由于土壤结构较紧密，土壤颗粒一般不会被渗流冲动携带，如果地下水压力过大，有可能在局部区域产生向上压力而使地基上抬，这种现象称流土，同样是一种安全隐患。

4.6.3 地下水位变化的影响

地下水位升降会引起斜坡岩土体产生变形、滑移、崩塌失稳等不良地质现象。在河谷阶地、斜坡及岸边地带，地下潜水位上升时，岩土体浸湿范围增大，浸湿程度加剧，岩土被水饱和、软化，降低了抗剪强度；地下水位下降时，向坡外渗流，还有可能产生潜蚀作用及流砂、管涌现象，破坏了岩土体的结构和强度；地下水的升降变化还可能会增大动水压力。这些因素促使岩土体发生变形、崩塌、滑移等。因此，在河谷、流溪线、江河岸边、斜坡地带修建边坡工程时，应特别重视地下水位的升降变化对斜坡等稳定性的影响。

地下水位上升产生砂土液化、流砂、管涌。在粉细砂及粉土为主的斜坡，地下潜水位上升，地震时有可能产生砂土液化现象。

在边坡开挖工程中可能产生流砂、管涌、底鼓、侧壁变形、坍塌等不良现象。这些现象不仅降低了边坡的自稳能力，而且给施工带来很大的困难。

(1) 浮力作用的影响。水深与地下构筑物所承受的总浮力成正比，超过设计最高水位，构筑物将浮起或破坏。

(2) 潜蚀作用的影响。潜水水位受降雨、潮汛、冻融、地表水的影响有所变化。例如，上海年平均水位埋深 0.5～0.7m，潜水水位埋深 0.3～1.5m。微承压水、承压水的水头，均低于潜水水位，年旱周期性变化，埋深一般为 3.0～11.0m。微承压含水层呈带状不连续分布，局部地区与潜水层或承压水层连通。潜蚀作用可分为机械潜蚀和化学潜蚀两种。机械潜蚀是指土粒在地下水的动水压力作用下受到冲刷，将细粒冲走，使土的结构被破坏，形成洞穴的作用。化学潜蚀是指地下水溶解土中的易溶盐分，使土粒间的结合力和土的结构被破坏，土粒被水带走，形成洞穴的作用。地下工程在自流排水或机械排水降低地下水位时，很容易引起潜蚀作用。潜蚀作用将会掏空地基，不仅使地下工程地基失稳，

而且往往会引起地表塌陷，危及地面建筑的安全，因此，地下工程在采用排水法防水时，要注意避免发生潜蚀作用。在一般情况下，城市中的地下工程不应依赖机械降水法防水。自流排水的工程，如出现潜蚀作用时，应在排水沟、管上设置反滤层，以避免土粒随水流一起排走。

(3) 对地下结构强度和耐久性的影响。地下水位在地下工程埋置范围内变化，使衬砌结构湿润和干燥交替更迭，将会降低工程结构材料的耐久性。地下水无环境污染时，对混凝土膨润土一般无腐蚀性。对有酸、碱污水污染的场地，应进行地下水对混凝土和钢铁材料的腐蚀性试验。污染严重的场地尚应进行地基土对混凝土和钢、铸铁材料的腐蚀性试验。以便对地基进行处理，对地下结构进行防护。

(4) 对地基强度的影响。地下水位在地下工程基础底面以下某一范围内变化，能影响到工程的安全。因为地下水位上升时，水浸湿软化岩土，地基土强度降低，压缩性增大，使地下工程产生较大的变形，特别是湿陷性黄土和膨胀土、膨润土对结构稳定性影响更为严重。当深基坑下有不透水层或弱透水层，且其下又有承压水时，应根据需要，量测承压水水头高度，评估基坑突涌的可能性。对需进行排水疏干的基坑工程，应提供不小于 2.5 倍基坑开挖深度范围内土层的渗透性指标。基坑开挖深度内有粉性土或砂土时，应对地下水的(特别是地下水位变化的)不良作用做出评估。地下水水温，近地表 4.0m 深度范围内随气温而变化，埋深在 4.0m 以下随深度略有递增，一般可达 16～18℃。

本 章 小 结

本章详细介绍了地下水的物理性质与化学性质、地下水的类型、地下水运动的基本规律、地下水的补给、径流和排泄以及地下水对土木工程建设的影响。通过学习可以对地下水与工程的关系进行清楚的了解与掌握。

思考与练习

1. 填空题

(1) 根据地下水的腐蚀性指标及其对混凝土的腐蚀特征，可以将腐蚀分为_____、_____、_____三类。

(2) 坚硬岩石在多种地质营力的作用下，会产生_____、_____、_____三类裂隙。

(3) 岩石在形成过程中_____而产生的原生裂隙中赋存的地下水称为_____。

(4) 地下水是贮存于包气带以下地层孔隙，包括_____、_____和_____的水。

(5) 地下水按赋存形式可以分为_____、_____和_____三类。

(6) 存在于地基中的地下水，在一定的压力差作用下，将透过土中_____，这种现象称为渗流或渗透。

高等院校立体化创新规划教材

2. 简答题

(1) 简述地下水渗流对地下工程施工的影响。

(2) 简述岩石中裂隙水对地下工程的影响。

(3) 简述地下水的物理性质与化学性质。

(4) 防治地下水的方法有哪些？

(5) 水文地质勘查方法有哪几种？

第 5 章　土的基本特征

本章导读

本章将详细介绍土的组成及其结构与构造、土的物理性质指标、土的物理状态指标、地基土(岩)的工程分类等内容。通过这些内容，可以让读者对土及其工程性质有更加深刻的认识和了解。

学习目标

- 掌握土的基本物理性质。
- 掌握黏性土的稠度与可塑性。
- 了解土的工程分类。

土的基本特征.mp4

5.1　土的组成及其结构与构造

土是岩石经物理风化和化学风化作用的产物，是由各种大小不同的土粒按各种比例组成的集合体。本节主要讨论土的物质组成、土中的固体颗粒、土中的水、土中的气以及它们之间的关系等。

土的组成及其结构与构造.mp4

5.1.1　土中的固体颗粒

土中的固体颗粒是土的固相。土的固相物质包括无机矿物颗粒和有机质。土中的矿物成分可以分为原生矿物和次生矿物两大类。原生矿物是在岩浆冷凝过程中形成的矿物，如石英、长石、云母等。次生矿物是由原生矿物经过风化作用形成的新矿物，主要分为黏土矿物和难溶盐类。难溶盐类有 $MgCO_3$ 和 $CaCO_3$。黏土矿物的主要代表性矿物为高岭土、伊利土和蒙脱土，其中蒙脱土亲水性最强，最不稳定，而高岭土最稳定。

1. 土的颗粒特性

土的大小称为粒度。土的粒度成分是指土中各种不同粒组的相对含量(以干土质量的百分比表示)，它可用来描述土中不同粒径土粒的分布特征。

2. 粒度成分的表示方法

1) 表格法

表格法是以表格形式直接表达各粒组的相对含量。表格法包括两种表示方法，一种是以累计含量百分比表示，另一种是以粒组表示。

2) 累计曲线法

累计曲线法是一种图示表示方法，通常采用半对数纸绘制，横坐标(按对数比例尺)表示某一粒径，纵坐标表示小于某一粒径的土粒的重量占总土重量的百分数。

3) 粒度成分分析方法

(1) 筛分法。筛分法是用一套不同孔径的标准筛把各种粒组分离出来。这种方法适合于粗粒土,对很细的瑕疵却无法分离出来,这是因为工艺上无法生产出很细的筛布。根据最新标准,筛的最小孔径是 0.075 mm。

(2) 水分法。水分法是根据土粒在悬浊液中沉降的速度与粒径的平方成正比来确定各粒组的相对含量的方法。这种方法适合于细粒土。

5.1.2　土中的水

组成土的主要成分是土中水(见图 5-1)。在自然条件下,土中总是含水的。土中水可以处于液态、固态或气态。土中细粒越多,即土的分散度越大,水对土的性质的影响也越大。研究土中水,必须考虑水的存在状态及其与土粒的相互作用。存在于土粒矿物的晶体格架内部或是参与矿物构造中的水称为矿物内部结合水,它只有在比较高的温度(80~68℃,随土粒的矿物成分不同而异)下才能转化为气态水而与土粒分离,从土的工程性质上分析,可以把矿物内部结合水当作矿物颗粒的一部分。

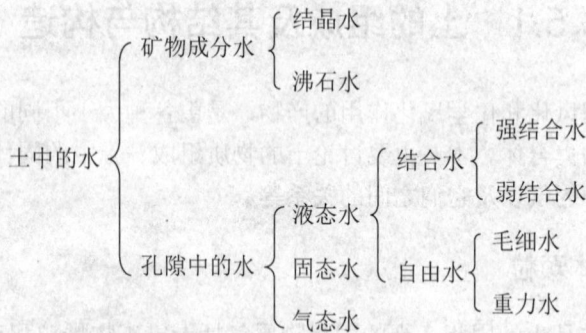

图 5-1　土中的水

1. 结合水

结合水又可分为强结合水和弱结合水。黏土颗粒表面通常带负电荷,在土粒电场范围内,极性分子的水和水溶液中的阳离子,在静电引力作用下,被牢牢吸附在土颗粒周围,形成一层不能自由移动的水膜,这种水称为结合水。其性质近于固体,不能传递静水压力,具有极大的黏滞性、弹性和抗剪强度,熔点为 105℃左右。当黏土中只含强结合水时,黏土呈固体状态,磨碎后呈粉末状态。

(1) 强结合水存在于最靠近土颗粒表面处,水分子和水化离子排列非常紧密,以至于密度大于 1,并有过冷现象(即温度降到 0℃以下也不发生冻结现象)。

(2) 弱结合水是距土粒表面较远地方的结合水,位于强结合水的外围,仍受到一定程度的静电引力作用,占结合水膜的大部分。其性质呈黏滞体状态,不能传递静水压力,但当相邻土颗粒水膜厚度不等时,水能从水膜较厚的颗粒移向水膜较薄的颗粒。当土中含有较多的弱结合水时,即表现为高塑性、易膨胀收缩性、低强度和高压缩性。因为引力降低,弱结合水的水分子的排列不如强结合水紧密,可能从较厚水膜或浓度较低处缓慢地迁移到较薄的水膜或浓度较高处,亦可从一个土粒周围迁移到另一个土粒的周围,这种运动与重力无关，这层不能传递静水压力的水定义为弱结合水。

结合水因离颗粒表面远近不同，受电场作用力的大小也不同，所以分为强结合水和弱结合水。结合水在土中的含量主要取决于土的比表面的大小。要理解水的相互作用关系，才能掌握土的工程性质。

2. 自由水

自由水分为重力水和毛细水。

1) 重力水

重力水是受重力作用，在土的孔隙中流动的水。重力水常处于地下水位以下。与一般水一样，重力水可以传递静水压力和动水压力；具有溶解能力，可溶解土中的水溶盐，使土的强度降低，压缩性增大；可以对土颗粒产生浮托力，使土的重度减小；还可以在水头差的作用下形成渗透水流，并对土粒产生渗透力，使土体发生渗透变形。

2) 毛细水

毛细水是由于水分子与土粒表面之间的附着力和水表面张力的作用，地下水将沿着土中的细小通道逐渐上升，形成一定高度的毛细水水带。在工程实践中应注意：毛细水的上升可能使地基浸湿，使地下室受潮或使地基、路基产生冻胀，造成土地盐渍化等问题。

5.1.3　土中的气体

土的孔隙中没有被水占据的部分都是气体。

1. 土中气体的来源

土中气体除来自空气外，也可由生物化学作用和化学反应所生成。

2. 土中气体的特点

(1) 土中气体除含有空气中的主要成分 O_2 外，含量最多的是水汽，还有 CO_2、N_2、CH_4、H_2S 等气体，并含有一定的放射性元素。

(2) 土中气体 O_2 含量比空气中少。空气中 O_2 为 20.9%，土中 O_2 为 10.3%，土中 CO_2 含量比空气中的含量高很多；空气含量为 0.03%，土中气体为 10%；土中气体中放射性元素的含量比在空气中的含量大 2000 倍。

3. 土中气体类型

土中气体类型按其所处状态和结构可分为以下几大类：吸附气体、溶解气体、自由气体及密闭气体。

1) 吸附气体

由于分子引力作用，土粒不但能吸附水分子，而且能吸附气体，土粒吸附气体的厚度不超过 2～3 个分子层。土中吸附气体的含量取决于矿物成分、分散程度、孔隙率、湿度及气体成分等。在自然条件下，在沙漠地区的表层中可能遇到比较大的气体吸附量。

2) 溶解气体

溶解气体在土的液相中主要溶解有 CO_2、O_2、水汽(H_2O)，其次为 H_2、Cl_2、CH_4；其溶解数值取决于温度、压力、气体的物理化学性质及溶液的化学成分。

高等院校立体化创新规划教材

溶解气体的作用主要有以下几种。

(1) 改变水的结构及溶液的性质，对土粒施加力学作用；

(2) 当温度、气压增高时，在土中可形成密闭气体；

(3) 可加速化学潜蚀过程。

3) 自由气体

自由气体与大气连通，对土的性质影响不大。

4) 密闭气体

密闭气体的体积与压力有关，压力增大，则体积缩小；压力减少，则体积增大。因此密闭气体的存在增加了土的弹性。密闭气体可降低地基的沉降量，但当其突然排出时，会导致地基基础与建筑物的变形。密闭气体在不可排水的条件下，由于密闭气体可压缩性会造成土的压密。密闭气体的存在能降低土层透水性，阻塞土中的渗透通道，减少土的渗透性。

5.1.4 土的结构和构造

1. 土的结构

土颗粒之间的相互排列和联结形式，称为土的结构，包括单粒结构、蜂窝结构、絮状结构。

1) 单粒结构

粗颗粒土，如卵石、砂等，在沉积过程中，每一个颗粒在自重作用下，单独下沉，达到稳定状态。

2) 蜂窝结构

当土颗粒较细，在水中单个下沉，碰到已沉积的土粒，由于土粒之间的分子引力大于颗粒自重，则下沉土粒被吸引，不再下沉，形成很大孔隙的蜂窝状结构。

3) 絮状结构

在水中长期悬浮并在水中运动时，形成小链环状的土集粒而下沉，这种小链环碰到另一小链环被吸引，形成大链环状的絮状结构。

上述三种结构中，以密实的单粒结构土的工程性质最好，蜂窝结构其次，絮状结构最差。后两种结构土，如因扰动破坏天然结构，则强度低、压缩性大，不可用作天然地基。

2. 土的构造

同一土层中，土颗粒之间相互关系的特征称为土的构造，常见的包括层状构造、分散构造、结核状构造、裂隙状构造。

1) 层状构造

土层由不同颜色、不同粒径的土组成层理，平原地区的层理通常为水平方向。层状构造是细粒土的一个重要特征。

2) 分散构造

土层中土粒分布均匀，性质相近，如砂、卵石层为分散构造。

3)　结核状构造

在细粒土中掺有粗颗粒或各种结核，如含礓石的亚黏土、含砾石的冰碛黏土等均属结核状构造，其工程性质取决于细粒土部分。

4)　裂隙状构造

土体中有很多不连续的小裂隙，有的硬塑与坚硬状态的黏土为此种构造。裂隙强度低，渗透性高，工程性质差。

3. 土的特性

土与其他连续介质材料相比，具有下列三个特性。

(1)　压缩性大。

(2)　强度低。土的强度指抗剪强度，土的强度比其他建筑材料低得多。

(3)　透水性大。由于土体中固体矿物颗粒之间具有无数的孔隙，孔隙是透水的，因此土的透水性很大。尤其是粗颗粒的无黏性土，如卵石透水性极大。

4. 土的工程性质的差异

(1)　沉积年代。沉积年代越长，土的工程性质越好。湖、塘、沟、谷与河海滩地段新近沉积的黏性土和五年以内的人工新填土，强度低、压缩性大。

(2)　沉积的自然地理环境。我国地域辽阔，地形高低、气候冷热、雨量多少，各地相差很大。土生成的自然地理环境不同，其工程性质差异也很大。

【案例分析】

2007 年 4 月 27 日，青海省西宁市银鹰××公司基地边坡支护工程施工现场发生一起坍塌事故，造成 3 人死亡、1 人轻伤，直接经济损失 60 万元。

该工程拟建场地北侧为东西走向的自然山体，坡体高 12～15m，长 145m，自然边坡坡度 1∶0.5～1∶0.7。边坡工程 9m 以上部分设计为土钉喷锚支护，9m 以下部分为毛石挡土墙，总面积为 2000m²。其中毛石挡土墙部分于 2007 年 3 月 21 日由施工单位分包给私人劳务队(无法人资格和施工资质)进行施工。

4 月 27 日上午，劳务队 5 名施工人员人工开挖北侧山体边坡东侧 5m×1m×1.2m 毛石挡土墙基槽。16 时左右，自然地面上方 5m 处坡面突然坍塌，除在基槽东端作业的 1 人逃离之外，其余 4 人被坍塌土体掩埋。

根据事故调查和责任认定，对有关责任方做出以下处理：项目经理、现场监理工程师等责任人分别受到撤职、吊销执业资格等行政处罚；施工、监理等单位分别受到资质降级、暂扣安全生产许可证等行政处罚。

事故原因分析如下。

1. 直接原因

(1)　施工地段地质条件复杂，经过调查发现，事故发生地点位于河谷区与丘陵区交接处，北侧为黄土覆盖的丘陵区，南侧为河谷地 2 级及 3 级基座阶地。上部土层为黄土层及红色泥岩夹变质砂砾，下部为黄土层黏土。局部有地下水渗透，导致地基不稳。

(2)　施工单位在没有进行地质灾害危险性评估的情况下，盲目施工，也没有根据现场的地质情况采取有针对性的防护措施，违反了自上而下分层修坡、分层施工工艺流程，从而导致了事故的发生。

2. 间接原因

(1) 建设单位在工程建设过程中，未做地质灾害危险性评估，且在未办理工程招投标、工程质量监督、工程安全监督、施工许可证的情况下组织开工建设。

(2) 施工单位委派不具备项目经理执业资格的人员负责该工程的现场管理。项目部未编制挡土墙施工方案，没有对劳务人员进行安全生产教育和安全技术交底。在山体地质情况不明、没有采取安全防护措施的情况下冒险作业。

(3) 监理单位在监理过程中，对施工单位资料审查不严，对施工现场落实安全防护措施的监督不到位。

5.2 土的物理性质指标

土的物理性质指标包括土的三相以及三相之间的关系、状态等。土的三相比例指标是其物理性质的反映，但与其力学性质有内在联系，显然固相成分的比例越高，其压缩性越小，抗剪强度越大，承载力越高。

土的物理性质
指标.mp4

5.2.1 土的三相

土的三相组成是指土由固体矿物、水和气体三部分组成。土中的固体矿物构成土的骨架，骨架之间存在大量孔隙，孔隙中充填着水和空气。

土的三相比例：同一地点的土体，它的三相组成的比例不是固定不变的。因为随着环境的变化，土的三相比例也发生相应的变化。例如，天气的晴雨、季节变化、温度高低以及地下水的升降等，都会引起土的三相之间的比例产生变化。

土体三相比例不同，土的状态和工程性质也随之各异。

(1) 固体+气体(液体=0)为干土，此时黏土呈坚硬状态。

(2) 固体+液体+气体为湿土，此时黏土多为可塑状态。

(3) 固体+液体(气体=0)为饱和土。此时松散的粉细砂或粉土遇强烈地震，可能产生液化，而使工程遭受破坏；黏土地基受建筑荷载作用发生沉降，有时需几十年才能稳定。

由此可见，研究土的各项工程性质，首先需从最基本的、组成土的三相(即固相、液相和气相)本身开始研究。

1. 土的固相

土的固相物质包括无机矿物颗粒和有机质，是构成土的骨架的最基本物质，称为土粒。对土粒应从其矿物成分、颗粒的大小和形状来描述。

1) 土的矿物成分

土中的矿物成分可以分为原生矿物和次生矿物两大类。

(1) 原生矿物是指岩浆在冷凝过程中形成的矿物，如石英、长石、云母等。

(2) 次生矿物是由原生矿物经过风化作用后形成的新矿物，如三氧化二铝、三氧化二铁、次生二氧化硅、黏土矿物以及碳酸盐等。

2) 土的粒度成分(颗粒级配)

天然土是由大小不同的颗粒组成的，土粒的大小称为粒度。工程上常用不同粒径颗粒的相对含量来描述土的颗粒组成情况，这种指标称为粒度成分。

工程上常把大小相近的土粒合并为组，称为粒组。粒组间的分界线是人为划定的，划分时应使粒组界限与粒组性质的变化相适应，并按一定的比例递减关系划分粒组的界限值。

对粒组的划分，我国有关规范均将砂粒粒组与粉粒粒组的界限定为 0.075mm。其余粒组划分标准可参见《岩土工程勘察规范》(GB 50021—2009)和《土的工程分类标准》(GBJ 145—90)等。

土的粒度成分是指土中各种不同粒组的相对含量(以干土质量的百分比表示)，它可用以描述土中不同粒径土粒的分布特征，如表 5-1 所示。

表 5-1 粒组划分标准(GB 50021—94)

粒组名称	粒组范围/mm	粒组名称	粒组范围/mm
漂石粒组	>200	砂石粒组	0.075～2
卵石粒组	20～200	粉粒粒组	0.005～0.075
砾石粒组	2～20	黏粒粒组	<0.005

常用的粒度成分的表示方法是累计曲线法，它是一种图示的方法，通常用半对数纸绘制，横坐标(按对数比例尺)表示某一粒径，纵坐标表示小于某一粒径的土粒的百分含量，如图 5-2 所示。

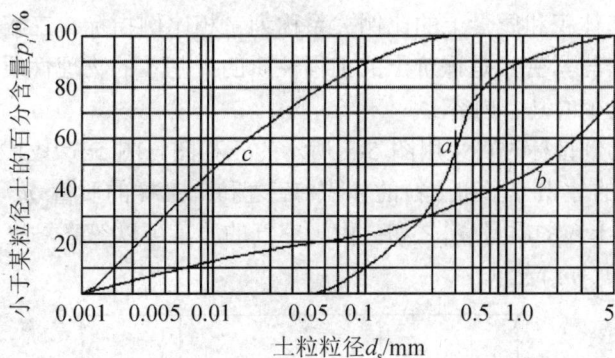

图 5-2 土的累计曲线

在累计曲线上，可确定两个描述土的级配的指标：

$$C_u = \frac{d_{50}}{d_{10}}$$

$$C_s = \frac{d_{30}^2}{d_{10}d_{50}}$$

式中，d_{10}、d_{30}、d_{50} 分别相当于累计百分含量为 10%、30%和 50%的粒径，d_{10} 称为有效粒径，d_{50} 称为限定粒径。不均匀系数 C_u 反映大小不同粒组的分布情况，$C_u<5$ 的土称为匀粒

土，级配不良；C_u 越大，表示粒组分布范围比较广，$C_u>10$ 的土级配良好。如果 C_u 过大，表示可能缺失中间粒径，属不连续级配，故需同时用曲率系数 C_s 来评价。曲率系数是描述累计曲线整体形状的指标。

2. 土的气相

土的气相是指填充在土孔隙中的气体，可分为自由气体、密闭气泡和溶解气体。根据土中是否含气体，将土分为饱和土和非饱和土。含气体的土称为非饱和土，不含气体的土即土中的孔隙全部被水占据的土，称为饱和土。土的气相是指填充在土的孔隙中的气体，包括与大气连通的和不连通的两类。与大气连通的气体对土的工程性质没有太大的影响，它的成分与空气相似，当土受到外力作用时，这种气体很快从孔隙中挤出；但是密闭的气体对土的工程性质有很大的影响，密闭气体的成分可能是空气、水汽或天然气。在压力作用下，这种气体可被压缩或溶解于水中，而当压力减小时，气泡会恢复原状或重新游离出来。含气体的土称为非饱和土，非饱和土的工程性质研究已成为土力学的一个新分支。

3. 土的液相

土的液相是指存在于土孔隙中的水。按照水与土相互作用程度的强弱，可将土中水分为结合水和自由水两大类。这些分类在前面的章节已经介绍，这里不再赘述。

5.2.2 指标的定义

表示土的三相组成比例关系的指标，称为土的三相比例指标，亦即土的基本物理性质指标，包括土的颗粒比重、重度、含水量、饱和度、孔隙比和孔隙率等。

土的三相物质在体积和质量上的比例关系称为三相比例指标。三相比例指标反映了土的干燥与潮湿、疏松与紧密，是评价土的工程性质的最基本的物理性质指标，也是工程地质勘查报告中不可缺少的基本内容。

推导土的三相比例指标时可采用图 5-3 所示的三相图。图 5-3 中土样的体积 V 为土中空气的体积 V_a、水的体积 V_w 和土粒的体积 V_s 之和；土样的质量 m 为土中空气的质量 m_a、水的质量 m_w 和土粒的质量 m_s 之和；由于空气的质量可以忽略，故土样的质量 m 可用水和土粒质量之和 (m_w+m_s) 表示。

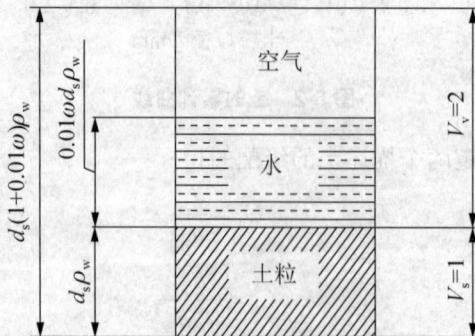

图 5-3　土的三相图

5.2.3　指标间的相互换算

1. 土的三相比例指标换算公式

含水率：$\omega = \dfrac{m_{\mathrm{w}}}{m_{\mathrm{s}}} \times 100\%$

土粒比重：$d_{\mathrm{s}} = \dfrac{m_{\mathrm{s}}}{V_{\mathrm{s}} \rho_{\mathrm{w}}}$

密度：$\rho = \dfrac{m}{V}$

干密度：$\rho_{\mathrm{d}} = \dfrac{m_{\mathrm{s}}}{V}$

饱和密度：$\rho_{\mathrm{sat}} = \dfrac{m_{\mathrm{s}} + V_{\mathrm{v}} \rho_{\mathrm{w}}}{V}$

有效密度：$\rho' = \dfrac{m_{\mathrm{s}} - V_{\mathrm{v}} \rho_{\mathrm{w}}}{V}$

孔隙比：$e = \dfrac{V_{\mathrm{v}}}{V_{\mathrm{s}}}$

孔隙率：$n = \dfrac{V_{\mathrm{v}}}{V} \times 100\%$

饱和度：$S_{\mathrm{r}} = \dfrac{V_{\mathrm{w}}}{V_{\mathrm{v}}} \times 100\%$

2. 试验指标

通过试验测定的指标有土的密度、土粒密度和含水量。

1) 土的密度

土的密度是单位体积土的质量，设土的体积为 V，质量为 m，则土的密度 r 可表示为：$r = m/V$。

土的密度常用环刀法测定，其单位是 g/cm^3，一般土的密度为 1.50～2.20g/cm^3。当采用国际单位制计算重力 W 时，由土的质量产生的单位体积的重力称为重力密度 g，简称为重度(单位为 kN/m^3)，即 $m = rg = 10r$。对天然土求得的密度称为天然密度，相应的重度称为天然重度。

2) 土粒密度

土粒密度是干土粒的质量与其体积之比，即 $r_{\mathrm{s}} = m_{\mathrm{s}}/V_{\mathrm{s}}$。

土粒密度也称为比重，其值可由比重试验求得。土粒密度主要取决于土矿物成分，不同土类的土粒密度变化幅度不大，在有经验的地区可按经验值选用。土粒相对密度是指土的质量与 4℃时同体积水的质量之比，其值与土粒密度相同，但没有单位，在用作土的三相指标计算时必须乘以水的密度值才能平衡量纲。

3) 土的含水量

土的含水量是土中水的质量 m_{w} 与固体(土粒)质量 m_{s} 之比，即 $\omega = m_{\mathrm{w}}/m_{\mathrm{s}} \times 100\%$。

含水量通常以百分数表示。含水量常用烘干法测定，它是描述土的干湿程度的重要指标。土的天然含水量变化范围很大，从干砂的含水量接近于零到蒙脱土的含水量可达百分之几百。

4) 三相指标之间的换算关系

在三相比例指标中，三个试验指标是基本指标，通过试验指标，所有三相比例指标之间可以建立相互换算关系。

下面通过一个例题的解答来进一步理解三相指标之间的换算关系。

【例 5-1】已知土的试验指标为 $g=18\mathrm{kN/m}^3$，$r_\mathrm{s}=2.7\mathrm{g/cm}^3$ 和 $\omega=12\%$，求 V_s、V_v 和 V_w。

解：设土的体积等于 1，则土的重力 $W=gV=18\mathrm{kN}$。

已知土粒的重力 W_s 与水的重力 W_w 之和等于土的重力 W，即 $\omega=W_\mathrm{s}+W_\mathrm{w}$。水的重力 W_w 与土的重力 W_s 之比等于含水量 ω，则 $W_\mathrm{w}=\omega\times W_\mathrm{s}=0.12W_\mathrm{s}$，由此求得土粒的重力 $W_\mathrm{s}=15\mathrm{kN}$。土粒体积 V_s 可由土粒的密度 r_s 和土粒的重力 W_s 求得，其值为 $0.55\mathrm{m}^3$，孔隙的体积 V_v 则为 $0.45\mathrm{m}^3$，水的体积 V_w 由水的重度 g_w 和水的重力 W_w 求得，其值为 $0.18\mathrm{m}^3$。

5.3 土的物理状态指标

土的物理状态指标包括土的物理力学基本指标、无黏性土的密实度、黏性土的稠度以及土的压实原理。通过学习这些，我们可以更加具体地了解土的物理组成。

土的物理状态
指标.mp4

5.3.1 土的物理力学基本指标

土的物理力学基本指标(见表 5-2)主要包括以下几个方面。

(1) 重力密度：土的重力与其体积之比，一般为 $15\sim22\mathrm{kN/m}^3$。

表 5-2 土的物理性态指标一览

名　称	定　义	测定方法/换算公式	指标属性	备　注
不均匀系数	$C_\mathrm{u}=\dfrac{d_{60}}{d_{10}}$	由粒径级配积累曲线确定	粒度指标	$C_\mathrm{u}>5$，不均匀土；$C_\mathrm{u}<5$，均匀土
曲率系数	$C_\mathrm{c}=\dfrac{d_{30}^2}{d_{60}\times d_{10}}$	同上	粒度指标	$1<C_\mathrm{c}<3$，级配连续土；$C_\mathrm{c}>3$ 或 $C_\mathrm{c}<1$，级配不连续土 $C_\mathrm{u}>5$ 且 $1<C_\mathrm{c}<3$，级配良好 $C_\mathrm{u}<5$ 或 $C_\mathrm{c}>3$ 或 $C_\mathrm{c}<1$，级配不良
土粒比重	$G_\mathrm{s}=\dfrac{\rho_\mathrm{s}}{\rho_\mathrm{w}^{4^\circ\mathrm{C}}}$	比重瓶法	物理性质指标——密度指标	无量纲 有机质增加比重减小
天然密度	$\rho=\dfrac{m}{V}$	环刀法	物理性质指标——密度指标	
干密度	$\rho_\mathrm{d}=\dfrac{m_\mathrm{s}}{V}$	$\rho_\mathrm{d}=\dfrac{G_\mathrm{s}\rho_\mathrm{w}}{1+e}=\dfrac{\rho}{1+\omega}$	物理性质指标——密度指标	$\rho_\mathrm{sat}\geqslant\rho\geqslant\rho_\mathrm{d}>\rho'$
饱和密度	$\rho_\mathrm{sat}=\dfrac{m_\mathrm{s}+V_\mathrm{v}\rho_\mathrm{w}}{V}$	$\rho_\mathrm{sat}=\dfrac{G_\mathrm{s}+e}{1+e}\rho_\mathrm{w}$	物理性质指标——密度指标	

名　称	定　义	测定方法/换算公式	指标属性	备　注
浮密度	$\rho'=\dfrac{m_s-V_s\rho_w}{V}$	$\rho'=\rho_{sat}-\rho_w=\dfrac{G_s-1}{1+e}\rho_w$	物理性质指标 ——密度指标	$\rho_{sat}\geqslant\rho\geqslant\rho_d>\rho'$
孔隙比	$e=\dfrac{V_V}{V_s}$	$e=\dfrac{\rho_s}{\rho_d}-1=\dfrac{\rho_s(1+\omega)}{\rho}-1$ $e=\dfrac{n}{1-n}$	物理性质指标 ——密度指标	表征土的松密程度
孔隙率	$n=\dfrac{V_V}{V}$	$n=1-\dfrac{\rho_d}{\rho_s}=1-\dfrac{\rho}{\rho_s(1+\omega)}$ $e=\dfrac{e}{1+e}$	物理性质指标 ——密度指标	同上
含水量	$\omega=\dfrac{m_w}{m_s}(\%)$	烘干法	物理性质指标 ——湿度指标	一般表示为百分数
饱和度	$S_r=\dfrac{V_w}{V_V}(\%)$	$S_r=\dfrac{\omega G_s}{e}$	物理性质指标 ——湿度指标	干土：$S_r=0$ 饱和土：$S_r=1$
相对密度	$D_r=\dfrac{e_{max}-e}{e_{max}-e_{min}}$	e_{max}——松散风干土装在金属容器内按规定方法振动和锤击至密度不再提高 e_{min}——松散风干土通过漏斗轻轻导入容器	物理状态指标 ——密度指标 粗粒土的密实状态指标	$D_r=1$，最密状态 $D_r=0$，最松状态 $0<D_r<1/3$，疏松状态 $1/3<D_r<2/3$，中密状态 $2/3<D_r<1$，密实状态
液性指数	$I_L=\dfrac{\omega-\omega_p}{\omega_L-\omega_p}$	ω——烘干法 ω_p——搓条法 ω_L——液限法	物理状态指标 ——湿度指标 细粒土的稠度状态指标	只适用于重塑土 $I_L\leqslant0$ 坚硬(半固态) $0<I_L\leqslant0.25$ 硬塑 $0.25<I_L\leqslant0.75$ 可塑 $0.75<I_L\leqslant1$ 软塑 $I_L>1$ 流塑
塑性指数	$I_P=\omega_L-\omega_p$	ω_p——搓条法 ω_L——液限法	物理状态指标 ——湿度指标	表征了吸附结合水的能力及黏性大小
灵敏度	$S_t=\dfrac{q_u}{q_u'}$	q_u——原状土无侧限抗压强度 q_u'——重塑土无侧限抗压强度	结构性指标	$S_t=1$ 不灵敏 $1<S_t<2$ 低灵敏 $2<S_t<4$ 中灵敏 $4<S_t<8$ 灵敏 $8<S_t<15$ 很灵敏 $S_t>15$ 流动

(2) 孔隙比：土的孔隙体积与土粒体积之比。

(3) 孔隙率：土的孔隙体积与土的总体积(三相)之比。

(4) 含水量：土中水的质量与干土粒质量之比。

(5) 饱和度：土中水的体积与土中孔隙体积之比。

(6) 界限含水量：黏性土由一种物理状态向另一种物理状态转变的界限状态所对应的含水量。

(7) 液限：土由流动状态转入可塑状态的界限含水量，是土的塑性上限，称为液性界

高等院校立体化创新规划教材

限，简称液限。

(8) 塑限：土由可塑状态转为半固体状态时的界限含水量为塑性下限，称为塑性界限，简称塑限。

(9) 塑性指数：土的液限与塑限之差值，是直接判断土的密实度，也是黏性土的物理指标之一。

(10) 液性指数：土的天然含水量和塑限之差值与塑性指数之比值。

5.3.2 无黏性土的密实度

土的密实度是指单位体积土中固体颗粒的含量。无黏性土如砂、卵石均为单粒结构，它们最主要的物理状态指标为密实度。工程中以下列项目作为划分密实度的标准。

1. 用孔隙比为标准

我国 1974 年颁布的《工业与民用建筑地基基础设计规范》中曾规定以孔隙比 e 作为砂土密实度的划分标准。

用一个指标判别砂土的密实度。同一种土，若密砂的孔隙比为 e_1，松砂的孔隙比为 e_2，则必然有 $e_2 > e_1$。但是仅用一个指标无法直接判断土的密实。例如，两种级配不同的砂，一种是颗粒均匀的密砂，其孔隙比为 e_1；另一种是级配良好的松砂，其孔隙比为 e_2，结果 $e_1 > e_2$，即密砂孔隙比反而大于松砂的孔隙比。

2. 用相对密度评定密实度

为了克服上述用一个指标对级配不同的砂土难以准确判别的缺陷，采用一种砂的最松状态孔隙为 e_{max} 和最密实状态孔隙比 e_{min} 进行对比，以 e 靠近 e_{max} 还是 e_{min} 来判别它的密实度，即相对密度法。相对密度为

$$D_r = (e_{max} - e)/(e_{max} - e_{min})$$

3. 以标准贯入试验 N 为标准

标准贯入试验是在现场进行的一种原位测试，这项试验的方法如下：用卷扬机将质量为 53.5kg 的钢锤提升 75cm 高度，让钢锤自由下落击在锤垫上，使贯入器贯入土中 30cm 所需的锤击数，记为 N。N 值的大小，反映土的贯入阻力的大小，亦即密实度的大小。

5.3.3 黏性土的稠度

黏性土是一种具有可塑状态性质的土。

1. 黏性土的状态

随着含水量的改变，黏性土将经历不同的物理状态。当含水量很大时，土是一种黏滞流动的液体，即泥浆，称为流动状态；随着含水量逐渐减少，黏滞流动的特点渐渐消失而显示出塑性(所谓塑性就是指可以塑成任何形状而不发生裂缝，并在外力解除以后能保持已有的形状而不恢复原状的性质)，称为可塑状态；当含水量继续减少时，则发现土的可塑性逐渐消失，从可塑状态变为半固体状态。如果同时测定含水量减少过程中的体积变化，则可发现土的体积随着含水量的减少而减小，但当含水量很小的时候，土的体积却不再随含水量的减少而减小了，这种状态称为固体状态。

2. 界限含水量

黏性土从一种状态变到另一种状态的含水量分界点称为界限含水量。流动状态与可塑状态间的分界含水量称为液限 ω_L；可塑状态与半固体状态间的分界含水量称为塑限 ω_P；半固体状态与固体状态间的分界含水量称为缩限 ω_s。

塑限 ω_P 是用搓条法测定的。把塑性状态的土在毛玻璃板上用手搓条，在缓慢的、单方向的搓动过程中土膏内的水分渐渐蒸发，如搓到土条的直径为 3mm 左右时断裂为若干段，则此时的含水量即为塑限 ω_P。

液限 ω_L 可采用平衡锥式液限仪测定。平衡锥重为 75g，锥角为 30°。试验时使平衡锥在自重作用下沉入土膏，当 15s 内正好沉入深度 10mm 时的含水量即为液限 ω_L。

5.3.4　土的压实原理

土作为建筑物的基础材料，必须取得与现场有相同条件下的最大干密度时的最佳含水量的试验，才能获得土基的最大压实度，以求建筑物的稳固。

压实试验就是在模拟现场的条件下，利用标准化的压实仪器，测出土的密度和相应的含水量的关系，找出一条关系曲线，这就是压实的真正目的。

土在外力作用下的压实原理用结合实际水膜润滑理论及电化学性质来解释。黏土含水量较低时，由于土粒表面的结合水膜较薄，水处于强结合水状态，土粒间距较小，粒间电的引力占优势，土粒之间的摩擦力、黏结力都较大，土粒相对位移时阻力大，而压不实。随着土中含水量的增大，结合水膜增厚，土粒间距增大，粒间斥力增加，使土变软，引力相对减小，使土粒相互位移而压实。但含水量继续增大至饱和时，土中出现自由水，孔隙中过多水不排出，所以在压实时，土只产生变形，粒间不产生位移，土体的体积不发生变化而压不实。

击料试验是研究土的压实性的基本方法，试验分为轻型与重型两种。轻型压实试验适用于干土粒径小于 5mm 的黏性土，而重型压实试验适用于干粒径不大于 20mm 的土。

压实试验的步骤为：取土样—风干—四分法分土—配制不同含水量的土—分别击实—称重—烘干求含水量—求湿密度—求干密度—绘制曲线。

影响压实效果的因素主要包括含水量、压实功、每层铺土厚度。

5.4　地基土(岩)的工程分类

岩石的工程主要根据岩体的工程性状分类，使工程师建立起明确的工程特性的概念。工程分类应在地质分类的基础上进行，是为了较好地概括其工程性质。这一节就来学习地基土的工程分类。

地基土(岩)的工程
分类.mp4

5.4.1　岩石

1. 定义

颗粒间牢固联结、呈整体或具有节理裂隙的岩体称为岩石。作为建筑物地基，除应确定岩石的地质名称外，还应划分其坚硬程度和完整程度。

2. 分类

1) 按坚硬程度划分

岩石的坚硬程度根据岩块的饱和单轴抗压强度标准值分为坚硬岩、较硬岩、较软岩、软岩和极软岩，如表 5-3 所示。

表 5-3　岩石坚硬程度分类表

坚硬程度	坚硬岩	较硬岩	较软岩	软　岩	极软岩
饱和单轴抗压强度/MPa	$f_{rk} > 50$	$50 \geqslant f_{rk} > 30$	$30 \geqslant f_{rk} > 15$	$15 \geqslant f_{rk} > 5$	$f_{rk} \leqslant 5$

2) 按风化程度划分

(1) 未风化：结构构造未变，岩质新鲜。

(2) 微风化：结构构造、矿物色泽基本未变，部分裂隙面有铁锰质渲染。

(3) 弱风化：结构构造部分破坏，矿物色泽有较明显变化，裂隙面出现风化矿物或出现风化夹层。

(4) 强风化：结构构造出现大部分破坏，矿物色泽有较明显变化，长石、云母等多风化成次生矿物。

(5) 全风化：结构构造全部被破坏。

3) 按岩石完整程度划分

岩石按完整程度可划分为完整、较完整、较破碎、破碎和极破碎，如表 5-4 所示。

表 5-4　岩石完整程度的划分

完整程度	结构面发育程度		主要结构面的结合程度	主要结构面的类型	相应结构类型
	组数	平均间距/m			
完整	1～2	>1	结合好或结合一般	裂隙、层面	整体状或巨厚层状结构
较完整	1～2	>1	结合好或结合一般	裂隙、层面	块状或厚层状结构
	2～3	1～0.4	结合差		块状结构
较破碎	2～3	1～0.4	结合差	裂隙、层面、小断层	裂隙块状或中厚层状结构
	≥3	0.4～0.2	结合好		镶嵌碎裂结构
			结合一般		中、薄层状结构
破碎	≥3	0.4～0.2	结合好或结合一般	各种类型结构面	裂隙块状结构
		≤0.2	结合差		碎裂状结构
极破碎	无序		结合很差		散体状结构

5.4.2　碎石土

1. 定义

碎石土是指粒径大于 2mm 的颗粒含量超过总质量 50%的土，按粒径和颗粒形状可进一步划分为漂石、块石、卵石、碎石、圆砾和角砾。碎石土的密实度一般用定性的方法确定，卵石的密实度可按超重型动力触探的锤击数 N_{120} 划分。

2. 种类

根据土的粒径级配中各粒组的含量和颗粒形状进行分类定名。

颗粒形状以圆形及亚圆形为主的土，由大至小分为漂石、卵石、圆砾三种，颗粒形状以棱角形为主的土，相应分为块石、碎石、角砾三种，共计六种。

碎石类土的鉴定和物理性质：非胶结性土，粒径大于 2mm 的岩石碎块，其含量超过全重(总质量)的 50%，如表 5-5 所示。

表 5-5　碎石类土密实程度划分及野外鉴别

密实程度	骨架和填充物	天然坡和开挖情况	钻探情况
密实	骨架颗粒交错紧贴、连续接触，孔隙填满密实	天然陡坡稳定，坎下堆积物较少，镐挖掘困难，用撬棍方能松动，坑壁稳定，从坑壁取出大颗粒处，能保持凹面形状	钻进困难，冲击钻探时，钻杆、吊锤跳动剧烈，孔壁比较稳定
中密	骨架颗粒疏密不匀，部分不连续，孔隙填满但不甚密实	天然陡坡不易陡立或坎下堆积物较多，但大于粗颗粒的安息角，镐可挖掘，坑壁有掉块现象，从坑壁取出大颗粒处，砂类土不易保持凹面形状	钻进困难，冲击钻探时，钻杆、吊锤跳动不剧烈，孔壁有坍塌现象
稍密	多数骨架颗粒疏密不接触，充填物较多，但较松散	不易形成陡坎，天然坡接近颗粒的安息角，镐可挖掘，坑壁易坍塌，从坑壁取出大颗粒后即落塌	钻进较容易，冲击钻探时，钻杆稍有跳动，孔壁易坍塌
松散	骨架颗粒有较大孔隙，充填物少	天然坡多为主要颗粒的安息角，坑壁易坍塌	钻进中孔壁易坍塌

3. 碎石土分类及其工程性质

碎石土的工程性质与其密实度紧密相关，根据密实度的不同，碎石土可分为以下四种。

1) 密实碎石土

骨架颗粒含量大于总重的 70%，呈交错排列，连续接触。镐挖掘困难，井壁一般较稳定。钻进极困难，冲击钻探时钻杆、吊锤跳动剧烈。这种土为优等地基土。

2) 中密碎石土

骨架颗粒含量等于总重的 50%～70%，呈交错排列，大部分接触。镐可挖掘，井壁有掉块现象，从井壁取出大颗粒处，能保持颗粒凹面形状。钻进较困难，冲击钻探时钻杆、吊锤跳动不剧烈。这种土为优良地基土。

3) 稍密碎石土

骨架颗粒含量等于总重的 55%～50%。排列混乱，大部分不接触。镐可以挖掘，井壁易坍塌，从井壁取出大颗粒后，砂土立即坍落。钻进较容易，冲击钻探时，钻杆稍有跳动。这种土为良好地基土。

4) 松散碎石土

骨架颗粒含量小于总重的 55%，排列混乱，绝大部分不接触。锹易挖掘，井壁极易坍塌。钻进很容易，冲击钻探时，钻杆无跳动，孔壁极易坍塌。这种土不宜直接用作地基土，经密实处理后，可成为良好地基土。常见的碎石土，强度大，压缩性小，渗透性大，为优良的地基土。

5.4.3 砂土

1. 定义

砂土是指土壤颗粒组成中砂粒含量较高土壤。

2. 种类

根据土的粒径级配对粒组含量分类，由大到小砂土分为砾砂、粗砂、中砂、细砂、粉砂五种，如表 5-6 所示。

表 5-6　砂土的分类

土　名	粒组含量
砾砂	大于 2mm 粒径的粒组含量占总重量的 25%～50%
粗砂	大于 0.5mm 粒径的粒组含量超过总重量的 50%
中砂	大于 0.25mm 粒径的粒组含量超过总重量的 50%
细砂	大于 0.075mm 粒径的粒组含量超过总重量的 85%
粉砂	大于 0.075mm 粒径的粒组含量超过总重量的 50%

3. 工程性质

(1) 密实与中密状态的砾砂、粗砂、中砂为优良地基，稍密状态的砾砂、粗砂、中砂为良好地基。

(2) 粉砂与细砂要具体分析：密实状态时为良好地基，饱和疏松状态时为不良地基。

5.4.4 粉土

1. 定义

粉土是介于砂土和黏性土之间的过渡性土类，它具有黏性土和砂土的某些特征。粒径大于 0.075 的颗粒含量不超过全重 50% 的土称为粉土。

2. 工程性质

密实的粉土为良好地基土。饱和稍密的粉土，地震时易产生液化，为不良地基。

5.4.5 黏性土

1. 定义

土壤塑性指数大于 10 时，称为黏性土。

2. 种类

按照塑性指数的大小来定名。塑性指数大于 17 为黏土，介于 10～17 之间的为粉质黏土。

3. 工程性质

黏性土的工程性质与其含水率的大小密切相关。硬塑状态的黏性土为优良地基土，流塑状态的黏性土为软弱地基土。

5.4.6　人工填土

1. 定义

由人类活动堆填形成的各类土称为人工填土。人工填土与上述五大类由大自然生成的土的性质不同。

2. 种类

按人工填土的组成物质和堆积年代进行分类定名。

1) 按其组成和成因划分

人工填土按其组成和成因分为下列四种：素填土、压实填土、杂填土、冲填土。

(1) 素填土：由碎石土、砂土、粉土、黏性土等组成的填土。例如，挖防空洞所弃填的土，这种人工填土不含杂物。

(2) 压实填土：经分层压实或夯实的素填土，统称为压实填土。

(3) 杂填土：凡含有建筑垃圾、工业废料、生活垃圾等杂物的填土，称为杂填土。通常，大中小城市地表都有一层杂填土。

(4) 冲填土：由水力冲填泥沙形成的填土，称为冲填土。例如，天津市一些地区为疏潜海河时连泥带水，抽排至低洼地区沉积而形成冲填土。

2) 按人工填土堆积年代划分

按人工填土堆积年代分为老填土和新填土。

(1) 老填土。凡填筑时间超过 10 年，粉土超过 5 年的黏性土，称为老填土。

(2) 新填上。若填筑时间小于 10 年，粉土填筑时间少于 5 年的黏性土，称为新填土。

3. 工程性质

通常，人工填土的工程性质不良，强度低，压缩性大且不均匀。其中压实填土相对较好；杂填土因成分复杂，平面与立面分布很不均匀、无规律，工程性质最差。

例如，北京圆明园西北方向肖家河一带，曾有一大片低洼不毛之地，作为北京市生活垃圾卸填区，经几十年时间逐渐填平。一家房地产开发公司买了这一大片土地修建别墅，发现疏松的生活垃圾厚达 5～10m，使地基处理的费用高于地价。

5.4.7　特殊土

以上六大类岩土，在工业与民用建筑工程中经常会遇到。此外，还有以下几种特殊性

高等院校立体化创新规划教材

质的土与上述六大类岩土不同，需要特别注意。

1. 淤泥和淤泥质土

生成条件：在静水或缓慢的流水环境中沉积，并经生物化学作用形成黏性土或粉土。

物理性质：淤泥的天然含水率 $\omega > \omega_L$，天然孔隙比 $e \geq 1.5$；淤泥质土的天然含水率 $\omega > \omega_L$，天然孔隙比 e 为 1.5～1.0。此类土工程性质压缩性高、强度低、透水性低，为不良地基土。

2. 红黏土和次生红黏土

生成条件：在北纬 33°以南亚热带温湿气候条件下，碳酸盐岩系出露区的岩石。经红土化作用，形成棕红、褐黄等色的高塑性黏土，称为红黏土或次生红黏土。

物理性质：红黏土即塑性指数为 30～50，$\omega_L > 50\%$，$e = 1.1～1.7$，饱和度大于 0.85；红黏土经再搬运后，仍保留红黏土的基本特征，$\omega_L > 45$，为次生红黏土。此类土工程性质是红黏土和次生红黏土通常强度高、压缩性低。因受基岩起伏影响，厚度不均匀，上硬下软。

5.4.8 细粒土按塑性图分类

塑性图以塑性指数为纵坐标，液限为横坐标，如图 5-4 所示。图中有两条经验界线，斜线称为 A 线，它的方程为 $I_P = 0.73(\omega_L - 20)$，它的作用是区分有机土和无机土、黏土和粉土，A 线上侧是无机黏土，下侧是无机粉土或有机土。竖线称为 B 线， $\omega_L = 40$，其作用是区分高塑性土和低塑性土。

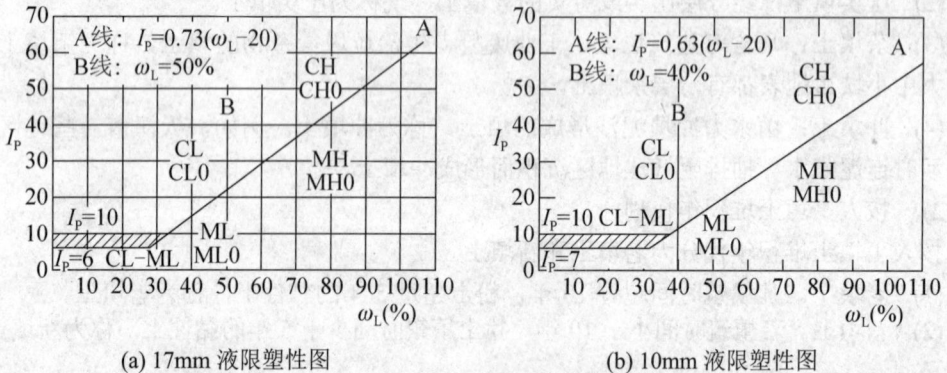

(a) 17mm 液限塑性图　　　　　　　(b) 10mm 液限塑性图

图 5-4 塑性图

在 A 线以上的土分类为黏土，如果液限大于 50，称为高塑性黏土 CH，液限小于 50 的土称为低塑性黏土 CL；A 线以下的土分类为粉土，液限大于 50 的土称为高液限粉土 MH。液限小于 50 的土称为低液限粉土 ML。在低塑性区，如果土样处于 A 线以上，而塑性指数范围为 4～7，则土的分类应给以相应的搭界分类 CL-ML。

本 章 小 结

本章详细介绍了土的组成及其结构与构造、土的物理性质指标、土的物理状态指标、地基土(岩)的工程分类等内容，并结合不同的实例来体现工程地质中土的作用与性质等，让读者对土的性质及其使用有更加深刻的理解。

思考与练习

1. 填空题

(1) 土力学是工程力学的一个分支学科，主要用于＿＿＿＿＿＿、＿＿＿＿＿＿和＿＿＿＿＿＿等工程。

(2) 土力学理论的最早贡献始于 1773 年＿＿＿＿＿＿建立的＿＿＿＿＿定律。

(3) 工程地质学的任务是为各类工程建筑的＿＿＿＿＿、＿＿＿＿＿、＿＿＿＿＿提供地质依据，以便从地质上保证工程建筑的安全可靠、经济合理、使用方便、运行顺利。

2. 选择题

(1) 在土的三相比例指标中，直接通过试验测定的是(　　)。
　　A. 土粒的相对密度、含水量、孔隙比
　　B. 土粒的相对密度、土的密度、孔隙比
　　C. 土粒的相对密度、含水量、土的密度
　　D. 含水量、孔隙比、土的密度

(2) 粒径大于 0.075mm 的颗粒含量超过全重的 50%，且粒径大于 2mm 的颗粒含量不足全重 50%的土为(　　)。
　　A. 碎石土　　　　B. 砂土　　　　C. 粉土　　　　D. 黏土

(3) 下列各项中，(　　)不以塑性指标来定名。
　　A. 黏土　　　　B. 粉质黏土　　　C. 粉土　　　　D. 砂土

(4) 在工程上，对于粒径分别大于 0.075mm 及小于 0.075mm 的土，采用的颗粒级配试验方法为(　　)。
　　A. 均为筛分法　　　　　　　　B. 均为比重计法
　　C. 前者为筛分法，后者为比重计法　D. 前者为比重计法，后者为筛分法

(5) 土的结构为絮状结构的是(　　)。
　　A. 粉粒　　　　B. 碎石　　　　C. 黏粒　　　　D. 砂粒

3. 判断题

(1) 砾与砂的分界粒径是 1mm。　　　　　　　　　　　　　　　　(　　)

(2) 颗粒级配曲线的粒径坐标是采用对数坐标。　　　　　　　　　　(　　)

(3) 某砂的不均匀系数为 10，曲率系数为 5，则该砂为良好级配。　(　　)

高等院校立体化创新规划教材

(4) 级配良好的土，较粗颗粒间的孔隙被较细的颗粒所填充，因而土的密实度较好。

                                                                                   （   ）

(5) 土的含水量为土中水的质量与土的总质量之比。   （   ）

(6) 孔隙比为土中孔隙体积与土粒体积之比。   （   ）

(7) 黏性土中的黏粒含量越多，其塑性指数就越高。   （   ）

(8) 甲土的饱和度大于乙土，则甲土的含水量一定高于乙土。   （   ）

(9) 颗粒大小分析试验中，密度计适用于粒径为 0.075～50mm 的土；筛分法适用于粒径小于 0.075mm 的土。   （   ）

(10) 如果某土的饱和度为 100%，则其含水量为 100%。   （   ）

(11) 对于同一种土，孔隙比或孔隙率愈大，表明土愈疏松，反之愈密实。   （   ）

(12) 土料的最大干密度和最优含水率不是常数。   （   ）

4. 简答题

(1) 土的工程特性包括哪几项？土为何具有这些特性？

(2) 试比较土与混凝土压缩性的区别。

(3) 土由哪几部分组成？土中次生矿物是怎样生成的？

第6章 动力地质作用

本章导读

本章将详细介绍什么是动力地质作用，它们的影响有哪些，对工程地质有什么特殊的影响。通过学习，可以解答读者的这些问题，让读者掌握动力地质的作用。

学习目标

- 掌握动力地质作用的概念。
- 掌握风化作用的概念及作用。
- 掌握河流的地质作用。
- 掌握岩溶的地质作用。

动力地质作用.mp4

6.1 风 化 作 用

风化作用.mp4

风化作用是指地表或接近地表的坚硬岩石、矿物与大气、水及生物接触过程中产生物理、化学变化而在原地形成松散堆积物的全过程。这一节来学习风化作用的相关知识。

6.1.1 风化的类型

风化作用是地表或近地表的岩石和矿物，受温度变化、大气、水和生物作用，发生机械破碎或化学分解，在原地产生碎屑、形成新矿物的作用。可以将其分为物理(机械)风化作用、化学风化作用、生物风化作用。

1. 物理(机械)风化

物理(机械)风化作用：地表岩石因温度变化、孔隙水的冻胀、盐类的结晶等，使岩石崩裂破碎，但化学成分不变，也不形成新矿物，称为物理风化作用。按物理风化作用方式(机理)又可进一步分为以下四种情况。

(1) 岩石的热胀冷缩作用：岩石与其他物质一样，会热胀冷缩，但岩石又为热的不良导体，表层与内部之间温差产生的张力，不同矿物膨胀系数产生的张力，均可使岩石出现裂缝，使岩石破坏剥落。据观察，沙漠地带昼夜温差可达 40℃，岩石上午外热内冷，傍晚内热外冷，如此反复，最终使岩石破碎。

(2) 冰劈作用(冻胀作用、冰楔作用)：岩石裂隙中的水结冰，体积增加(结冰体积可增大 9.2%)，撑裂岩石，机理与北方冬天水管受冻破裂相同。昼夜温差较大的高寒地区，更有利于冰劈作用的进行。

(3) 盐类结晶的撑裂作用：毛细管把可溶性盐类带进岩石裂隙中，水蒸发后盐类结晶(体积可增大 0.5%左右)，天长日久，晶体长大膨胀，使岩石破碎，机理类似冰劈。

(4) 卸载(荷)作用：岩石，特别是岩浆岩形成于深部高压环境，当上覆岩石剥去后，压力减小，高压环境下形成的岩石膨胀产生层裂，发生卸荷作用。例如，河谷深切于基岩或人工采石，都可产生卸荷作用，形成的裂隙称为卸荷节理，常常平行于自由面方向。

此时在这些物理风化的岩层中的化石就很容易被破裂，使化石分离，如果受到地质构造运动，原来完整的化石可能就会分居多地，这样就导致科学研究员由于化石的残缺而研究进展受到限制，甚至判断错误。这在化石形成前的影响很大，由于动植物死亡后已经被埋藏起来，但慢慢地，因为地壳抬升，再经过风化作用，使被埋藏的动植物还没来得及成为化石，又裸露在地表，风吹日晒，又一番风化，最后连动植物被彻底破坏，导致化石不能形成，这也是化石很少的一个原因。

2. 化学风化作用

地表岩石在 H_2O、O_2、CO_2 的作用下发生化学变化，并伴有新矿物的形成，称为化学风化作用。

化学风化作用的产物：新矿物(黏土、褐铁矿等)、矿物碎屑、离子和胶体、水、气体等。化学风化作用的方式主要有以下几种。

1) 溶解作用

溶解作用即含有 O_2、CO_2 等物质的水溶解矿物的作用。矿物的溶解度从大到小：石盐、石膏、方解石、橄榄石、辉石、角闪石、滑石、钾长石、黑云母、白云母、石英。溶解作用的产物为离子、胶体、难溶物质。

2) 水化(水合)作用

矿物吸收水，使水加入自身晶格中，形成含水矿物。例如：

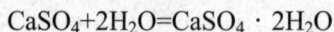

$$CaSO_4 + 2H_2O = CaSO_4 \cdot 2H_2O$$

3) 水解作用

矿物遇水离解成离子，形成含 OH 的新矿物。例如：

$$4K(AlSi_3O_8) + 6H_2O = Al_4(Si_4O_{10})(OH)_8 + 8SiO_2 + 4KOH$$

4) 碳酸化作用

溶解于水中的碳酸与矿物中的金属离子结合成易溶的碳酸盐而使矿物分解。例如：

$$CaCO_3 + H_2O + CO_2 = Ca(HCO_3)_2$$

重碳酸氢钙溶解度是碳酸钙的 30 倍。碳酸岩溶解后，不会留下残留物。

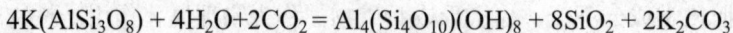

$$4K(AlSi_3O_8) + 4H_2O + 2CO_2 = Al_4(Si_4O_{10})(OH)_8 + 8SiO_2 + 2K_2CO_3$$

5) 氧化作用

矿物中的元素与氧结合。例如：

$$2FeS_2 + 6O_2 + 2H_2O$$

$$2FeSO_4 + 2H_2SO_4$$

$$Fe_2(SO_4)_3 + 4Fe(OH)_3$$

矿物中的变价元素从低价变成高价，例如：

$$4Fe_3O_4 + O_2 + 18H_2O = 12Fe(OH)_3$$

易发生氧化作用的还有辉石、角闪石、黑云母等含铁矿物。三价铁矿物一般难溶于水，呈红色。南方气温高，有利于氧化作用的进行，所以，红土地是南方有别于北方的景观之一。

化学风化作用对化石的影响：因绝大部分化石在石盐、石膏、方解石、橄榄石、辉石、角闪石、滑石、钾长石、黑云母、白云母、石英等岩层中，所以化石很容易在以上的化学风化作用下被破坏，甚至毁灭。这使得许多化石就这样被破坏，给科研工作者的分析、判断带来很大麻烦。

3. 生物风化作用

生物风化作用指生物活动及产物对岩石所起的机械、化学破坏作用。

1) 根劈作用

岩石裂缝中植物根系生长，犹如楔子，使裂缝扩大、岩石破碎；此外，在风的吹动下，岩石裂缝中的树木摇动，犹如杠杆，也能使裂缝扩大、岩石破碎。动物也能产生机械风化作用，达尔文曾经观察到，松散物质被蚯蚓搬运的速率为 $2.5kg/(m^2 \cdot a)$，从地质历史的尺度看，蚯蚓的机械搬运量是十分大的。

2) 新陈代谢产物的破坏

植物、动物和微生物在生长过程中，新陈代谢分泌出各种化合物(如碳酸、硝酸及多种有机酸)，对岩石产生腐蚀作用。研究发现，越低级的植物对岩石破坏作用越大，例如，地衣就极易使矿物分解，因为它们依赖岩石组分的营养。

3) 腐烂分解产物的破坏

生物死亡腐烂分解，产生腐殖质，不但能促进植物生长，也能使岩石发生化学破坏。

4) 生物风化作用对化石的影响

生物风化对化石的影响一般在前期，在化石还未形成之前，例如，某动物在死亡后随着一些植物一起埋藏，而植物中有些成分对此动物会有腐烂作用，导致化石不能发育。

6.1.2 影响风化作用的因素

影响风化作用的因素主要包括气候条件、地形条件、岩石性质等。

1. 气候条件

气候条件主要有温度、降水量和生物繁殖情况，结合纬度和高度。气候寒冷或干燥地区，生物稀少，寒冷地区降水以固态形式为主，干旱地区降水很少。以物理风化作用为主，化学和生物风化作用为次。岩石破碎，但很少有化学风化形成的黏土矿物，以生物风化作用为主形成的土壤也很薄。气候炎热潮湿地区，降水量大，生物繁茂，生物的新陈代谢和尸体分解过程产生的大量有机酸，具有较强的腐蚀能力，故化学风化和生物风化作用都十分强烈，形成大量黏土，在有利的条件下可形成残积矿床，也可形成较厚的土壤层。

2. 地形条件

地形条件包括高度、起伏程度以及山坡地朝向三个方面，结合生物、化学作用。一方面，地形影响气候，间接影响风化作用；另一方面，陡坡上，地下水位低，生物较少，以物理风化作用为主；地势平坦，受生物影响较大，以化学风化作用为主。

3. 岩石性质

1) 成分

(1) 岩浆岩比变质岩和沉积岩易于风化。岩浆形成于高温高压条件下，矿物质种类多(内部矿物抗风化能力差异大)，岩浆岩矿物形成得越早，越易风化。

高等院校立体化创新规划教材

(2) 岩浆岩中基性岩比酸性岩易于风化，基性岩中暗色矿物较多，颜色深，易于吸热、散热。

(3) 沉积岩在地表形成，总体比较稳定。易溶岩石(如石膏、碳酸盐类等岩石)比其他沉积岩易于风化，差异风化：在相同的条件下，不同矿物组成的岩块由于风化速度不等，岩石表面凹凸不平；或由不同岩性组成的岩层，抗风化能力弱的岩层形成相互平行的沟槽，砂岩、页岩互层，页岩呈沟槽。通过差异风化，我们可以确定岩层产状。

2) 岩石的结构构造

(1) 岩石结构较疏松的易于风化；

(2) 不等粒易于风化，粒度粗者较细者易于风化；

(3) 构造破碎带易于风化，往往形成洼地或沟谷。

3) 节理发育

节理发育的节理多，增强岩石的可透性，易风化。被三组以上裂隙切割出来的岩块，外部棱角明显，在风化作用过程中，棱角首先被风化，最后成球状。

6.1.3 岩石风化的防治

岩石风化作用能降低岩石的强度，影响边坡及建筑物地基的稳定，因此，在工程上常需要采取措施来防治岩石的风化。常用的方法有三种。

(1) 覆盖防止风化营力入侵的材料。此办法可以起到隔绝作用。如果要防止水和空气侵入岩石，可用沥青、三合土、黏土以及喷水泥浆或石砌护墙来覆盖岩石表面。施工时先将岩石表面已风化的部分清除，然后在新鲜面上进行覆盖。如果要防止温度变化，可以铺一层黏土或砂，其厚度应超过年温度影响深度 $5\sim10$cm。

(2) 灌注胶结和防水的材料。此方法能提高地基的强度和稳定性。水泥、水玻璃、沥青和黏土浆是封闭和胶结岩石裂缝的好材料，但是，多半需要施加压力才可灌入。

(3) 整平地区，加强排水。此方法主要是以防为主的方法。水是风化作用的活跃因素之一，隔绝水就能减弱岩石的风化速度。岩石的风化速度一般发展比较缓慢，但是对于容易风化的岩石如页岩、泥岩及片岩等在敞开期限较长的情况下(如大型基坑、道路深堑及矿井等)，就必须注意岩石的风化速度。如果发现岩石风化速度较快，就应该通过敞露的探槽进行观察，考虑采取保护基坑或矿井免受风化破坏的措施。有时也可特意不将基坑或路堑底部挖至所设计的深度，直到封闭基坑的施工前才挖至设计深度，这样也能避免基底岩石遭受风化。

6.2 河流的地质作用

河流的地质作用主要包括侵蚀、搬运、沉积等，这些作用的成因不同，所起到的作用也不同。

河流的地质
作用.mp4

6.2.1 河流的侵蚀作用

河流以自身动能并以其搬运的固体物质破坏河床，称为河流的侵蚀作用。

1. 侵蚀作用的方式

1)　溶蚀作用

河水将易溶矿物和岩石溶解，促使河床破坏，主要见于由碳酸岩及盐类岩石组成的地区。

2)　水动力作用

河水的机械冲击力引起河床破坏。就山区的石质河床而言，常因其流速大，流水冲入岩石裂隙并产生强大压力，促使岩石崩裂。对于由松散沉积物构成的河床，其破坏性更大。

3)　磨蚀作用

流水以其携带的泥沙和砾石作为工具，磨蚀河床，使其加宽与变深。即使是石质河床，也难免受其破坏。此外，河水中的砂、砾还互相碰撞与摩擦，不断变细、变圆。

2. 侵蚀作用的方向

河流侵蚀作用按作用方向可分为下蚀、侧蚀和向源侵蚀。

(1)　下蚀作用加深河床，在上游山区刻蚀出宏伟峡谷。

(2)　侧蚀作用拓宽河谷，在中下游区形成蜿蜒曲流和宽坦的谷底平原。

(3)　向源侵蚀使河流向源头延长。溯源侵蚀使河流由小到大，由短变长。它使许多互相分隔、规模较小的流水相互联结起来。将主流与支流以及支流的支流联结成为统一的系统，称为水系。每个水系或水系的一部分都有其流域(河流及支流构成的总区域)。流域与流域之间由山体或高地所分隔。这种分开相邻流域的高地称为分水。此外，一河流向上坡加长的结果可以交切另一条河流，把后者上游的河水截夺过来，这种现象称为河流袭夺。

6.2.2　河流的搬运作用

搬运作用即河水将河流侵蚀作用的产物，来自谷坡上崩落、滑坡和片蚀冲洗下来的产物随水带走，多为机械搬运，大部分搬运物不溶于水。按搬运物的运动方式(取决于河流流速和搬运物本身的大小)分为悬移、跃移和推移三种。随水动力大小的变化，各种搬运方式之间可相互转化。

1. 流水质点的运动方式

流水具有两种流动形式。一种是质点呈平行层状，不互相混合，流动的层与层之间界限不交错，称为层流；另一种是质点以复杂的流线形式交错，质点相互混合，称为紊流。河水的流动形式基本是紊流，只有在流速非常缓慢，或水很浅，河床底平滑时，才发生层流。由于流水具有紊流性质，才能对碎屑物进行有效的搬运。

2. 河流的搬运能力和搬运量

河流能够搬运多大粒径碎屑的能力称为搬运能力。它取决于流速。平坦河床上流速小于 0.18m/s 时，细小的颗粒也难以移动。当流速达 0.60m/s 时，能搬运直径数厘米的颗粒。河流能够搬运碎屑物质的最大量称为搬运量。它取决于流速和流量。其中更重要的是流量。长江在一般的流速下携带的仅是黏土、粉砂和砂，但数量巨大；相反，一条快速的山

高等院校立体化创新规划教材

间河流可以携带巨砾，但搬运量很小。

6.2.3 河流的沉积作用

河流搬运物中的溶运物质及部分细碎屑物质，往往要待搬运入湖海以后，通过海水、湖水的作用发生沉淀，这不属于河流沉积的范围。河流的沉积作用指河流搬运的一部分碎屑物质，在河谷的适当部分由于流速降低而发生的沉积。

河流沉积的物质称为冲积物。冲积物是在流动的水体中以机械方式沉积的碎屑物，具有以下特点：分选性较好，磨圆度较好，成层性较清楚，具有韵律性，具有流水成因的沉积构造：波痕、沙丘交错层理。

河流沉积的主要类型有河床沉积形成的心滩以及边滩与河漫滩沉积和在入海口、入湖口所形成的三角洲(定义见下)沉积。

三角洲是河口部位的沉积体。典型的三角洲见于尼罗河口。当河流入海(湖)时，流速骤减，河水和海水混合，把动能转输给海水；最后因摩擦作用使能量消耗而停止运动，河水即消失。河水消散后失去了搬运物质的能力而发生沉积，形成三角洲。

因河水密度和湖水一样，河水在各个方向上与湖水混合并迅速减速直到停止运动而发生沉积。沉积的一般规律是在近河口处沉积的较粗粒物质，稍远为中粒物质，更远为细粒物质。在典型情况下，湖泊三角洲具有三层结构。随着三角洲向前推进，顶积层上可以形成较为广阔的三角洲平原。构成三角洲的这三个部分在垂直方向上是上下关系，在横向上是距河口远近的关系。海中形成的三角洲比湖中形成的三角洲要复杂，前者的前积层坡度往往要平缓得多，仅仅在几度以内，且三角洲在水平范围上延伸得更远。

海中三角洲的形成需要一定的条件。

(1) 河流的机械搬运量较大，形成三角洲的沉积物能够得到充分补给。

(2) 近河口处坡度缓，海水浅，三角洲易于发展。

(3) 近河口处无强大的波浪和潮流冲刷，沉积物得以充分保存。

三角洲的平面形态多样。黄河三角洲呈扇形。因为黄河在近海处的松散层中形成许多分流，河道围绕三角洲起点左右摆动，频频改道，通过分流的沉积将三角洲不断向渤海方向推进。长江三角洲为鸟嘴状，因为长江只有一条主流入海。其主流的沉积量超过波浪的搬运量，故以主流沉积为主。

三角洲的三层结构。其底部沉积于平坦的湖底，离河口较远，沉积物往往是黏土，产状水平，称为底积层；三角洲的中部沉积于湖盆倾斜的边坡，离河口较近，沉积物较粗，具有向湖心倾斜的原生产状，称为前积层；上部沉积是在湖面附近，主要由河流漫溢而成，沉积物比前两者粗，产状水平，称为顶积层。

河岸淘蚀破坏的防护。首先要确定河岸淘蚀破坏的地段。防护措施可分为两类：一类是直接防护河岸不受冲蚀作用的措施，如抛石、铺砌、混凝土块堆砌、混凝土板、护岸挡墙、岸坡绿化等。另一类是调节径流以改变水流方向、流速和流量的措施。只有综合采用整治与预防措施并举，以及按经济技术指标对比的方法来选择决定方案时，才能取得最大的效益。

6.3　岩溶作用

岩溶作用.mp4

　　喀斯特即岩溶，是水对可溶性岩石(碳酸盐岩、石膏、岩盐等)进行以化学溶蚀作用为主，流水的冲蚀、潜蚀和崩塌等机械作用为辅的地质作用，以及由这些作用所产生的现象的总称。由喀斯特作用所形成的地貌，称喀斯特地貌(岩溶地貌)。

　　喀斯特可划分许多不同的类型。按出露条件分为：裸露型喀斯特、覆盖型喀斯特、埋藏型喀斯特。按气候带分为：热带喀斯特、亚热带喀斯特、温带喀斯特、寒带喀斯特、干旱区喀斯特。按岩性分为：石灰岩喀斯特、白云岩喀斯特、石膏喀斯特、盐岩喀斯特。此外，还有按海拔高度、发育程度、水文特征、形成时期等不同的划分等。由其他不同成因而产生形态上类似喀斯特的现象，统称为假喀斯特，包括碎屑喀斯特、黄土和黏土喀斯特、热融喀斯特和火山岩区的熔岩喀斯特等。它们不是由可溶性岩石所构成的，在本质上不同于喀斯特。

6.3.1　岩溶发育的条件

1. 岩石的可溶性

　　岩石的可溶性主要取决于岩石成分和岩石结构。岩石成分指岩石的矿物成分和化学成分。岩石结构指组成岩石的颗粒(或晶粒)的大小、形状和排列，以及岩石的胶结物性质等。从岩石的成分来看，可溶性岩石基本可分为三类：碳酸盐类岩石、硫酸盐类岩石、卤盐类岩石。

　　就溶解度而言，卤盐＞硫酸盐＞碳酸盐。例如，在 20℃的纯水中，各种可溶盐的溶解量为 NaCl 为 360g/L；$CaSO_4$ 为 0.2g/L；$CaCO_3$ 为 0.015g/L(参考文献《化学与地理》)。但是，卤盐类岩石和硫酸盐类岩石分布不广，岩体较小，而碳酸盐类岩石分布很广，岩体一般很大。所以发育在碳酸盐类岩石中的岩溶较之卤盐类和硫酸盐类岩石中的岩溶要普遍得多。碳酸盐类岩石的矿物质成分主要是方解石 $CaCO_3$ 或白云石 $CaMg(CO_3)_2$，其次是 SiO_2、Fe_2O_3、Al_2O_3，以及黏土物质。石灰石的成分以方解石为主。白云岩的成分以白云石为主。硅质灰岩是含又燧石结核或条带的石灰岩。泥灰岩则为黏土物质与 $CaCO_3$ 的混合物。一般来说，石灰岩比白云岩易溶蚀，白云岩比硅质灰岩易溶蚀，硅质灰岩又比泥灰岩易溶蚀。就碳酸盐的结构而言，它在一定程度上反映了岩石的成因。它的沉积模式与碎屑岩又相似之处。其结构特征与沉积环境密切相关。主要受沉积地区的水流和波浪作用的控制。不同成因类型的碳酸盐类，具有不同的结构类型，不同结构类型又不同程度地影响到岩溶发育。碳酸盐岩结构对岩溶发育的影响，主要是原生孔隙性的影响，一般来说，盆地或大陆架深水区沉积生成的碳酸盐岩孔隙小而少，不利于岩溶发育，而过渡性沉积区生成的碳酸盐岩多孔隙，有利于岩溶发育。

2. 岩石的透水性

　　岩石的透水性取决于岩石的裂隙度和孔隙度。对可溶岩的透水性来说，裂隙度较之孔隙度更为重要。纯灰岩，刚性强，节理虽然稀疏，但裂隙开阔，长而且深，透水性好，所

高等院校立体化创新规划教材

以能发育成大的溶洞。泥质灰岩，刚性弱，节理虽然较密，但裂隙紧闭，而且泥质灰岩经溶蚀后残留很多黏土，常阻塞裂隙，所以透水性较差。石膏与岩盐具有可塑性，节理细微，透水性更差。可溶性岩石，一般有一定的孔隙度，但如果不存在许多开阔裂隙，其透水性是比较差的，但是贝壳灰岩的孔隙大而多，孔隙度很高，因此透水性很强。通常，厚层可溶岩，其中隔水层较少，岩石的裂隙也比较开阔，透水性较好。薄层可溶岩，所夹隔水层较多，裂隙也比较紧闭，透水性较差。褶皱或断裂，使岩石透水性增强，对岩石发育具有一定的控制作用。岩石在褶皱弯曲的过程中，往往产生裂隙，尤其是在褶皱轴部裂隙更加密集和开阔，使透水性更加增强，有利于碳酸盐岩的溶蚀和岩溶发育。背斜顶部有张裂隙，宽度较大，分布深，岩溶以漏斗及竖井等垂直形态为主。相对低洼的向斜轴部下部也有张裂隙，且易积水，多发于地下河，由于洞顶坍塌，又产生漏斗和落水洞，所以向斜轴部垂直和水平通道都易发育。因此，在褶皱区，地表岩溶具有沿褶皱走向呈带状分布的特征。断裂构造常为较大的地表水和地下水汇集的地方，往往发育成管状水道和地下河。此外，可溶岩的岩溶化程度本身也影响岩石的透水性。随着岩溶作用的不断发展，空洞和管道越来越大，越来越多，彼此之间的联系也越来越好，因而岩石的透水性就愈益提高，岩溶作用的条件就越来越好。

3. 水的溶蚀力

纯水的溶解能力是极其微弱的，只有当有 CO_2 加入时，水的溶解能力才有很重要的岩溶意义。所以水的溶蚀力的大小取决于水中 CO_2 含量的多少。水中 CO_2 的来源主要有三个方面：大气中的 CO_2、有机成因的 CO_2、无机成因的 CO_2。水中 CO_2 含量的多少与水温和大气中 CO_2 的分压力有关：水温高，CO_2 含量少；水温低，CO_2 含量高。大气中 CO_2 的分压力越大，水中的 CO_2 含量越高；反之则水中含量就低。

4. 水的流动性

在自然界，不流动的水质很容易达到饱和状态。由于流动性使不同浓度的饱和水溶液相混合产生混合溶蚀作用，故自然界的水才具有较强的溶蚀能力。沿途温度升高或压力降低时，也会使水中的 CO_2 含量减少，故造成碳酸钙的重新沉积，这就是洞穴中宽广的地方沉积景观丰富而狭窄地方沉积少的缘故。

6.3.2 岩溶发育的规律

1. 岩溶发育的地带性

岩溶发育和其他地貌发育一样，都是内营力和外营力共同作用于地表而产生发展的。由地球球体导致太阳辐射能的纬度分布规律，并由此产生的气候、水文、生物、土壤等均有按纬度呈带状分布的特征。岩溶发育在很大程度上受这些因素的影响，从而产生了岩溶发育的地带性规律。

除了纬度水平地带性外，在碳酸盐岩发育的高大山区，从山脚到山顶，水热状况、生物、土壤、温度也随着海拔高度的增加而变化，岩溶发育强烈的，受这些因素的影响，从而也呈现垂直分带性。

按气候带划分，岩溶包括以下几种类型。

1) 冰原带岩溶

冰原带岩溶分布在欧亚大陆和北美大陆北部、北冰洋沿岸、南极大陆及附近岛屿，以及超过 5000m 的山地顶部。这是世界上最冷的一个带，全年气温很低，水分循环和化学作用都很微弱，地表地下岩溶都很不发育，只在石灰岩表面发育一些溶沟。夏季常有一定量的冰雪融化，沿着裂隙渗入地下，常发育少量浅层地下通道和溶洞，在地下水出露处有少量石灰堆积。

2) 寒温带岩溶

寒温带岩溶分布在欧亚大陆和北美大陆北部。夏季温凉，冬季严寒，年降雨量可达 500～600mm，蒸发量小，属湿润地带。地表可发育小型溶沟，地下有永冻层存在，地表水不易下渗，不易发育通道和溶洞。在永冻层厚度不大的地下常有水流，可发育一些通道和溶洞。

3) 温带岩溶

温带岩溶主要分布在南、北半球中纬度地带，干、湿季节明显，有一定降水量，但降水不集中，不利于地表岩溶发育。但植被茂盛、土壤发育较好，因而也有地表岩溶发育。干湿变化明显，湿季有一定雨量，干季机械风化作用强烈，裂隙较发育，有利于地下岩溶的发育。因此，地表一般以溶蚀洼地、残丘、干谷、岩溶泉为主要特征，地下以溶蚀裂隙为主，基本上不能发育成地下暗河系统，可以汇集地下水成为地下富水带，出口多为承压的泉群，汇水范围大，动态稳定，如济南的泉群。

4) 干旱区域岩溶

干旱区域岩溶主要分布在南、北半球副高压带及大陆内部。降雨量很少，蒸发量大，地面植被稀少，地面温度年变化和日变化较大，机械风化强烈，溶蚀微弱，地表岩溶不发育。但地表裂隙发育，降雨和地表径流可迅速进入地下。实践发现，干旱荒漠地区广泛分布有洪积扇和洪积群，可以促进地下凝结水聚集、阻碍地下水蒸发，加速了荒漠地区的现代岩溶进程。在中、低山区，可出现一些小型漏斗和洼地，在风化强烈地区有石芽出露。

5) 热带岩溶

热带岩溶主要分布在低纬、热带地区，是岩溶发育最具规模的一个带。我国热带岩溶分布面积最广，地貌类型多样。

6) 海岸岩溶

在热带沿海地区，岩溶以峰林为主，海浸后，成为无数独立的岩岛，构成海岸的一个特殊类型。岛上的漏斗由地下通道与海水相通，下部受海水溶蚀和侵蚀而发生崖壁崩塌。温带石灰岩海岸只发育小型石芽和溶沟。一般来说，海水温度越高，溶蚀形态发育越完全。另外，海蚀型岩溶的发育更与海水的盐分和海藻类生物有关，其溶蚀主要是一个生物化学过程。

2. 岩溶发育的多代性

在漫长的地质历史时期，由于地壳运动或气候变化，使同一地区的主导外营力与内营力组合发生变化，从而使原来自然条件下发育的岩溶，又在新的条件下向不同于原来的方向发展，这样就会在同一地区产生不同时代、不同条件岩溶地貌发育的叠加、修饰以及不同时代地貌组合的出现，形成岩溶发育的多代性。

高等院校立体化创新规划教材

3. 岩溶发育的阶段性

岩溶地貌的发育和常态侵蚀地貌的发育一样，也有一定的演变顺序，由上升的可溶性岩层组成的高地开始发育，经幼、青、中年期到达老年期，完成一个发展序列，也就是一个岩溶旋回。

1) 岩溶旋回开始阶段

原始地面是常态侵蚀可溶性岩层地面，或是由海水面以下新上升的可溶性岩层顶面。它可能是一个规则的构造面，也可能是一个上升的微起伏的剥蚀面。

2) 幼年期

在原始地面上发育地表水系，岩溶现象主要在地表发育，地面上出现许多石芽和溶沟以及少量漏斗。

3) 青年期

岩溶主要向地下发展，落水洞、漏斗、干谷、盲谷、溶蚀洼地广泛分布，地表水基本上完全被它们吸收并转变为地下水，小的地表水系消失，地下河系发育；只有主河流因侵蚀速度远大于溶蚀速度，仍然存在于地表。

4) 中年期

岩溶发育主要由地下向地表形态转化。由于洞顶塌陷，许多地下河又转为地表河，有大量溶蚀洼地和谷地形成。

5) 老年期

当可溶性岩层下的不透水岩层广泛出露地面，或地面高度接近侵蚀基准面时，地表水流又发育起来，出现泛滥平原，在平原上残留一些孤峰和残丘。

贵州高原上可见大面积的青年期岩溶地貌，桂林、阳朔一带为中年期岩溶地貌，广西贵县、黎塘一带则为老年期岩溶地貌。

在许多地区，并不是等第一个岩溶旋回结束，地壳再上升，开始第二个旋回；而是在第一个旋回发展过程中，或因地壳上升，或因气候变化，或因海面和侵蚀基准面下降，就开始了第二个岩溶旋回。因此，同一地区就产生了不同发育时期的岩溶地貌的叠置和叠加现象。

4. 岩溶发育的不均匀性

(1) 岩溶现象大面积发生在岩溶化地面与岩溶侵蚀基准面之间的高差较大的地区，高差越大，岩溶发育越强烈。

(2) 岩溶发育的时间长短影响岩溶发育强度。

(3) 在地块的强烈隆升时期，以发育垂直岩溶形态为主；在相对稳定期，以发育水平岩溶形态为主。岩溶化地块稳定时间和水平岩溶发育时间较长，则可发育较完整的地下水系。

(4) 地形分水岭和水文地质分水岭不相符，也是岩溶发育的特征之一。

(5) 因有特殊的地下水动力条件和溶蚀作用，常在地下发生河流袭夺现象，可以产生干谷、盲谷或天生桥。

6.3.3　岩溶发育的基准面

岩溶发育是受侵蚀和溶蚀两个基准面控制的,有其自身的特殊性。大量勘探资料证实,区域性可溶性岩层的底板是岩溶作用的下限,可作为岩溶的溶蚀基准面,而控制岩溶水排泄的邻近河谷的地表河称为岩溶侵蚀基准面。

1) 深部岩溶的分布特征

根据深部岩溶所在位置分析,其分布特点有四种状况。

(1) 沉积间断时期形成的不整合或假整合面附近,在地质历史隆起时,在碳酸盐类岩层上部形成古风化壳中发育的古岩溶,一般分布于古风化壳附近。

(2) 构造运动强烈地区,多近期活动性断裂,特别是近期重新活动的断裂带对深部岩溶的发育有重要意义。

(3) 硫化矿床分布的地带。硫化矿床多沿构造带分布,硫化物因氧化与水作用成硫酸,沿构造带下渗,在深部形成洞穴。

(4) 地下水的深部循环作用地带。在储水构造良好的背斜和向斜轴部,地下水向下汇集,可以形成很大的压力差,在深部形成大洞穴。

2) 深部洞穴的成因

(1) 近期抬升的高原或高山内的深部洞穴;

(2) 受硫化矿体影响生成的深部洞穴;

(3) 承压作用形成的深部洞穴;

(4) 埋藏在古岩溶面上的古溶洞;

(5) 深部冷、热水循环影响的洞穴;

(6) 热液形成的深部洞穴;

(7) 与海面变化有关的深部溶洞。

一般认为,成层溶洞的成因在于作为排泄基准面的邻近河谷的地表河,因构造运动在上升——停顿——再上升的交替变化过程中,河流作用相应产生下蚀——旁蚀——再下蚀的交替变化,岩溶水的运动也产生相应的垂直——水平——再水平运动的变化,溶洞也就会垂直管道和水平廊道交互出现,从而形成相互叠加的成层溶洞。因此,一般就将干涸后的水平廊道与河流阶地在高度上、时代上进行对比。

事实上,构造运动上升和稳定呈现规律性变化只是在特定条件下完成的,而多层溶洞的成因是一个极为复杂、多种因素相互影响的结果。

(1) 构造运动所形成的多层溶洞是受地质构造和岩性、岩层产状控制的。在褶皱构造舒缓的区域内,可以形成数目众多的水平溶洞层,它们与阶地的关系较难对比。

(2) 注意岩溶水动力分带特征。从分带特征分析,只有在水平流动带内才能形成水平溶洞,其坡降和高程大致与地下水面相当,然而在虹吸管流动带和深部流动带内也会因岩性和构造、地壳抬升等发育成水平溶洞。

(3) 由非构造运动所致的海面升降形成的水平溶洞成层分布也相当广泛。

(4) 可溶性岩层与非可溶性岩层或夹层相间的地区,溶洞本身就具有成层性,在水平岩层内更是如此。

因此，在岩溶地区，溶洞的成层性是一种普遍的地貌现象。位置高度不同的洞穴形成的时代也不同，早期形成的洞穴位置较高，晚期形成的溶洞层分布的位置较低，由高层到低层，形成时代由老到新。但是，同一溶洞中堆积物的时代顺序，从上到下都是由新到老。

大量实际资料证明，与阶地高度相当的溶洞，时代可能不一致；或者相同时代的阶地和溶洞高程并不一致。因此，溶洞与阶地的对比应非常谨慎，不能简单了事。

要进行溶洞和阶地的对比，就必须综合考虑溶洞与阶地的类型，水文地质条件，岩溶地区地表河与地下河的补给、排泄特征以及因气候变化而发生的种种叠置现象。

(5) 研究地下河，实质上是确定溶洞的性质、类型和发育的问题。很多资料证明，溶洞若是由地下河发展而来，而且地下河在汇入主谷时，彼此是协调的，这种由地下河干涸后的溶洞，一般可以与主谷的阶地高程进行对比。

由于隔水层影响而形成的，属于悬挂在河水面以上的地下河，以后因地壳抬升成为干涸水平溶洞，这些水平溶洞与阶地无关。

在深饱水带内发育的水平溶洞，被抬升到河水面以上成为成层水平溶洞系统，也与阶地无关。

判别是否是与河流水面一致的地下河演变来的水平溶洞时，除应分析洞穴形态特征外，还应分析洞穴堆积物。

(6) 在特定的水文地质条件下，岩溶水的运动可能与河流水的运动相适应。

综上，凡与河流相协调，经过地下河作用的水平溶洞，以及无夹层、陡倾角、汇水面积大的横谷地段地下河所成的水平溶洞，一般可以与阶地对比。

6.3.4 岩溶环境系统

1. 岩溶环境系统的组成

岩溶环境系统的组成包括以下几个方面。

(1) 岩石矿物系统。由可溶岩和矿产资源组成。

(2) 土壤系统。由基岩风化残余部分和经过搬运的自然土壤，各种耕植土各生存于土壤中的微生物组成。

(3) 地下水文网发育的岩溶水文系统。

(4) 地形地貌系统。由地表、地下各种蚀余和堆积的岩溶形态和空间组成。

(5) 生物系统。

(6) 富钙的大气圈包围着上述的各系统。

2. 岩溶环境系统的特点

岩溶环境系统中，物质基础、水、生物、地球化学能等基本动力因素与其他环境系统不同，因此它具有一定的特殊功能和特点。

1) 多孔隙和双层孔隙结构

可溶岩形成的多孔隙(裂隙、洞穴)介质，以及地表、地下各种蚀余和堆积形态组成的双重空间结构，由各种裂隙、管道相互沟通，成为以生物、地球化学和其他机械方式可以强烈进行的物质、能量的迁移和变换场所。因而，易产生各种环境地质问题，如水质污染、地面塌陷等。

2)　瘠薄的风化残余土层

岩溶环境系统中，自然土层具有"瘦、黏、薄"生物生产量低的特点，这种特点是由母岩的物理化学性质造成的，其原因如下。

(1)　成土条件。

碳酸盐岩中可溶性矿物含量高，岩石风化后，大部分可溶物质被淋溶流失，少量不溶物(含量 10%左右)残留在原地，形成土，因此形成的土瘦、黏、薄。

(2)　成土母质中氮、磷、钾含量极低。

碳酸盐岩中，主要的化学成分为 $CaCO_3$、$MgCO_3$，含量在 90%以上，其次是 SiO_2、Al_2O_3、Fe_2O_3 等成分，除含磷碳酸盐岩外，风化残余的土层中，N、P、K 含量都很低。

(3)　母岩中不溶物少。

碳酸盐岩风化溶蚀后，其残余物主要为伊利石、蒙脱石、高岭石、水云母等黏土矿物。所以土层的黏性重。

3)　雨水、地表水、地下水的相互转化明显，地下水文网发育

碳酸盐岩的多孔隙、双层结构的特点，有利于大气降水的入渗。例如，我国暖温半干旱岩溶区，降水入渗系数为 0.26～0.4；润湿的热带、亚热带岩溶区的入渗系数为 0.3～0.6，最高可达 0.8，因而地下水文网比地表水文网发育。

4)　岩溶植被的旱生性、岩生性和喜钙性特性

由于土层薄而持水性差，大多数自然植物都有适应旱生环境的能力，如仙人掌；由于岩溶区土层中、表层含钙量高，所以喜钙植物生长茂盛，如柏树、蕨类等。植物为了适应土少石多的环境，为了保持和吸收水分，植物根系发育，常深深扎入岩石缝隙和洞中。还有一些附生植物就生长于岩石表面。

5)　人类活动的敏感环境效应

由于岩溶区具有丰富的自然资源，所以，生活在岩溶区的人口较多，人类为了生存会大量地伐木、开垦土地、采矿等，相应地，就会产生环境效应，如森林退化、水土流失、环境污染、干旱、洪水泛滥等。

岩溶是由石灰岩、泥灰岩等可溶性岩石长期受水的化学溶蚀和机械作用而形成的。基岩内有溶洞存在，在附加荷载或振动作用下，会使地基变形塌陷，建筑物倒塌，当其上覆盖土层时，由于土层厚度不均，往往导致地基产生不均匀沉降，影响建筑物的使用。目前，国内外对于建设在岩溶地区的高层住宅等民用建筑的地基处理已有一定的成熟经验，如大直径嵌岩桩基础方案就是多数设计部门设计高层建筑时的首选基础方案，而对于与工程质量、工程造价、工程进度等密切相关的工业建筑岩溶地基处理，还需进一步进行讨论和研究。岩溶地基的处理方法有很多，如挖填或填充、跨越、灌注或支承、压浆、处理流动水、排导等，这些都是一些很常规的处理方法，现在随着工程技术的发展，岩溶地基的处理的方法更加可靠、先进、经济。

【案例分析】

尹家岩隧道进口位于古蔺县龙山镇、石屏乡境内，中心里程 K71 + 658，全长 3050m，交通极为不便。该区属于四川盆地南缘山地与云贵高原过渡带，属低、中山构造

侵蚀地貌，斜坡沟谷地形，山高谷深，地形起伏大，总体北低南东高，山体多呈东西走向，与构造线基本一致。本区海拔高程多在 350～2000m，相对高差 200～700m，沟谷基本上沿构造线发育，谷深坡陡，沟谷一般呈 V 形，局部为 U 形，宽谷谷底大多辟为农田，灰岩地区岩溶地貌显著，表面溶蚀严重，多石林、石柱等典型灰岩地貌特征，且溶蚀洼地、溶洞、暗河较多，洼地呈串珠状相连，暗河时隐时现，与地表水相通，形成本区主要的排水通道。斜坡及山脊处植被较发育，大多地段人烟稀少，山间多沟槽与洼地，坡脚及沟槽内多为旱地及水田。

隧道隧址区穿越二叠系梁山、栖霞组(P1l + q) 灰岩，志留系韩家店群(S～12hn) 页岩、灰岩、泥岩、砂岩，石牛栏及龙马溪组(S1l + s) 页岩、灰岩。隧道内主要断裂构造体为刘家沟断层(陡倾正断层，影响带宽)，层面缓倾20°左右，围岩除洞口外，以Ⅲ、Ⅳ级围岩为主，节理裂隙发育，进口边坡顺层面，出口存在崩坡积碎石土和由于差异风化产生的危石。灰岩(尤其是梁山、栖霞组) 岩溶发育程度强，勘察孔在进口和中部发现多个溶洞(2～6m 深)，水位较高(洞身以上)。隧道埋深较浅，上部岩体多为 V 级围岩或富水岩体，稳定性较差。

分析：尹家岩隧道主要的不良地质现象是，地层岩性决定的岩溶、断层破碎带及其影响带和其他破碎岩体中可能出现的坍塌和完整岩体中可能出现的掉块现象。

6.3.5　岩溶地质的应对措施

地基稳定性及塌陷问题十分重要。岩溶地基变形破坏的主要形式有地基承载力不足、不均匀沉降、地基滑动、地表坍塌等。对岩溶地基处理方法视具体情况采取"不处理""绕避""处理"三类措施。

1. 不处理

当遇到以下情况时，采取"不处理"措施。

岩溶在基础影响范围以外，溶洞处于地基压缩层深度以下或垂直附加应力与洞顶地层自重应力之比≤10%时，洞顶板无破碎现象，受力地基边缘无土洞、漏斗、落水洞地段；基础位于微风化硬质岩表面且宽度小于 1m 的竖向洞隙旁，洞隙被密实充填且无被水冲蚀的可能地段；洞体厚跨比大于1，围岩完整性好或洞体小于基础底面。

2. 绕避

当遇到以下情况时，宜采取"绕避"措施。

岩溶区。断裂、孔隙发育，宽度和密度较大，其底与溶洞、暗河相通的地段；溶洞、暗河发育地区，溶洞的洞径大、顶板薄、裂隙发育、基岩破碎，暗河水流较大且洞内无或少充填物的地段；岩溶水以地表径流和暗流交替出现，岩溶发育复杂无规律；落水洞分布较密且漏水严重，塌陷时常发生的地段；基岩起伏、流塑或可塑软土分布广且厚度变化大、地下水活动强烈地段；地基处理费用太高的地段。

土洞区。土层薄、裂隙发育且地表水入渗条件好，其下伏基岩有通道、暗河或呈负岩面的地段；石芽或出露岩体与上覆土体交界处，岩体裂隙、通道发育为地表水集中入渗的地段；地层下岩体两组结构面交会或处于宽大裂隙带上的地段；隐伏深大岩溶洞、隙、沟、槽、漏斗等，其邻近基岩面以上有软弱土层分布地段；人工降水降落漏斗的中心地段及地面低洼、地面水体近旁的地段。

3. 处理

当岩溶体地基的强度和稳定性不能满足工程要求时，常根据岩溶具体情况、工程要求、施工条件，按照安全性与经济性原则选择适当的地基处理方法。

常用的岩溶地基处理方法包括以下几种。

1) 填垫法

该法可分为充填法、换填法、挖填法、垫褥法等几类。充填法适用于裸露岩溶土洞，其上部附加荷载不大的情况。最底部需用块石、片石作填料，中部用碎石，上层用土或混凝土填塞，以保持地下水的原始流通状况，使其形成自然的反滤层。

当已被充填的岩溶土洞，如充填物物理力学性质不好时，可采用换填法。清除洞中充填物，再全部用块石、片石、砂、混凝土等材料进行换填。石横电厂厂房岩溶地基处理采用此法取得了很好的效果。

对浅埋的岩溶土洞，将其挖开或爆破揭顶，如洞内有塌陷松软土体，应将其挖除，再以块石、片石、砂等填入，然后覆盖黏性土并夯实，称挖填法。

对岩溶洞、隙、沟、槽、石芽等，可能引起地基沉降不均匀，将突出物凿去后做 30～50cm 砂土垫褥处理，称为垫褥法。

2) 加固法

加固法通常包括灌浆法、顶柱法、强夯法、挤密法、浆砌法等。对埋深较大的岩溶土洞，宜采用密钻灌浆法加固。应视岩溶洞隙含水程度和处理目的来选择材料。用于填塞时，可用黏土、砂石、混凝土、水泥砂浆等；用于防渗时，可用水泥砂浆和沥青作帷幕，灌浆顺序可先外围后中间，先地下水上游后下游；用于充填加固时，用快干材料或砂石等将洞隙先行填塞，开始时压力不宜过高，以免浆料大量流出加固范围。在对广州白云机场候机楼扩建工程进行岩溶地基处理的过程中，运用双液化学硅化法对复杂多层含水溶洞成功进行加固。

当洞顶板较薄、裂隙较多、洞跨较大，顶板强度不足以承担上部荷载时，为保持地下水通畅，条件许可时采用附加支撑减少洞跨，称顶柱法。

在覆盖形岩溶区，处理大面积土洞和塌陷时，强夯法是一种省工省料、快速经济且能根治整个场地岩溶地基稳定性的有效方法。一般夯击 1～8 遍，夯点距 3m。如无地下水影响，两遍夯击间歇时间可不受限制，在夯击过程中，如果夯锤突然下陷，说明下部有隐伏土洞，此时可随夯随填土或砂砾土料处理。

对岩溶土洞中软土较深地段，适宜于用挤密法。采用砂柱、石灰柱、松土桩、混凝土桩或者钢管等打入洞内，形成复合地基，提高地基稳定性和强度。

3) 跨越法

跨越法包括板跨法、梁跨法、拱跨法等。深度较大、洞径较小，不便入内施工或洞径虽大但因有水的溶洞，可据建筑物性质和基底受力情况，用混凝土板或钢筋混凝土板封顶，称板跨法。

另外，对埋藏较深但仍位于地基持力层内的规模较小的塌陷或土洞，可用弹性地基梁或钢筋混凝土梁跨越土洞或塌陷体，此法称为梁跨法。

4) 桩基础

溶洞、塌陷漏斗较深较大或溶洞多层发育,可采用桩基础。在基岩起伏处,其上覆土层性质较软弱、厚度又大、不易清除时,宜采用钻孔或冲孔灌注桩、爆扩桩,视工程需要作支承桩或摩擦桩,桩头锚入基岩内;采用打入桩时,桩尖应锚入基岩,采用人工挖孔桩时,多数情况开挖下宜设护壁。

在岩溶地区,由于地表覆盖层下有石芽溶沟,岩体内部有暗河、溶洞,建筑物的地基通常是很不均匀的。上覆土层还常因下部岩溶水的潜蚀作用而塌陷,形成土洞。土洞的塌陷作用常常是突然发生的。土洞出现的地区往往就是地下岩溶发育的区域。

本 章 小 结

本章详细介绍了动力地质作用的概念,对其形成以及作用特点进行了讲解。它所包含的风化、河流以及岩溶都对工程地质有极大的影响。在进行工程施工时,这些因素都必须考虑到,而且要做好防护工作,避免其影响工程质量。

思考与练习

1. 填空题

(1) 风化作用是指_____、_____、_____接触过程中产生物理、化学变化而在原地形成松散堆积物的全过程。

(2) 风化作用可以分为_____、_____、_____。

(3) 河流地质作用分为_____、_____和_____。

2. 简答题

(1) 影响风化作用的因素有哪些?

(2) 岩溶发育的条件是什么?

(3) 常用的岩溶地基处理方法有哪几种?

第 7 章 第四纪地层和地貌

本章导读

本章将详细介绍第四纪的概念及第四纪地层划分、第四纪的特征、第四纪与人类、第四纪沉积物、第四纪与环境、海洋地质、地貌学简论等内容。通过学习，读者要对第四纪地层和地貌及其与工程的关系有全面而详细的了解。

学习目标

- 掌握第四纪地层和地貌的概念。
- 了解第四纪与人类、环境之间的关系。
- 掌握第四纪地层和地貌对工程施工的影响。

第四纪地层和
地貌.mp4

7.1 第四纪的概念及第四纪地层的划分

第四纪地质工作，是水文地质和工程地质工作的基础之一。大量地下水赋予第四纪松散沉积物之中，许多大型工程建立在第四纪沉积物和一定地貌形态之上。第四纪沉积物的年代分布、岩性、厚度和成因，对于地下水的形成、分布、埋藏、水质、水量和运动规律有直接影响；与土层的工程力学性质也有很大关系。在进行水文、工程地质工作时，要求首先研究第四纪地质、地貌条件。

第四纪的概念及
第四纪地层的
划分.mp4

7.1.1 第四纪的概念

地质学家把人类开始出现以来的地质历史称为第四纪。第四纪也称为第四纪冰川期。我们通常说到的"冰河时代"，就是指这个时期。

科学家说，第四纪是地球气候异常剧烈变动的一个时期，也是人类进化发生的时期，有着非常特殊的意义。在此期间，地球气候曾经发生过很多次的冷暖回旋，寒冷的冰期和相对温暖的间冰期(即两次冰期之间的时期)交替出现。冰川反复扩张又退却，在极盛期曾盖住地球 30%的表面。

一些人认为，在第四纪，气候系统变得更加敏感，地球轨道形状、地轴方向和倾斜角周期性变化导致阳光照射发生变化时，气候比远古年代更容易发生剧变。

7.1.2 第四纪土层的划分

第四纪是地质史上时间极短的一个纪，至今尚未终止。第四纪从什么时候开始，没有一致的看法。过去一般认为它的年龄只有 100 万年左右。近年来，由于古人类学和旧石器时代考古学的新发现，以及年代测定技术的发展，人们普遍认为它的年龄要大得多，有人认为是 170 万～200 万年，也有人认为是 247 万年，还有人认为已经超过了 300 万年。

长期以来，人们一直在努力寻求第四纪的标准地层，但是没有能够实现。因为第四纪的沉积物具有很强的区域性，同一时期，在不同的自然环境里和不同的地貌第四纪地质学单元上，可以形成各不相同的地层；不同时期，在相似的自然环境里和同样的地貌单元上，可以形成彼此相似的地层。因此，不可能单纯依据岩石本身的性质来划分第四纪地层。目前主要的方法有以下几种。

1. 生物地层学方法

在第四纪不同历史阶段，哺乳动物群中各种成分的比例有所不同，种属特征也会发生变化，并将产生新的种属。通常就主要根据哺乳动物群成分特点，把第四纪划分为早更新世、中更新世、上更新世、全新世。此外，第四纪软体动物化石和植物化石在地层划分中有参考意义。

2. 古气候地层学方法

除了根据冰川的出现，确定第四纪下限外，还可以利用冰期和间冰期划分地层，主要用于多期冰碛层发育地区。通常是利用间冰期沉积或间冰期侵蚀作用，结合冰川地貌形态，划分出不同时期的冰期地层和间冰期地层。常利用湿润期和干燥期划分地层。

3. 古人类考古学方法

由于人类发展在地球各大陆大体相似，石器演化明显，分布广泛，研究程度高，故该方法可用来确定第四纪下限或比较精确地划分对比第四纪地层。

4. 地貌法

第四纪地壳构造运动的影响是使第四纪地层变形、变位，在这种地区，即可按照构造地质学的方法来研究第四纪地层的划分。第四纪地壳运动另一个结果是形成地貌形态，而这可以作为划分区域性第四纪地层的参考。

5. 岩性法

岩性法是常用的建立局部地区层序的有效方法。由于第四纪地层地岩性、成因、风化程度，在很大程度上从属于气候条件，所以岩性法实质上是古气候法的一个方面。

6. 古地磁法

根据地磁极性变化研究所拟定的古地磁极性年代表，为第四纪地质学研究提供了一种极为重要的确定全球性年龄独立体系。

7.2 第四纪的特征

第四纪的特征.mp4

第四纪地质学是在以第四纪沉积物为主要研究对象的基础上，配合着研究发生于第四纪时期内的各种事件，对第四纪沉积物的形成，第四纪地层的划分对比，第四纪有机界的发展、第四纪矿产和第四纪地质年表拟定等方面进行研究，以次恢复第四纪的古地理、古气候和构造运动,从而阐明第四纪时期地壳发展规律。

1. 第四纪气候与环境

第四纪全球气候普遍变冷,出现冰期,是划分第四纪的标志之一。气候变化是划分和对比第四纪地层的重要依据之一。在气候变迁史上,第四纪古气候以显著变冷为其特征,这是区分新近纪和第四纪的明显标志之一。第四纪不仅以全球性的变冷为特征,同时又有多次的冷暖干湿波动。第四纪古气候的研究不仅在探讨气候变迁的规律和原因方面具有重要的理论意义,而且在生产实践中也有重要的实际意义。

总之,第四纪以来古气候的波动对自然界产生了巨大影响,特别是生物界的演化、地表形态的发展等,都直接受气候条件控制。

2. 第四纪生物界及古人类

第四纪哺乳动物演化的阶段性是划分第四纪的主要依据。第四纪植物群的演化是恢复第四纪气候的重要标志。古人类和古文化的发展阶段是划分和对比第四纪地层的重要手段。无脊椎动物和微体动物是恢复第四纪环境的重要标志。

3. 第四纪构造运动

第四纪构造运动是新构造运动的一部分。第四纪构造运动控制着第四纪沉积。第四纪虽然短暂,但地壳运动始终在进行着,而且在有些地区还很活跃,特别是火山活动和地震直接影响到人类的生产和生活,这是第四纪研究的重要内容之一。

7.3　第四纪与人类

第四纪与人类.mp4

第四纪是人类出世并迅速发展的时代,人类的发展经历了以下主要阶段。

(1) 早期猿人阶段(200 万年至 175 万年前):能人(Homo hails)在东非坦桑尼亚出现,这可能是早期的直立猿人(Homo erectus)。

(2) 晚期猿人阶段(100 万年前):直立猿人(Homo erectus)从非洲扩散到中国、爪哇,最著名的代表是北京猿人和爪哇猿人。

(3) 早期智人阶段(50 万年前):智人(Homo sapiens)在非洲出现并迁移到欧洲。

(4) 晚期智人(新人)阶段(25 万年至 3.5 万年前):现代人(Homo sapiens sapiens)在非洲南部出现,约 5 万年前,现代人类分布到中东地区,到 3.5 万年前,现代人类分布到达欧洲克罗-麦昂人(Cro-Magnon)。

(5) 在更新世晚期,3 万~2 万年前,现代人类通过白令陆桥进入北美洲并向南迁移。进入全新世后,现代人的分布到除南极洲以外的各个大陆,并且成为唯一生存至今的人科动物(Hominids)。

2004 年出版的国际地层表已取消了第四纪作为“纪”一级地质年代的地位,但是在国际上第四纪学界引起了轩然大波,后又予以恢复。

新生代最新的一个纪,包括更新世和全新世。其下限年代多采用距今 260 万年。第四纪期间生物界已进化到现代面貌。灵长目中完成了从猿到人的进化。

高等院校立体化创新规划教材

第四纪历史版本生物与第三纪相比，在分布和组成上发生了明显的变化。哺乳动物与上新世相比有很大进化，如欧洲及邻近的亚洲部分现生的 119 个种中只有 6 个在上新世生存过。植物界的进化比较缓慢，西北欧的植物约 70%在第四纪开始时即已存在。第四纪冰期时，大陆冰盖向南扩展，动植物也随之向南迁移。间冰期期间动植物向北迁移。冰期和间冰期植被带的移动范围最大可达纬度 30°，在地层剖面中可明显地看到喜冷和喜暖动植物群的交替现象。第四纪后期，大型陆生哺乳动物发生过大规模绝灭。在北美，大型哺乳动物的属有 70%绝灭，欧洲和非洲比例小得多。这一大规模绝灭发生于距今 15000～9000 年。发生大规模绝灭的原因主要是人类的狩猎活动，其次是自然环境的变迁。第四纪不同时期出现不同的动物群。欧洲早更新世具有代表性的是维拉弗朗动物群，出现了真马、真牛、真象；中更新世以克罗默尔动物群为代表；晚更新世时出现了许多极地动物。北美早更新世有布朗克动物群，中更新世有伊尔文顿动物群，晚更新世有兰错伯累动物群。中国北方则有早更新世泥河湾动物群，中更新世周口店动物群，晚更新世萨拉乌苏动物群。

7.4　第四纪沉积物及其特征

第四纪沉积物及其特征.mp4

第四纪沉积物是指第四纪时期因地质作用所沉积的物质，一般呈松散状态。在第四纪连续下沉地区，其最大厚度可达 1000m。第四纪沉积物中最常见的化石有哺乳动物、软体动物、有孔虫、介形虫及植物的孢粉。这些化石，有助于确定第四纪沉积物的时代和成因。

第四纪沉积物分布极广，除岩石裸露的陡峻山坡外，全球几乎到处被第四纪沉积物覆盖。第四纪沉积物形成较晚，大多未胶结，保存比较完整。第四纪沉积主要有冰川沉积、河流沉积、湖相沉积、风成沉积、洞穴沉积和海相沉积等。其次为冰水沉积、残积、坡积、洪积、生物沉积和火山沉积等。第四纪的构造运动属于新构造运动，如表 7-1 所示。在大洋底沿中央洋脊向两侧扩张。对太平洋板块移动速度测量表明，平均每年向西漂移最大距离达到 11cm，向东漂移 6.6cm。

对第四纪沉积物基本性状的分析研究工作包括沉积物机械组成的分析(粒度分析)、矿物组成的分析、碎屑颗粒的形态分析(圆度、球度等)、表面特征的分析与组构分析等，也包括对第四纪沉积物的各项物理力学性质的测定。第四纪沉积物分析是第四纪地质研究工作中的一项重要的基本工作。

表 7-1　第四纪沉积物成因分类

成　因	成因类型	主导地质作用
风化残积	残积	物理、化学风化作用
重力堆积	坠积	较长期的重力作用
	崩塌堆积	短促间发生的重力破坏作用
	滑坡堆积	大型斜坡块体重力破坏作用
	土溜	小型斜坡块体表面的重力破坏作用

续表

成　因	成因类型	主导地质作用
大陆流水 堆积	坡积	斜坡上雨水、雪水间有重力的长期搬运、堆积作用
	洪积	短期内大量地表水流搬运、堆积作用
	冲积	长期的地表水流沿河谷搬运、堆积作用
大陆流水 堆积	三角洲堆积(河~湖)	河水、湖水混合堆积作用
	湖泊堆积	浅水型的静水堆积作用
	沼泽堆积	潴水型的静水堆积作用
海水堆积	滨海堆积	海浪及岸流的堆积作用
	浅海堆积	浅海相动荡及静水的混合堆积作用
	深海堆积	深海相静水的堆积作用
	三角洲堆积(河~海)	河水、海水混合堆积作用
地下水堆积	泉水堆积	化学堆积作用及部分机械堆积作用
	洞穴堆积	机械堆积作用及部分化学堆积作用
冰川堆积	冰碛堆积	固体状态冰川的搬运、堆积作用
	冰水堆积	冰川中冰下水的搬运、堆积作用
	冰碛湖堆积	冰川地区的静水堆积作用
风力堆积	风积	风的搬运堆积作用
	风~水堆积	风的搬运堆积作用,后来又经流水的搬运堆积作用

第四纪主要的沉积物及特征如下。

1. 残积物

岩石表面经物理、化学风化作用而残留在原地的碎屑物称为残积物。

残积物在形成的初期,上部的颗粒较细,下部颗粒粗大,但由于雨水或雪水的淋漓,细小碎屑被带走,形成杂乱的沉积物,没有层理、具有较大的孔隙度。残积物颗粒的粗细决定于母岩的岩性,因此,有些地区残积物是粗大的岩块,而另一些地区可能是细小的碎屑。残积物没有经过水平的位移,颗粒具有明显的棱角,由于大的岩块受到重力作用,在下坠过程中可能将周围小的岩块挤出,产生缓慢的、微小的水平位移。

残积物的成分与母岩的岩性密切相关,如花岗岩的残积物中,长石常分解成黏土矿物,石英常破碎成细砂;石灰岩的残积物则往往成为红黏土。

残积物的厚度取决于它的残积条件:在山丘顶部常被侵蚀而厚度较小,山谷低洼处则厚度较大,山坡上往往是粗大的岩块。由于山区原始地形变化较大和岩石风化程度不一,因而在很小的范围内,厚度的变化很大。

残积物一般透水性较强,以致残积物中一般无地下水,但当堆积在低洼地段而下伏母岩又为不透水层时,则有上层滞水出现。

2. 坡积物

高处的风化碎屑物,由于雨水或雪水的搬运,或者由于本身的重力作用,堆积在斜坡或坡脚,这种沉积物称为坡积物。坡积物的岩性成分是多种多样的,但与高处的岩性组成有直接关系。坡积物一般具有棱角,由于经过一段距离的搬运,往往成为亚角形。坡积物没有经过良好的分选作用，细小或粗大的碎块往往夹杂在一起。由于重力作用，比较粗大的颗粒一般堆积在紧靠斜坡的部位，而细小的颗粒则分布在离开斜坡稍远的地方。坡积物中一般见不到层理，但有时也具有局部的不清晰的层理。新近堆积的坡积物经常具有垂直的孔隙，结构显得比较疏松。一般具有较高的压缩性，在水中极易崩解。坡积形成的黄土，其湿陷性一般比洪积或冲积形成的黄土要高得多。

坡积层中的地下水一般属于潜水，在坡积物非常复杂的地区，有时形成上层滞水。坡积物的厚度变化较大，由几厘米到一二十米，在斜坡较陡的地段，厚度较薄，在坡脚地段，堆积较厚。一般来说，当斜坡的坡度愈陡时，坡脚坡积物的范围愈大。

3. 洪积物

山区或高地上的暂时水流将大量的风化碎屑物携带下来，堆积在前缘的平缓地带，这种沉积物称为洪积物。

洪积物具有一定的分选作用。距山区或高地近的地方，沉积物的颗粒粗大，碎块多呈亚角形；离山区或高地较远的地方，沉积物的颗粒逐渐变细，颗粒形状由亚角形逐渐变成亚圆形或圆形。在离山区或高地更远一些的地方，洪积物中则往往有淤泥等细颗粒土的分布。由于每次暂时水流的搬运能力不等，在粗大颗粒的孔隙中往往填充了细小颗粒，而在细小颗粒层中有时会出现粗大的颗粒，粗细颗粒间没有明显的分界线。

洪积物具有比较明显的层理，但在离山区或高地近的地方，层理紊乱，往往成为交错层理；在离山区或高地远的地方，层理逐渐清楚，一般成为水平层理或湍流层的交错层理。

洪积物中的地下水一般属于潜水，由山区或高地前缘向平原补给。由于山区或高地前缘地形高，潜水埋藏深，离山区或高地较远的地方，地形低，潜水浅；在局部低洼地段，潜水可能溢出地表。此外，如粗大颗粒的洪积物在细小颗粒的上面时，潜水也可能在粗细颗粒的交接处溢出地表。洪积物的厚度一般是离山区或高地近的地方厚度大，远的地方厚度小，在局部范围内的变化不大。

4. 冲积物

河流在平缓地段所堆积下来的碎屑物，称为冲积物。冲积物根据其形成条件，可分为山区河谷冲积物、平原河谷冲积物、三角洲冲积物。

1) 山区河谷冲积物

大部分由卵石、碎石等粗颗粒组成，分选性较差，大小不同的砾石互相交替，成为水平排列的透镜体或不规则的夹层，厚度一般不大。一般来说，山区河谷的沉积物颗粒大，承载力高，但由于河流侧向侵蚀的结果也带来了大量的细小颗粒，特别是当河流两旁有许多冲沟支叉时，这些冲沟支叉带来的细小颗粒往往和冲积的粗大颗粒交错堆积在一起，承载力也因而降低。

2) 平原河谷冲积物

河流上游的冲积物一般颗粒粗大，向下游逐渐变细。冲积层一般呈条带状，具有水平层理，有时也呈流水层或湍流层的交错层理。在每一个小层中，岩性的成分就比较均匀，有良好的分选性。

冲积物的颗粒形状一般为亚圆形或圆形,搬运的距离越长,颗粒的浑圆度越好。平原河谷冲积物可分为:河床冲积物、河漫滩冲积物、牛轭湖冲积物和阶地冲积物。①河床冲积物、河漫滩冲积物多为磨圆度较好的漂石、卵石、圆砾和各种砂类土,有时也有粉土、黏性土存在。在同一地段上,河漫滩冲积物的粒度一般较河床冲积物的为小。在同一河漫滩上,靠河床近的冲积物的粒度比距河床远的为大。②牛轭湖冲积物只有在洪水期间成为溢洪区时才能形成,此时,细砂或粉质黏土就直接覆盖在原来已形成的泥炭或淤泥层上。③阶地冲积物的粒度常较河漫滩的为小,一般由粉质黏土、粉土和各种砂土所构成,有时也有卵石、圆砾的夹层。在黄土地区,阶地则往往为各个不同地质时期的黄土所分布。

平原河谷冲积层中的地下水一般为潜水,由高阶地补给低阶地,再由河漫滩补给河水。平原河谷冲积物(除牛轭湖外),一般是较好的地基。粗颗粒的冲积物,其承载力较高,细颗粒的稍低,但要注意冲积砂的密实度和振动液化的问题。

3) 三角洲冲积物

三角洲冲积物是河流搬运的大量细小碎屑物在河流入海或入湖的地方堆积而成。一般分为水上及水下两部分:水上部分主要是河床和河漫滩冲积物,如砂、粉土、粉质黏土、黏土等,一般呈层状或透镜体。水下部分则由河流冲积物和海相或湖相的沉积物混合组成,呈倾斜的沉积层。

三角洲冲积物中的地下水一般为潜水,埋藏比较浅。

三角洲冲积物的厚度很大,分布面积也很广。由于三角洲冲积物的颗粒均较细,含水量大,土呈饱和状态,承载力较低,有的还有淤泥分布。在三角洲冲积物的最上层,由于经过长期的压实和干燥,形成所谓硬壳,承载力较下面的为高。

5. 湖泊沉积物

湖泊内由于机械作用、化学作用或生物作用而形成的沉积物,称为湖泊沉积物。湖泊沉积物由于成因不同,可分为机械沉积物、化学沉积物、生物化学沉积物。

1) 机械沉积物

自黏土至卵石、漂石均包括在内。一般夏季堆积的粒度稍大一些,如细砂等,冬季堆积的多为黏土颗粒、粉土颗粒。

2) 化学沉积物

有石膏、盐岩、芒硝、硼砂以及泥灰岩、石灰岩及铁质的化合物等,其中石膏、盐岩、芒硝、硼砂为咸水湖沉积物。

3) 生物化学沉积物

湖盆中的生物死亡后所产生的有机沉积物,如硅藻土、贝壳堆积、淤泥和泥炭等。湖泊沉积物具有较好的分选作用,一般湖岸沉积物的颗粒较粗,湖心沉积物的颗粒较细。山区湖泊沉积物一般较粗,平原湖泊沉积物一般较细。湖泊沉积物的特点是具有明显均匀的很薄的水平层理。

湖泊沉积物中淤泥和泥炭分布广,厚度大,承载力低。湖泊沉积物中的湖相黏土或多或少含有碳质、沥青质、石灰质、石膏质等,常具有淤泥的性质,灵敏度很高,承载力更低。但这种黏土分布广,具有水平、均匀的层理,差异性小。

高等院校立体化创新规划教材

6. 沼泽沉积物

在地表水聚集或地下水出露的洼地内，由植物死亡后腐烂分解的残杂物所形成的沉积物，称为沼泽沉积物。

沼泽沉积物主要为泥炭所堆积，而泥炭为有机生成物，呈黑褐或深褐色，其中还包含有部分黏土和细砂。泥炭的性质和含水量的关系很大，干燥压密的泥炭较坚硬，湿的泥炭压缩性较高。泥炭是尚未完全分解的有机物，在作为建筑物持力层时尚需考虑今后继续分解的可能性。

7. 滨海沉积物

滨海沉积物是指海洋中靠近海岸的、海水深度不超过 20m 的、经常受海潮涨落作用的狭长地带的沉积物。由于滨海沉积物经常受波浪的作用，因而化学作用和生物化学作用不易进行，主要是风化碎屑物的机械堆积作用。

滨海沉积物根据其堆积条件可分为陡岸沉积物、海滩沉积物、泻湖沉积物。

1) 陡岸沉积物

陡岸沉积物以粗大颗粒为主，是由陡岸悬崖上的崩塌岩块和海浪冲来的卵石、圆砾所组成。如果陡岸下海水较深，则往往有淤泥和砂砾的混合沉积物。

2) 海滩沉积物

海滩沉积物一般有规律性，靠陆地边缘以卵石、圆砾、粗砂为主，往海域方向逐渐变为较细的颗粒，由砂、淤泥混砂等渐变为淤泥。

3) 泻湖沉积物

泻湖沉积物一般以淤泥堆积为主，同时也有化学堆积作用。由于滨海沉积物的颗粒被海浪不断地冲蚀，滚成了圆形，分选性较好。同时由于海水动荡不已，而且常常露出水面，所以常有波痕、泥裂、交错纹、雨痕等。

滨海沉积物的宽度与波浪及岸流的力量大小和海域的原始地形有关，其宽度最大可达数千米。在靠近河流入海处，滨海沉积物中常夹有成分不同的河流冲积物。在很陡的山地河流流入海洋时，可以携带大量的风化岩块或卵石；水流平缓的河流一般则携带大量的泥沙。这种河流沉积物往往破坏了滨海沉积物的分布规律。

8. 冰川沉积物

凡与冰川活动或与冰川融化的冰下水活动有关的沉积物，称为冰川沉积物。冰川沉积物根据其形成条件，可分为冰碛沉积物、冰水沉积物、冰碛湖沉积物。

1) 冰碛沉积物

由固体状态的冰川直接堆积、未经过水的冲刷或搬运的沉积物。

2) 冰水沉积物

由冰川局部融化后的冰下水所挟带的碎屑物所堆积成的沉积物。

3) 冰碛湖沉积物

冰川在移动时刨蚀所成的岩屑，被冰水带到冰碛湖，形成具有粗细颗粒交替沉积(夏季堆积颗粒粗、冬季细的纹泥，或称季候泥)的冰碛湖沉积物。

冰川沉积物一般没有分选性，杂乱而无层次，巨大的岩块和细小的砂、砾堆在一起，具有极大的不均匀性。冰川在搬运过程中，岩块冻结在一起，相互间没有摩擦作用，因此冰碛沉积物中，岩块保留尖锐的棱角。冰川两侧及底部的岩块，由于和谷底或谷壁的摩擦，常常有擦痕存在。冰川沉积物的厚度是不一致的，取决于冰川的形态与规模。一般山区冰川所堆积的厚度不大，且不是连成一片。冰川沉积物中有时含有大量的岩末，这些岩末的黏结力很小，透水性弱，在开挖基坑时，如果造成地下水较大配水头梯度时，容易形成基坑坍塌。

9. 风力沉积物

在干燥的气候条件下，岩石的风化碎屑物被风吹扬，往往搬运一段距离，在有利的条件下堆积起来，称为风力沉积物。风力沉积物中最常见的为风成砂及风成黄土。风成砂的来源很广，各种成因的砂，只要经过风的搬运，均可形成风成砂。风成砂也可由岩石受到吹蚀作用直接形成。风成黄土也是由各种成因的粉土颗粒，经过风的吹扬，搬运到比砂更远的地方堆积而成。一般不见层理，具有大孔性和垂直节理。

7.5　第四纪与环境

第四纪与环境.mp4

地球历史的最新阶段，新生代最后一个纪，约开始于 164 万年前，持续至今，这一时期形成的地层称第四纪。第四纪的命名是法国学者 J. 德努瓦耶于 1729 年提出的。

第四纪生物界的面貌已很接近于现代。哺乳动物的进化在此阶段最为明显，而人类的出现与进化则更是第四纪最重要的事件之一。第四纪以来的气候格局及变化对人类的发展影响最大。1Ma～1Ka 级的最近气候变化历史主要记录在第四纪沉积物和相关地貌中，在第四纪研究范围之内。第四纪与环境的联系主要表现在以下几个方面。

1. 气候

第四季气候是指第四纪冰川活动期的气候。第四纪是距今约 200 万年前开始的地球史上最近一次大冰川期，大冰川期由冷暖干湿交替出现的亚冰期和亚间冰期组成。根据现在地表冰川地形研究，欧洲阿尔卑斯山山岳冰川有五次扩张，命名的亚冰期为：多脑、群智、民德、里斯和武术。据李四光等的研究，中国划出了鄱阳、大姑、庐山和大理四个亚冰期。大多数学者认为，世界上第四纪亚冰期的发生时间大体是一致的。在第四纪最大一次亚冰期中，世界大陆有 32% 的面积被冰川覆盖，在高山地区(如阿尔卑斯山、喜马拉雅山等)都出现了大量的冰川，气候寒冷，平均气温比现在低 7～12℃；在亚间冰期中，气候温暖，北极气温比现在高 10℃以上，低纬度地区也比现在高 5.5℃。

第四纪气候变化的基本特征，是在约 2.4Ma 的全球降温背景下发生过多次急剧的寒暖气候波动，高纬和高山区呈现冰期与间冰期交替，中低纬区受高纬冰区冰期的影响发生同时间尺度的干冷与暖湿气候的变化。气候变化强度从高纬往赤道方向变小，陆地比海洋的变化更明显，气候带的南北(或山地的上下)移动，导致一系列地表环境发生相应的变化，对人类和生物造成重要的影响。

高等院校立体化创新规划教材

2. 地层

第四纪地层是第四纪地壳发展过程中各种事件的综合记录。中国地域广阔，地貌复杂多样，气候有明显的地带性和新构造运动活跃，使中国第四纪地层的分布、厚度、沉积类型和旋回性受新构造运动的制约和气候的控制。

由于中国地貌和气候的纬向和经向变化特点，由此形成了中国第四纪地层的区域性(或地带性)特征。西部强烈上升的气候干燥和干冷区主要以冰川、冰水、洪积、风积和盐湖沉积为主。东部华北半干旱区黄土极为发育，华南则亚热带红土和受亚热带气候湿热化的红土砾石随处可见，东北河湖沉积普遍，沿海地带不同程度地沉积了第四纪海相地层。有所谓东蓝(海洋)、西白(冰川)、南红(红土)、北黄(黄土)和东北黑(沼泽土)的区域沉积优势特征。中国第四纪沉积物有海相、陆相、海陆过渡相、构造成因、火山成因和人工堆积六个系列，其中以陆相沉积物分布最广泛，每个系列又包含若干个沉积物成因类型。在不同地质、地理环境中有不同优势沉积物成因组合：平原(山间盆地或断陷谷)沉降区河流、湖泊及沼泽沉积物最为常见；低山丘陵区风化、片流和重力沉积物占优势；上升的剥蚀山地冰川、冰水、洪流、泥石流和重力沉积物常见；沿海和陆架则有过渡相和海相沉积物。我国第四纪火山堆积主要见于东北、西南或断裂带，而东部人工堆积更普遍。

20 多年来，我国关于第四纪地层的研究发展迅速，按中国第四纪地层区域特征分为：华北区、东北区、西北-青藏区、西南区、华南-东南区、东部平原区和邻近海区七个主要地层分区。

3. 大洋

第四纪时期的大洋面并不稳定，中国东部各海域自更新世以来曾发生过多次海面升降，沿海平面发生过三次明显的较大规模的海浸和海退。这些变化在大陆或海底都留下了一系列遗迹。东部地区大抵平行于海岸线排列的白洋淀、微山湖、太湖等湖泊，第四纪期间都曾不同程度地经受海浸的影响，我国东部诸海域的海底广泛地遗存着海相或滨岸相沉积层及相关的生物化石。

4. 生物

第四纪时间短暂，总体来看，生物的演化是不明显的，但受气候和环境变化的影响，植被的演替和动物的迁移改组极为常见。第四纪是人类及其物质文明的形成发展时期。第四纪生物的演变是不平衡的，哺乳动物变化最大，而植物和海洋生物的变化都小。中国第四纪哺乳动物群是从上新世三趾马动物群演化而来，三趾马动物群包括各种三趾马、各种大唇犀、多种羚羊和一些原始的啮齿类动物。进入第四纪后，一直演化成中国北方型动物群，或南方型动物群。

5. 植物

第四纪植物绝大部分为现生种类，植物区与第三纪，尤其是晚第三纪没有重大差异。但受新第三纪地球气候普遍趋凉与第四纪冰期和间冰期的影响，温带和亚热带植物种群分别多次南北(或沿山地上下)来回摆动，导致植物迁徙过程中种类混合和部分滞留或消亡，落叶阔叶林与耐寒针叶林分布扩大，常绿阔叶林与喜暖针叶林分布不断缩小，草本植物比例增高。中国第四纪植物群就是上述各种作用过程综合的结果。

中国第四纪气候、生物纬向分带因西部高原的隆起而打乱后，动植物一改第三纪的东西交流为南北交流，并主要通过大别山以东淮阳丘陵和南襄狭道进行，从而将中国第四纪生物地理区分为南方生物地理区和北方生物地理区两部分。中国第四纪古人类也因西部青藏高原的隆升，逐渐从植物多样性的西南往东转移并向北辐射，这种辐射对中国以后的发展也有一定的影响。

6. 新构造

新构造运动和第四纪气候对现代地层、地貌及生物分布的影响是巨大的，对它们的研究是开发和利用第四纪资源及水文地质工作的基础，也是水利、水电、水运、地上和地下交通与管线勘察的重要组成部分，还是灾害和地球环境变化与预测研究的重要环节。

7.6　海洋地质

海洋地质.mp4

海洋地质和地球物理研究是近几十年内最为活跃的领域之一。在基础理论方面，现代板块构造学说的诞生，在很大程度上是依靠海洋地质和地球物理研究而取得突破。海洋地质学是研究地壳被海水淹没部分的物质组成、地质构造和演化规律的学科。研究内容涉及海岸与海底的地形、海洋沉积物、洋底岩石、海底构造、大洋地质历史和海底矿产资源。它是地质学的一部分，又与海洋学有密切联系，是地质学与海洋学的边缘科学。

7.6.1　海洋概况

海洋是地球上最广阔的咸水水体的总称，海洋的中心部分称作洋，边缘部分称作海，彼此沟通组成统一的水体。

地球表面被各大陆地分隔为彼此相通的广大水域称为海洋，地球的总面积约为 3.6 亿平方千米，约占地球表面积的 71%，海洋中含有十三亿五千多万立方千米的水，约占地球上总水量的 97%，而可用于人类饮用的只占 2%。地球四个主要的大洋为太平洋、大西洋、印度洋、北冰洋，大部分以陆地和海底地形线为界。人类已探索的海底只有 5%，还有 95%大海的海底是未知的。因为地球海洋面积(约为 3.6 亿平方千米)远远大于陆地面积，故有人将地球称为一个"大水球"。传统上，南极海也被分为三部分，分别隶属三大洋。将南极海的相应部分包含在内，太平洋、大西洋和印度洋分别占地球海洋总面积的46%、24%和 20%。重要的边缘海多分布于北半球，它们部分为大陆或岛屿包围。最大的是北冰洋及其近海、欧洲的地中海、加勒比海及其附近水域、白令海、鄂霍次克海、黄海、东海和日本海。

海和洋构成了海洋。一般来说，近陆为海、远陆为洋，水体相同，均为海水。海洋是地球上广大而连续分布的咸水体的总称。洋底地貌可以分为大洋中脊和深海盆地。海底地貌单元有：大陆架、大陆坡、大陆基、岛弧、海沟和弧后盆地。但两者有着根本性区别，如表 7-2 所示。

表 7-2 海与洋的区别

海	洋
形成时间晚：第三纪、第四纪	形成时间早：中生代已出现
海底大多数为大陆型地壳	洋底为大洋型地壳
水浅，一般<3000m，多为数百米	水深，一般>3000m
范围局限，受陆地轮廓直接影响	面积广阔，不受陆地影响

7.6.2 海水的地质作用

海水的运动是重要的地质作用动力，主要有波浪、潮汐、蚀流和洋流、沉积、升降等运动形式。

1. 波浪及其侵蚀、搬运作用

波浪主要由风摩擦海水而引起的，也可因潮汐、海底地震、大气压剧变而产生。波浪是一种有规律的起伏运动，由一个凸起的部分(波峰)和一个凹陷的部分(波谷)组成。波峰、波谷、波长、波高是波浪的四要素。

波浪作用的深度不超过波长的一半，此时的深度界面就是波浪底部，称为波(浪)基面。正常浪的作用范围大致在水深 20m。波浪在向海岸方向传播时，当海水的深度小于一半时，水质点的运动受到海底摩擦的影响，使波高逐渐加大，而波长逐渐减小，波峰逐渐变尖，圆周运动变成了椭圆运动，逐渐形成不对称的波浪形态。最终形成翻卷浪和拍岸浪。进流、退流和沿岸浪都在搬运泥沙，并不断对海岸进行改造。

1) 波浪的冲蚀作用

一般发生在海岸带，形成特有的海蚀地貌。(海蚀穴、海蚀崖、海蚀柱、海蚀拱桥、海蚀阶地)

2) 海浪的磨蚀作用

海浪的磨蚀作用主要发生在海水几米至几十米深的地方。拍岸浪破坏的岩块随着退流带到滨海底部来回滚动，即对海底进行磨蚀，本身相互间摩擦磨圆，成为磨圆度很好的砾石和砂砾。

3) 浪波的搬运作用

浪波的搬运作用能引起近岸带沉积物的搬运和再沉积。进流就将水下的砂、砾向岸上搬运，形成砾滩、砂滩或砂坝；回流又搬回水下，在离岸一定距离的水下沉积，成长为平行海岸的砂堤或砂坝。如果波浪斜击海岸形成沿岸流，常形成砂嘴或砂坝，将近陆的一部分水域与外海隔离开来，使其转变成湖泊，称为潟湖。

2. 潮汐及其侵蚀、搬运作用

海水在月球和太阳引力及地球自转产生的离心惯性力的共同作用下，产生周期性的涨落现象，称为潮汐。

在平坦海岸带，潮水的涨落影响到相当宽阔的范围，对于沉积物起着反复侵蚀、搬运和再沉积的作用，控制着沉积物的性质和特征。

在狭窄的河口地带，潮流的侵蚀搬运作用特别强烈。因而河口被强烈冲刷，不形成三角洲，相反，河口向外海呈漏斗状展开，称为三角港，如钱塘江、恒河、叶尼塞河、亚马孙河、泰晤士河、易比河等的河口即为强潮形成的三角港。

3. 洋流及其侵蚀、搬运作用

1) 洋流的特征

海水沿一定方向做大规模有规律的流动，称为洋流(海流)。洋流的特征如下。

(1) 洋流的宽度从数十千米到数百千米，长达数千千米。

(2) 流速较慢，一般仅为每小时数千米。

(3) 有表层洋流(一般不超过 100m)，也有深部洋流。

2) 洋流的成因

(1) 表层洋流主要是由定期而来的信风产生的，其次为海水温差产生暖流和寒流。

(2) 深部洋流主要是海水密度差并引起的密度流，其流向可以是水平的，也可以是垂直的环流。

3) 洋流的地质作用

主要是搬运作用和轻微的海底侵蚀作用。

4. 浊流及其侵蚀、搬运作用

浊流是一种含有大量悬浮物质(砂、粉砾、泥质物质)并以较高速度向下流动的水体。

浊流的成因至今还不太清楚，推测可能是由暴风浪、地震、火山以及海底滑坡引起的，往往能在海底进行侵蚀、搬运、沉积等地质作用。

大陆坡上普遍发育着 V 形峡谷，其底部常有扇形、锥形碎屑沉积物、生物碎屑沉积物，称为深海冲积扇(锥)，推测为浊流侵蚀、搬运作用形成的。许多深海平原上的沉积物也认为是由浊流搬运而来的。

总体来说，海水的搬运以波浪搬运作用为主。一般具有明显的分带性：较粗、重的颗粒搬运距离近(在近岸沉积)，较细轻的颗粒搬运距离远，化学溶蚀物质搬运更远。因此可以根据沉积物的粗细、轻重分析当时距离海岸的远近。

5. 海水的沉积作用

海洋是地球上最大的、最广阔的沉积场所。之所以说要有大海一样的胸怀，就是因为大海的肚量大。因此海水的沉积作用具有极其重要的地位。海洋沉积物的来源包含陆源物质、生物物质、海底火山喷发的产物及宇宙降落的陨石、尘埃。海水的沉积作用主要有机械沉积、潟湖沉积、潮坪沉积、浅海沉积、半深海及深海沉积。

1) 机械沉积

(1) 基岩海岸的主要机械沉积特征。

① 沉积物以砂、砾为主，形成砾石滩或沙滩，磨圆度和分选性较好。

② 砾石的长轴大致与海岸平行，砾石扁平面向着大海倾斜，显示出定向排列特点。

③ 砂质成分较单一，通常以石英砂为主，少量贝壳砂。有些化学性质稳定、密度较大的矿物可富集形成滨海砂矿，如钛铁矿、金、金刚石等。

④ 砂质沉积物中常见的交错层理和不对称波浪等。

高等院校立体化创新规划教材

(2) 低平海岸的机械沉积特征。

① 以泥质和碳酸盐沉积为主，形成泥滩，常见砂质透镜体，也有以砂质为主的沙滩。

② 具有水平纹层结构，常见交错层理。

③ 可发展成为滨海沼泽，并形成大规模的煤田。

2) 潟湖沉积

滨海的潮下带形成砂坝，在适宜的条件下，砂坝不断加宽、加高，使海的边缘或海湾与外海隔离或半隔离，则形成了潟湖。

潟湖沉积特点如下。

(1) 以泥沙质沉积为主，水平层理发育。

(2) 干旱地区的潟湖常形成盐类沉积，夹在其中。

3) 潮坪沉积

潮坪是指以潮汐为主要水动力条件的滨海环境，在坡度极缓的海岸带，形成平坦宽阔的坪地。潮坪沉积若以砂质为主，称为砂坪，若以泥质为主，称为泥坪。

4) 浅海沉积

浅海指水下岸坡以下(以水下砂坝为标志)，直至 200m 深度的海域，其海底为大陆架。

(1) 浅海的特点。

① 波浪、潮汐运动较强烈，有时能直接影响到海底，使浅海具有良好的通气条件及稳定的盐度，且阳光充足、海水温暖，有利于生物大量繁殖。

② 浅海区是海洋沉积最主要的沉积场所，接纳了陆上河流带来的大量碎屑物质和溶运物质(绝大多数沉积岩属于浅海沉积形成的)。

(2) 浅海机械沉积特征。

① 碎屑物质主要来源于陆地，部分来自海蚀作用产物。

② 沉积物颗粒比滨海沉积细，砾石极少见。

由近岸到浅海处，沉积物由粗到细：粗砂→中砂→细砂→粉砂(粉砂质黏土)。

③ 具有良好的水平层理，常含有较完整的动物遗体、贝壳等。

(3) 浅海化学沉积特征。

① 化学沉积物来自海水溶蚀物质以及河流地下水带来的溶解物质和胶体物质。

② 上述物质在不同的环境下形成不同的化学沉淀物：首先，呈胶体状态的 Fe、Al、Mn 的氧化物沉积下来，可形成鲕状、豆状、肾状赤铁矿、铝铁矿、锰质矿等。其次，是低价铁硅酸盐和铁的碳酸盐沉淀，形成海缘石和棱铁矿等。最后是碳酸盐类沉积，形成石灰岩、白云岩等。

(4) 浅海生物沉积特征。

由于浅海中生物大量繁殖和死亡，它们的骨骼和外壳就在适宜的环境下沉淀下来，形成生物沉积岩，主要有贝壳灰岩、有孔虫灰岩、硅藻岩等，最常见的是珊瑚礁灰岩(有岸礁、堡礁、环礁)。

5) 半深海及深海沉积

半深海是位于大陆坡上的水域(水深 200～3000m)，本带生物以浮游及浮游生物为主，靠近浅海部位有少量种属单调的底栖生物。

深海是位于大洋底上的水域(水深大于 3000m)。具有较特殊的浊流沉积，化学沉积作用较微弱，沉积速度十分缓慢。

(1) 沉积物的特点：沉积物颗粒极细，主要是悬浮于水中的黏土及浮游生物遗骸(浊流沉积属特殊沉积)，还有少量海底火山喷发及浮冰带来的碎屑物质。

(2) 半深海的沉积物特征：半深海大多数地方的沉积物只有少量来自陆地，大部分沉积物是海洋生物遗体形成的软泥。

(3) 深海的主要沉积类型：深海主要是浊流沉积物以及浮游生物的遗体、海底火山口喷发的物质、宇宙尘埃等组成的软泥、锰结核、金属、浊积物。

① 软泥：分布最广，根据其中含有的生物碎层来命名，如抱球虫软泥、钙质软泥、翼足虫软泥、硅藻软泥、硅质软泥、放射虫软泥。

② 锰结核：在大洋底部广泛分布着锰结核，主要来源于大陆溶蚀物和海底火山喷发。储量丰富，约有十几万亿吨，是重要的矿产资源，由于开采条件限制，目前只是在进行开采工艺实验。

③ 海底沉积物中 Mn、Co、Ni、Cu 金属的储量，远远超出大陆上同类金属的储量。有人做出估计，这些储量可供人类开采使用 1000～10000 年。由于其经济潜力极大，目前有的国家正在从事深水开采方法研究。

④ 深海冲积扇(浊积物)：是浊流形成的沉积岩。近年来发现很多油田跟浊积岩有关，因此加大了对它的研究。

由砂、粉砂等细碎屑物与泥质物组成韵律交互层，具有清楚的递变层理及印模等构造，固结而成浊积岩。太平洋四周的海沟中都充填着浊流沉积，并形成巨大的海底平原。

6. 海水的升降

海水面的升降是在地质历史中频繁发生的现象，它与构造运动、海底扩张速度变化及海水量的变化相关。火山的大规模喷发可能引起海水量的增加，冰川作用时期则引起海水量的减少。

构造运动及板块扩张速度的变化，更是地质历史时期海进海退的主要因素。

海平面上升，海水向大陆侵进，海岸线向大陆方向迁移，称为海进。海进的沉积序列，在纵向剖面上表现为沉积物粒度下粗上细。

海平面下降，海水后撤，海岸线向海洋方向迁移，称为海退。海退的沉积序列，在纵向剖面上表现为沉积物粒度下细上粗。

根据地壳中沉积岩的沉积序列，就可以推测地质历史时期海陆分布的变化和海岸线的迁移，以及构造运动规律、古气候的演变等，进而结合生物的演化特征恢复地球的发展历史。

【案例分析】

岱山湖位于安徽肥东县与全椒县交界处，距合肥市区 57km，距江苏省城南京市 96km。岱山湖湖面广阔，环境宜人，水质优良，周边乡野情趣浓郁，岸边植被丰富，物种齐全，四季景色变幻无穷，湖湾转折弯曲，幽静恬淡，景致怡人。

岱山湖地属亚热带气候，温暖湿润，年平均气温 15.7℃，冬暖夏凉，空气污染指数常年为 20 左右，达到优良标准。四面青山环绕，山水交融，水随山转，别有洞天，平均水深20m，最深处46m。湖底为砂质，水清见底，四面山坡缓缓铺入水中，坡度小于15°，形成几处天然的沙滩，丘顶多呈浑圆状态，一座山丘发育有多种岩石层，既有火成岩，也有水成岩，还有变质岩，大部分山丘的主体岩性多为花岗岩、片麻岩等。水面有宽有窄，湖边有湾有港，自成体系，具有开展各类水上项目的理想条件，湖边山区森林覆盖率 90% 以上，有400多种植物，如马尾松、洋槐、元竹等。

分析：岱山湖地貌概况：坡地上的岩体或土体在自身重力的作用下，发生位移所形成的地表形态。由于坡地重力所移动的物质多为块体形式，故又将这种移动称为块体运动。按运动方式分为崩落、滑动、蠕动三类。形成的重力地貌类型有：①崩塌，又可分为山崩、塌岸和散落而形成的不同形式的崩塌地貌。②滑坡。③蠕动土屑。④土溜，又分为冻融土溜、热带土溜。有时也将山地沟谷中的泥石流列入重力地貌。实际上，它是重力地貌与流水地貌之间的过渡性地貌类型。

7.7　地貌学简论

地貌学是研究地球表面的形态特征、成因、分布及其演变规律的学科，又称地形学。它是地理学的分支，也是地质学的一部分。地貌学对工程建设、农业生产、矿产勘察、自然灾害防治和环境保护等均有实际意义。

地貌学简论.mp4

7.7.1　地貌的定义

地质作用在地壳表面形成的各种不同成因、不同类型、不同规模的起伏形态，称为地貌。随着地貌学的发展，地形和地貌两个词已被赋予了不同的含义。地形通常用来专指地表既成形态的某些特征，如高低起伏、坡度大小和空间分布等。地貌不仅包括地表形态的全部外貌特征，还包括运用地质动力学的观点，分析和研究这些形态的成因和发展。地貌条件与公路工程建设有着密切的关系。

1. 地貌的形成和发展

地壳表面的各种地貌都在不停地形成和发展变化着，其动力就是内、外力地质作用。内力地质作用形成了地壳表面的基本起伏，对地貌的形成和发展起着决定性的作用。外力地质作用则对内力地质作用所形成的基本地貌形态，不断地进行雕刻、加工，使之复杂化。

地貌形成、发展的规律和影响因素：地貌的形成和发展虽然错综复杂，但有其一定的规律。它取决于内、外力作用之间的量的比例关系，也取决于地貌水准面，还受地质构造、岩性、气候条件等因素的影响。

2. 地貌的等级

地貌等级一般分为四级。

(1) 巨型地貌。海陆之分，大的内海和山系，由内力作用形成。

(2)　大型地貌。山脉、高原、山间盆地等，基本也是由内力作用形成的。

(3)　中型地貌。河谷以及河谷之间的分水岭等，主要是由外力地质作用形成的。

(4)　小型地貌。残丘、阶地、沙丘、小的侵蚀沟等，基本是由外力地质作用控制。

7.7.2　地貌的成因

地貌的成因可以分为内力地貌和外力地貌两个大类。

1. 内力地貌

内力地貌包含构造地貌和火山地貌。在地貌的形成中，构造运动造成地球表面的巨大起伏，因而成为形成地表宏观地貌特征的决定性因素。根据板块构造学说，全球的板块有大陆板块和大洋板块，它们的区别造就了陆地与海底地貌的差异。以陆地来说，巨大的高原、盆地与平原多与地块的整体升降运动有关，如青藏高原是整体隆升的。巨大的山脉与山系则与地壳褶皱带相联系，这是从大尺度上来说的。

从中尺度上来说，呈上升运动的水平构造是形成桌状山、方山与丹霞地貌的前提。凡是在第三纪红色砂砾岩地层上发育而成的各种地貌统称丹霞地貌。其景观特点是："色渥如丹，灿若明霞。"广东仁化县丹霞山是我国典型的丹霞风景区，该山已经入选世界地质公园，是广东第一个世界级的名山，也是我国丹霞地貌研究最早开始的地方。由于红色砂砾岩有明显的层理结构、垂直节理和球状风化等特征，所以有类似花岗岩地貌特点的一面；又因为红色砂砾岩内部多钙质胶结物，所以又有近似石灰岩地貌特征的一面，因此，丹霞地貌形态万千，精巧玲珑，奇秀异常。我国的丹霞地貌南北都有分布。

2. 外力地貌

外力地貌包含水成地貌、冰川地貌、风成地貌、岩溶地貌和重力地貌。地壳升降运动可在短距离、小范围内形成巨大的地表高度差异，不同高度地貌特征因而表现出垂直分布。

大多数地貌外力受气候因素的控制。气候水热组合状况不同导致外力性质、强度和组合状况发生差异，最终形成不同的地貌类型及地貌组合。比如丹霞地貌，在我国东南和西北地区的特点就不同。

在高纬和高山寒冷气候区，降雪量大于消融量，冰雪逐年累积，发育成冰川，冰川和冰缘作用成为主要外动力。在冰川作用下，山地将形成角峰、刃脊、冰斗、U形谷、冰川三角面、冰碛垄、冰碛堤、冰碛丘陵等冰川地貌和冻胀丘、冰核丘、融冻泥流、融冻阶地、石河、石带、石海、石环、多边形冻土等冰缘地貌。

在湿热气候区，地表径流丰富，以流水作用为主，各种流水地貌普遍发育。湿热气候条件下，流水作用虽然仍占主导外力地位，但同时化学风化强烈，红色风化壳普遍较厚(多发育红壤、砖红壤，如海南岛的砖红壤风化壳)。在该气候区内，植被覆盖率高，植被有效地减弱了流水侵蚀能力，平原、缓丘、穹状或钟状基岩岛山成为最常见的地貌类型。

在干旱气候区，风与间歇性洪流为主要外动力。相应的地貌类型包括风蚀残丘、风蚀洼地、各种沙丘、沙垅、洪积扇、洪积倾斜平原等。干旱剥蚀山地山坡后退过程中形成的残留有岛山的山麓面，也是干旱区特有的地貌类型。山地河流往往在山麓或盆地边缘发育的洪积扇和冲积－洪积扇上隐没，地下水从洪积扇的前缘渗出，这里成为干旱区的绿洲。

7.7.3　常见地貌单元的分类

常见的地貌单元分类如表 7-3 所示。

表 7-3　常见的地貌单元分类

成　因	地貌单元		主导地质作用
构造、剥蚀	山地	高山	构造作用为主，强烈的冰川刨蚀作用
		中山	构造作用为主，强烈的剥蚀切割作用和部分的冰川刨蚀作用
		低山	构造作用为主，长期强烈的剥蚀切割作用
	丘陵		中等强度的构造作用，长期剥蚀切割作用
	剥蚀残山		构造作用微弱，长期剥蚀切割作用
	剥蚀准平原		构造作用微弱，长期剥蚀和堆积作用
山麓斜坡堆积	洪积扇		山谷洪流洪积作用
	坡积裙		山坡面流坡积作用
	山前平原		山谷洪流洪积作用为主，夹有山坡面流坡积作用
	山间凹地		周围的山谷洪流洪积作用和山坡面流坡积作用
河流侵蚀堆积	河谷	河床	河流的侵蚀切割作用或冲积作用
		河漫滩	河流的冲积作用
		牛轭湖	河流的冲积作用或转变为沼泽堆积作用
		阶地	河流的侵蚀切割作用或冲积作用
	河间地块		河流的侵蚀作用
河流堆积	冲积平原		河流的冲积作用
	河口三角洲		河流的冲积作用，间有滨海堆积或湖泊堆积作用
大陆停滞水堆积	湖泊平原		湖泊堆积作用
	沼泽地		沼泽堆积作用
大陆构造～侵蚀	构造平原		中等构造作用，长期堆积和侵蚀作用
	黄土塬、梁、峁		中等构造作用，长期黄土堆积和侵蚀作用
岩溶(喀斯特)	岩溶盆地		地表水及地下水强烈的溶蚀作用
	峰林地形		地表水强烈的溶蚀作用
	石芽残丘		地表水的溶蚀作用
	溶蚀准平原		地表水的长期溶蚀作用及河流的堆积作用

1. 构造、剥蚀地貌

1)　山地

山地按构造形式可划分为断块山、褶皱断块山、褶皱山，如表 7-4 所示。

(1)　断块山：由于断裂作用上升的山地称为断块山。断块山最初形成时，具有完整的断层面和明显的断层线。断层面成为山前的陡崖，外形一般为三角形；断层线则是崖底的轮廓线。由于断块山不断上升，经过长期的风化和剥蚀，断层面被破坏并向后退却；崖底的断层线也被巨厚的风化碎屑物所掩盖。

(2) 褶皱断块山：在构造形态上具有被断裂作用分离的褶皱岩层，曾经是构造运动剧烈和频繁的地区。

(3) 褶皱山：具有背斜或向斜构造的山地。构造形态上并不复杂，除了简单的背斜或向斜褶曲外，有时还有次生的小褶曲。山脉的走向与褶皱轴的方向常一致。在向斜构造的褶皱山区，河流常沿向斜轴部发育而成狭长的槽沟地形。在背斜构造的褶皱山区，由于背斜轴部张节理发育，容易遭受风化剥蚀，同样也容易产生狭长的槽沟地形。

表 7-4　山地按地貌形态分类

山地名称		绝对高度(m)	相对高度(m)	备　注
最高山		>5000	>5000	其界线大致与现代冰川位置和雪线相符
高山	高山	3500～5000	>1000	以构造作用为主，具有强烈的冰川刨蚀切割作用
	中高山		500～1000	
	低高山		200～500	
中山	高中山	1000～3500	>1000	以构造作用为主，具有强烈的剥蚀切割作用和部分的冰川刨蚀作用
	中山		500～1000	
	低中山		200～500	
低山	中低山	500～1000	500～1000	以构造作用为主，受长期强烈剥蚀切割作用
	低山		200～500	
丘陵		<500	<100	

2) 丘陵

丘陵是经过长期剥蚀切割、外貌成低矮而平缓的起伏地形。其绝对高度小于 500m，相对高度小于 200m。丘陵地区基岩一般埋藏较浅，顶部常直接裸露，风化严重，有时表层为残积物掩盖；谷底堆积有较厚的洪积物、坡积物或冲积物，有时还有淤泥等；在边缘地带常堆积有结构松散的新近沉积物。丘陵地区地下水的分布较复杂，一般丘顶部分无地下水，边缘和谷底常有上层滞水或潜水型的孔隙水。

3) 剥蚀残山

低山在长期的剥蚀过程中，极大部分的山地都被夷平成为准平原，但在个别地段形成了比较坚硬的残丘，称剥蚀残山。一般常成几个孤零耸立的小丘，有时残山与河谷交错分布。

4) 剥蚀准平原

剥蚀准平原是低山经过长期的剥蚀和夷平，外貌显得更为低缓平坦，具有微弱起伏的地形。其分布面积一般不大。由于长期受到剥蚀，因而基岩常裸露地表，有时低洼地段覆盖有不厚的残积物、坡积物、洪积物等。剥蚀准平原的地下水一般埋藏较深，或只有一些上层滞水，地下水位随地形的起伏而略有起伏。

2. 山麓斜坡堆积地貌

1) 洪积扇

山区河流自山谷流入平原后，流速减低，形成分散的漫流，流水携带的碎屑物质开始堆积，形成由顶端(山谷出口处)向边缘缓慢倾斜的扇形地貌。

洪积扇的顶部沉积物的颗粒粗大，且多呈亚角形，中部颗粒较细，多为块石、碎石、圆砾、角砾及砂等，尾部颗粒更细，多为细砂、粉砂、粉土和粉质黏土等，有时还有淤泥等软土。

洪积扇的地下水位在顶部埋藏较深，向中部及尾部变浅，在尾部及边缘地带常出露地表，形成条带状沼泽地。

2) 坡积裙

坡积裙是由山坡上的面流将风化碎屑物质，携带到山坡下，并围绕坡脚堆积，形成的裙状地貌。坡积裙的物质组成直接来源于山坡，因此，一般分选性差，细小和粗大的颗粒相互夹杂在一起。有时由于重力作用，粗颗粒堆积在紧邻山麓，细颗粒则堆积得稍远一点。

3) 山前平原

在干旱、半干旱的气候条件下，暂时水流在山前堆积了大量的洪积物，这些洪积物和山坡上的面流所携带下来的坡积物汇合起来，形成了宽广平坦的山前平原。

山前平原的规模大小不一，从外貌上看，环绕着山前地带成狭长地形，靠近山麓地形较高，由于山前平原是由无数个大小不一的洪积扇所组成，因而形成高低起伏的波状地形。

山前平原沉积物的岩性和山区岩层的分布有密切关系，如山区岩层中有煤系地层分布时，在山前平原上则广泛分布着夹杂煤屑的粉质黏土层。

在新构造运动上升的地区，洪积扇向山麓的下方移动，因此山前平原的范围不断扩大，如果山区在上升过程中曾有过间歇，在山前平原上就产生了高差明显的山麓阶地。

4) 山间凹地

被环绕的山地所包围而形成的堆积盆地，称为山间凹地。山间凹地由周围的山前平原继续扩大所组成，凹地边缘颗粒粗大，一般呈亚角形，颗粒逐渐变细，地下水位浅，有时形成大片沼泽洼地。

3. 河流侵蚀堆积地貌

(1) 按照形成原因可以将河谷分为以下六种。

① 侵蚀河谷：由地表水流所切割成的河谷。

② 构造河谷：由地壳错动所产生的低地，后来又经流水作用所形成的河谷。

③ 火山河谷：分布在火山裂隙处的河谷。

④ 冰川河谷：经过冰川活动所形成的河谷。

⑤ 岩溶河谷：在岩溶地区地表水、地下水活动所形成的河谷。

⑥ 风成河谷：由风力作用所形成的河谷。

(2) 河谷内各地貌单元的特征如下。

① 河床。河床是谷底河水经常流动的地方。河床由于受河流的侧向侵蚀作用而弯来弯去，经常改变河道的位置，这样一来，河床底部的冲积物就复杂多变。

② 河漫滩。分布在河床两侧，经常受洪水淹没的浅滩称为河漫滩。河流上游，河漫滩往往由大块碎石所组成，但又是不稳定的，再一次洪水到来时可能会把它们冲走。

③　牛轭湖。牛轭湖是河流产生蛇曲的结果。当河流弯曲得十分厉害，一旦河流截弯取直，原来弯曲的河道淤塞，就成了牛轭湖。在枯水和平水期间，牛轭湖内长满了水草，渐渐淤积成为沼泽。

④　阶地。阶地是地壳上片、河流下切形成的地貌。当上升过程中有几次停顿的阶段时，就形成几级阶地。阶地由河漫滩以上算起，分别称为一级阶地、二级阶地等。阶地愈高，形成的时代愈老，这样一来，高阶地上土的密度就比较大，压缩性也比较低。但是，高阶地靠山坡的一侧也可能有新近堆积的坡积层、洪积层，其压缩性高，结构强度反而低。在低阶地上，土的密度就较高阶地为小，地下水位也较浅，特别要注意低阶地上地形比较低洼的地段。这些地方有时积水，生长一些水草。这往往曾是形成河漫滩湖泊和牛轭湖的地方。有时河漫滩湖泊或牛轭湖的堆积物埋藏很深，成为透镜体或条带状的淤泥。

4. 河流堆积地貌

1)　冲积平原

巨大河流的中下游，河谷非常开阔，堆积作用十分强烈。每当雨季，洪水溢出河床，流速降低，堆积大量碎屑物，在两岸逐渐形成了天然堤。当洪水继续向河床以外广大面积上淹没时，流速愈来愈小，堆积了更为细小的物质，形成一片广阔的冲积平原。或者，当河流的阶地达到非常大的面积时，这个具有平缓的微微切割的广大地区也称为冲积平原。

冲积平原上岩石埋藏一般很深，第四纪沉积物很厚，细颗粒多，地下水位浅，地基土的承载力较低。在冲积平原上，凡是地形比较低洼或水草茂盛的地方，过去曾是河漫滩、湖泊或牛轭湖，常有较厚的带状淤泥分布。冲积平原上有时被风成沙所掩盖，形成了复杂的沙丘地貌。

2)　河口三角洲

河流在入海或入湖的地方堆积了大量的碎屑物，构成了一个三角形的地段，称为河口三角洲。由于河口三角洲是河流的最末端，入海处经常受到海浪或湖汐的顶托，流速几乎为零，使淤泥等最细小的颗粒能全部堆积下来，形成巨厚的淤泥层。河口三角洲地下水位一般很浅，地基土的承载力比较低，通常为软土地基。

新构造运动上升的地区，海岸线不断往海域方向扩张，河口三角洲的面积日益扩大，反之，则渐趋缩小。在河口三角洲形成的时期，流速迅速减小，产生了大量的分流，形成一个复杂的水系网。小的分流往往成为许多纵横交错的小河沟，这些小河沟后来又被河流冲积物所掩盖，成为暗浜或暗沟。

5. 大陆停滞水堆积地貌

1)　湖泊平原

由于地表水流将大量的风化碎屑物带到湖泊洼地，使湖岸堆积、湖边堆积和湖心堆积不断地扩大和发展，形成了大片向湖心倾斜的平原，称为湖泊平原。

由于湖泊平原是在静水条件下堆积起来的，淤泥和泥炭的总厚度很大，其中往往夹有数层很薄的水平层理的细砂或黏土夹层，很少见到圆砾或卵石。土的颗粒由湖岸向湖心逐渐变细。湖泊平原上地下水位一般很浅，土质也软弱。

2)　沼泽地

湖泊洼地中水草茂盛，大量有机物在洼地中积聚，久而久之产生了湖泊的沼泽化。当

高等院校立体化创新规划教材

喜水植物渐渐长满了整个湖泊洼地，便形成了沼泽地。

一方面，在平原上河流弯曲的地段，容易产生沼泽地，大多曾是形成河漫滩湖泊或牛轭湖的地方。另一方面，当河流流经沼泽地时，由于沼泽地的土质松软，侧向侵蚀强烈，河道往往迂回曲折，有时形成许多小的牛轭湖。在山区山坡较平缓的地段，由于地表水排泄不畅或由于地下水的出露亦可形成沼泽地。

6. 岩溶(喀斯特)地貌

1) 岩溶盆地

岩溶盆地是一种漏斗状或盆状的凹地，常以较高、较陡的悬崖与周围相隔离。盆地的规模大小不一，形态上变化也很大，有时由数个岩溶盆地串联成狭长形的带状地。

岩溶盆地的底部比较平坦(底部低洼部分常有软土、淤泥存在)。地表河流或地下暗河流经其中，常有漏斗、竖井、落水洞等分布。盆地边缘常有石灰岩的风化残积物(红黏土)及悬崖崩塌物的堆积；岩溶盆地的周围常有各种形式的岩溶下降泉出露，地表水及周围的下降泉均由无数的落水洞或暗河所排泄。在洪水期间，这些落水洞或暗河被堵，排泄不畅时，则形成暂时积水，淹没盆地底部或成为一个季节性的岩溶湖泊。

岩溶盆地常一连串地沿着断层线、褶皱轴或主要节理方向上发育，因这些构造形迹的存在，使岩溶盆地更易发育。

落水洞、竖井：是由于地表水沿着石灰岩凹地、高倾角节理、裂隙密集交叉处溶蚀扩大而成，起着近代地表水流入地下的通道作用者，称落水洞；不起近代地表水流入地下通道作用者，称竖井或天然井。

漏斗：为倒圆锥状或漏斗状的低洼地形，由于水的侵蚀并伴随着塌陷而形成。

溶洞、暗河：以岩溶水的溶蚀作用为主，间有潜蚀和机械塌陷作用而形成的近于水平方向延伸的洞穴，称溶洞；当溶洞中有经常性的水流，而流量又较大(大于 50L/s)时，则称为暗河。

2) 峰林地形

岩溶盆地的边缘进一步受到溶蚀破坏，使连续的石灰岩悬崖切割分离而成柱形或锥形的陡峭石峰，就形成了峰林地形。许多石峰分布在一起的称峰丛或峰林。当峰林地形形成后，由于地表河流的侧蚀作用和进一步的溶蚀作用，石峰的高度减低，相互间的距离增大，形成了孤立挺拔的孤峰，有时称为残峰。在厚层水平的石灰岩地区，当垂直节理发育时，经强烈的溶蚀作用而成密集壁立的石峰称为石林。

峰林地区的地面常崎岖不平，常有石芽发育，并有漏斗、竖井、落水洞、暗河等分布。峰林往往顺岩层走向排列，在背斜的轴部，峰林最易形成，而且发育也较完善。在产状平缓、层厚、质纯的石灰岩地区，峰林则常呈星点状分布。

3) 石芽残丘

当地表水沿石灰岩的表面或裂隙流动时，常将岩石溶切成很深的槽沟，其长度小于五倍宽度者，称为溶沟，大于五倍者称为溶槽。溶沟之间凸起的石脊，成为石芽。石芽分布在石灰岩裸露的地面上，成为石芽残丘。石芽的形态表现多种多样，有山脊式、棋盘式和石林式，或裸露于地面，或隐伏于地下。石芽之间溶沟底部的红黏土，一般含水量较大，土质较软。

4)　溶蚀准平原

岩溶盆地经过长期的溶蚀破坏，形成比较开阔的平原，称为溶蚀准平原。其上常有稀落低矮的残峰分布，地表为河流冲积层或石灰岩的风化残积物(红黏土)所覆盖，河流两旁或河床底部有时有石灰岩出露，地面分布着漏斗或落水洞，或有石芽出露地表。暗河时出时没，常见的有地表塌陷及造成塌陷的土洞。

本 章 小 结

本章详细介绍了第四纪的概念及其相关的知识，其中包含第四纪地层划分、第四纪的特征、第四纪与人类、第四纪沉积物、第四纪与环境、海洋地质、地貌学简论等内容。通过学习，读者对第四纪地层和地貌及其与工程的关系可以有全面而详细的了解。

思考与练习

1. 填空题

(1)　地质学家把_____称为第四纪。第四纪也称为第四纪冰川期。我们通常说到的"冰河时代"，就是指这个时期。

(2)　地质作用在地壳表面形成的各种_____、_____、_____的起伏形态，称为地貌。

(3)　地貌的成因可以分为_____和_____两个大类。内力地貌包含_____和_____。外力地貌包含_____、_____、_____、_____和_____。

2. 简答题

(1)　第四纪沉积物有哪些？其有什么特征？

(2)　海水的地质作用有哪些？

第 8 章　常见的地质灾害

本章导读

本章将详细介绍工程地质学中常见的地质灾害，包括滑坡、泥石流、崩塌的形成原因、特点以及在工程施工中的预防措施等。通过学习可以让施工变得更加顺利，确保工程质量。

学习目标

- 掌握常见地质灾害的基本情况。
- 掌握常见地质灾害对工程的影响。

常见的地质灾害.mp4

8.1　概　　述

自然因素为主导致的地质灾害称为自然地质灾害，主要由人为因素引发的地质灾害则称为人为地质灾害。就地质环境或地质体变化的速度而言，可分为突发性地质灾害与缓变性地质灾害两大类。崩塌、滑坡、泥石流为突发地质灾害，地裂缝、地面沉降是缓变性地质灾害，又称为缓变地质灾害。

概述.mp4

8.1.1　灾害的基本含义

灾害是对能够给人类和人类赖以生存的环境造成破坏性影响的事物的总称。灾害不表示程度，通常指局部，可以扩张和发展，演变成灾难。例如，蝗虫虫害的现象在生物界中广泛存在，当蝗虫大量繁殖、大面积传播并毁损农作物造成饥荒的时候，即成为蝗灾；传染病的大面积传播和流行、计算机病毒的大面积传播即可酿成灾难。一切对自然生态环境、人类社会的物质和精神文明建设，尤其是对人们的生命和财产等造成危害的天然事件和社会事件，如地震、火山喷发、风灾、火灾、水灾、旱灾、雹灾、雪灾、泥石流、疫病等。

灾害按照起因有人为灾害或自然灾害；根据原因、发生部位和发生机理划分，有地质灾害、天气灾害和环境灾害、生化灾害和海洋灾害等。

地质灾害是指包括自然因素或者人为活动引发的危害人民生命和财产安全的崩塌、滑坡、泥石流、地面塌陷(采空塌陷、岩溶塌陷)、地裂缝、地面沉降、海(咸)水入侵等与地质作用有关的灾害。

8.1.2　不同的地质灾害

1. 火山喷发

火山爆发时，最初常在火山口或在山坡冲开一个出口，喷出黑色气体烟柱；接着大量岩石碎屑及熔岩物质被喷上天空，纷纷降落于火山周围地区；最后火山流出灼热的岩浆，沿山坡向下流动。火山喷发停止后，还常常沿着喷气孔喷发气体或形成温泉。它给人类带来严重灾害，但也赋予人类以矿产、肥沃土壤和有待开发的热源。

2. 地震

大地发生突然的震动，主要是岩石圈内能量积累和释放的一种形式。全球绝大多数地震是构造地震，约占地震总数的 90%。其中大多数又属于浅源地震，影响范围广，对地面及建筑物的破坏非常强烈，常引起生命和财产的重大损失。火山活动引起构造变动，也有可能引发地震，现代火山带如意大利、日本、菲律宾、印度尼西亚、堪察加半岛等最容易发生火山、地震。因山崩、滑坡等，或者碳酸盐地区岩层受地下水长期溶蚀形成许多地下溶洞，洞顶塌落，引起塌陷地震。有些地方原来没有或很少发生地震，后来由于修了水库，经常发生地震，称为水库地震。它与一定的构造和地层条件有关，而水的作用只是一种诱发因素。大地震常造成极大的破坏。为了避免或尽量减少地震给国家、人民带来的灾害，必须做好地震预防工作。

3. 海啸

发生在大洋底部的地震称为海震。同样级别的地震，海震要比陆震的破坏性小，但是有时候海震可以掀动上覆的海水形成巨大的海浪，称为海啸。在广阔的大洋中，这种波浪不明显，但一接近海岸，由于海底变浅，波浪因受阻变高、能量集中而冲上海岸，可产生极大的破坏力。2004 年 12 月 26 日，印度尼西亚苏门答腊岛附近海域发生 9 级强烈地震，引发的海啸波及印度洋沿岸的南亚、东南亚及东非数国，死亡人数接近 30 万，成为近 200 年来死亡人数最多的海啸灾难。

4. 崩塌

在陡峻的山坡上，巨大的岩体、土体或碎屑层，主要在重力作用下，突然发生沿坡向下急剧倾倒、崩落的现象，在坡脚处形成岩屑堆。大型的崩塌主要在深切的高山峡谷区或邻近水库的山坡，因河流、波浪不断侵蚀切割坡脚而引起崩塌。岩性结构疏松、破碎的岩石容易发生崩塌，在一些高山或高纬度地区，冻融过程强烈，特别是在初冬或早春季节，陡坎上常见崩塌现象。暴雨、强烈的融冰化雪、爆破、地震及人工开挖坡脚等是引起崩塌的触发因素。在高山峡谷区进行工程建设，特别是道路建设，常常会遇到岩屑堆，那些不稳定的岩屑堆很容易发生崩塌，下推力很大，会造成严重后果，因此事前必须充分预计可能发生的巨变，采取各种有效措施。

5. 滑坡

滑坡是指坡面上大量土体、岩体或其他碎屑堆积，主要在重力和水的作用下，沿一定的滑动面整体下滑的现象。一般外貌起伏缓和、坡度不大而且植被覆盖较好的山坡，大多是比较稳定的。但在高陡的斜坡上部，土体或岩体处于不稳定状态，容易产生滑坡。大雨、暴雨以及相随的大量地下水的活动，河流凹岸侧蚀和人工开挖坡脚等导致滑坡，同样，不适当的大量爆破施工，也会破坏土石结构，产生滑坡。

高等院校立体化创新规划教材

6. 泥石流

泥石流为山区常见的一种突发性自然灾害现象，是由大量土、砂、石块等固体物质与水组成的一种特殊洪流。在构造破碎、地震活动、风化剥蚀或冰川活动强烈的沟谷流域有大量的砂砾等碎屑物，在陡峻的沟谷中，上游地区发生暴雨，冰雪大量融化或湖泊、水库溃决时，最易产生泥石流。它对沿程农田、道路和城镇造成很大破坏，甚至阻塞河道，形成险滩或暂时断流成湖。多年来，由于我国有些地区开展了大规模的治山、治水和水土保持工作，并根据不同的情况，修建了拦蓄、排导和停淤等泥石流防护工程，大大地减轻了泥石流的危害。

8.2 滑 坡

滑坡.mp4

滑坡是指斜坡上的土体或者岩体，受河流冲刷、地下水活动、雨水浸泡、地震及人工切坡等因素的影响，在重力作用下，沿着一定的软弱面或者软弱带，整体地或者分散地顺坡向下滑动的自然现象，俗称"走山""垮山""地滑""土溜"等。本节介绍滑坡的相关知识。

8.2.1 滑坡的种类

为了更好地认识和治理滑坡，需要对滑坡进行分类。由于自然界的地质条件和作用因素复杂，各种工程分类的目的和要求又不尽相同，因而可从不同角度进行滑坡分类，根据我国的滑坡类型可进行以下的划分。

1. 按滑坡体的体积划分

(1) 小型滑坡：滑坡体积小于 $10^5 \mathrm{m}^3$；

(2) 中型滑坡：滑坡体积为 $10^5 \sim 10^6 \mathrm{m}^3$；

(3) 大型滑坡：滑坡体积为 $10^6 \sim 10^7 \mathrm{m}^3$；

(4) 特大型滑坡(巨型滑坡)：滑坡体体积大于 $10^7 \mathrm{m}^3$。

2. 按滑坡的滑动速度划分

(1) 蠕动型滑坡：人们仅凭肉眼难以看见其运动，只能通过仪器观测才能发现的滑坡。

(2) 慢速滑坡：每天滑动数厘米至数十厘米，人们凭肉眼可直接观察到滑坡的活动。

(3) 中速滑坡：每小时滑动数十厘米至数米的滑坡。

(4) 高速滑坡：每秒滑动数米至数十米的滑坡。

3. 按滑坡体的物质组成和滑坡与地质构造关系划分

(1) 覆盖层滑坡：本类滑坡有黏性土滑坡、黄土滑坡、碎石滑坡、风化壳滑坡。

(2) 基岩滑坡：本类滑坡与地质结构的关系可分为均质滑坡、顺层滑坡、切层滑坡。顺层滑坡又可分为沿层面滑动或沿基岩面滑动的滑坡。

(3) 特殊滑坡：本类滑坡有融冻滑坡、陷落滑坡等。

4. 根据滑坡体的物质组成和结构形式等主要因素划分

根据滑坡体的物质组成和结构形式等主要因素划分，滑坡的主要类型如表 8-1 所示。

表 8-1 滑坡的主要类型

类 型	亚 类	特征描述
堆积层(土质)滑坡	滑坡堆积体滑坡	由滑坡等形成的块碎石堆积体，沿下伏基岩或体内滑动
	崩塌堆积体滑坡	由崩塌等形成的块碎石堆积体，沿下伏基岩或体内滑动
	崩滑堆积体滑坡	由崩滑等形成的块碎石堆积体，沿下伏基岩或体内滑动
	黄土滑坡	由黄土构成，大多发生在黄土体中
	黏土滑坡	由黏土构成，如昔格达组、成都黏土等
	残坡积层滑坡	由花岗岩风化壳、沉积岩残坡积层等构成，浅表层滑动
	人工弃土滑坡	由人工开挖堆填充渣构成，次生滑坡
岩质滑坡	近水平层状滑坡	由基岩构成，沿缓倾岩层或裂隙滑动，滑动面倾角≤10°
	切层滑坡	由基岩构成，沿顺坡岩层或裂隙面滑动
	切层滑坡	由基岩构成，滑动面与岩层层面相切。常沿倾向坡山外的一组软弱面滑动
	逆层滑坡	由基岩构成，沿倾向坡外的一组软弱面滑动，岩层倾向山内，滑动面与岩层层面相切
变形体	危岩体	由基岩构成，岩体受多组软弱面控制，存在潜在滑动面
	堆积层变形体	由堆积体构成，以蠕滑变形为主，滑动面不明显

8.2.2 滑坡的组成要素

滑坡的组成要素包括以下方面。

(1) 滑坡体，指滑坡的整个滑动部分，简称滑体。

(2) 滑坡壁，指滑坡体后缘与不动的山体脱离开后，暴露在外面的形似壁状的分界面。

(3) 滑动面，指滑坡体沿下伏不动的岩、土体下滑的分界面，简称滑面。

(4) 滑动带，指平行滑动面受揉皱及剪切的破碎地带，简称滑带。

(5) 滑坡床，指滑坡体滑动时所依附的下伏不动的岩、土体，简称滑床。

(6) 滑坡舌，指滑坡前缘形如舌状的凸出部分，简称滑舌。

(7) 滑坡台阶，指滑坡体滑动时，由于各种岩、土体滑动速度差异，在滑坡体表面形成台阶状的错落台阶。

(8) 滑坡周界，指滑坡体和周围不动的岩、土体在平面上的分界线。

(9) 滑坡洼地，指滑动时滑坡体与滑坡壁间拉开，形成的沟槽或中间低、四周高的封闭洼地。

(10) 滑坡鼓丘，指滑坡体前缘因受阻力而隆起的小丘。

(11) 滑坡裂缝，指滑坡活动时在滑体及其边缘所产生的一系列裂缝。位于滑坡体上(后)部，多呈弧形展布者称拉张裂缝；位于滑体中部两侧，滑动体与不滑动体分界处称剪

高等院校立体化创新规划教材

切裂缝；剪切裂缝两侧又常伴有羽毛状排列的裂缝，称羽状裂缝；滑坡体前部因滑动受阻而隆起形成的张裂缝，称鼓胀裂缝；位于滑坡体中前部，尤其在滑舌部位呈放射状展布者，称扇状裂缝。

以上滑坡诸要素只有在发育完全的新生滑坡才同时具备，并非任一滑坡都具有这些要素。

8.2.3　滑坡的产生

产生滑坡的基本条件是斜坡体前有滑动空间，两侧有切割面。例如，中国西南地区，特别是西南丘陵山区，最基本的地形地貌特征就是山体众多，山势陡峻，土壤结构疏松，易积水，沟谷河流遍布于山体之中，与之相互切割，因而形成众多的具有足够滑动空间的斜坡体和切割面，广泛存在滑坡发生的基本条件，滑坡灾害相当频繁。

1. 斜坡的组成

从斜坡的物质组成来看，具有松散土层、碎石土、风化壳和半成岩土层的斜坡抗剪强度低，容易产生变形面下滑；由于坚硬岩石中岩石的抗剪强度较大，能够经受较大的剪切力而不滑坡、变形滑动。如果岩体中存在着滑动面，特别是在暴雨之后，由于水在滑动面上的浸泡，使其抗剪强度大幅度下降而易滑动。

2. 降雨

降雨对滑坡的影响很大，如图 8-1 所示。降雨对滑坡的作用主要表现在，雨水的大量下渗，导致斜坡上的土石层饱和，甚至在斜坡下部的隔水层上击水，从而增加了滑体的重量，降低土石层的抗剪强度，导致滑坡产生。不少滑坡具有"大雨大滑、小雨小滑、无雨不滑"的特点。

3. 地震

地震对滑坡的影响很大。究其原因，首先是地震的强烈作用使斜坡土石的内部结构发生破坏和变化，原有的结构面张裂、松弛，加上地下水也有较大变化，特别是地下水位的突然升高或降低对斜坡稳定是很不利的。另外，一次强烈地震的发生往往伴随着许多余震，在地震力的反复震动冲击下，斜坡土石体就更容易发生变形，最后就会发展成滑坡。

砂岩　页岩　松散碎石土

图 8-1　降雨引发滑坡

8.2.4　影响滑坡活动的因素

诱发滑坡活动的外界因素的活动越强烈，滑坡的活动强度则越大。如强烈地震、特大暴雨所诱发的滑坡多为大的高速滑坡。违反自然规律、破坏斜坡稳定条件的人类活动都会诱发滑坡，即滑坡的人为因素，以下的人类活动均有可能引起滑坡。

(1) 开挖坡脚：修建铁路、公路、依山建房、建厂等工程，常常因坡体下部失去支撑而发生下滑。例如，我国西南、西北的一些铁路、公路，因修建时大力爆破、强行开挖，事后陆陆续续地在边坡上发生了滑坡，给道路施工、运营带来危害。

(2) 蓄水、排水：水渠和水池的漫溢和渗漏，工业生产用水和废水的排放、农业灌溉等，均易使水流渗入坡体，加大孔隙水压力，软化岩、土体，增大了坡体容重，从而促使或诱发滑坡的发生。水库的水位上下急剧变动，加大了坡体的动水压力，也会使斜坡和岸坡诱发滑坡的发生。坡体支撑不了过大的重量，失去平衡而沿软弱面下滑。尤其是厂矿废渣的不合理堆弃，常常触发滑坡的发生。

此外，劈山开矿的爆破作用，可使斜坡的岩体、土体受振动而破碎，产生滑坡；在山坡上乱砍滥伐，使坡体失去保护，便有利于雨水等水体的入渗，从而诱发滑坡等。如果上述的人类作用与不利的自然作用互相结合，则就更容易诱发滑坡的发生。

随着经济的发展，人类越来越多的工程活动破坏了自然坡体，因而近年来滑坡的发生越来越频繁，并有愈演愈烈的趋势，应加以重视。

8.2.5　滑坡活动的时间规律

滑坡的活动时间主要与诱发滑坡的各种外界因素有关，如地震、降温、冻融、海啸、风暴潮及人类活动等，大致有以下规律。

1. 同时性

有些滑坡受诱发因素的作用后，立即活动。例如，强烈地震、暴雨、海啸、风暴潮等的发生，不合理的人类活动，如开挖、爆破等，均会引发大量的滑坡。

2. 滞后性

有些滑坡发生时间稍晚于诱发作用因素的时间，如降雨、融雪、海啸、风暴潮及人类活动之后。这种滞后性规律在降雨诱发型滑坡中表现得最为明显，该类滑坡多发生在暴雨、大雨和长时间的连续降雨之后，滞后时间的长短与滑坡体的岩性、结构及降雨量的大小有关。一般来讲，滑坡体越松散、裂隙越发育、降雨量越大，则滞后时间越短。此外，人工开挖坡脚之后，堆载及水库蓄、泄水之后发生的滑坡也属于此类。由人为活动因素诱发的滑坡的滞后时间的长短与人类活动的强度大小及滑坡的原先稳定程度有关。人类活动强度越大，滑坡体的稳定程度越低，则滞后时间越短。

滑坡的空间分布规律主要与地质和气候等因素有关。通常，下列地带是滑坡的易发和多发地区。

(1) 江、河、湖(水库)、海、沟的岸坡地带，地形高差大的峡谷地区，山区、铁路、公路、工程建筑物的边坡地段等，这些地带为滑坡的形成提供了便利的地形地貌条件。

高等院校立体化创新规划教材

(2) 地质构造带之中，如断裂带、地震带等。通常，地震烈度大于 7 度的地区，坡度大于 25°的坡体，在地震中极易发生滑坡；断裂带中的岩体破碎、裂隙发育，则非常有利于滑坡的形成。

(3) 易滑(坡)的岩、土分布区。例如，松散覆盖层、黄土、泥岩、页岩、煤系地层、凝灰岩、片岩、板岩、千枚岩等岩、土的存在，为滑坡的形成提供了良好的物质基础。

(4) 暴雨多发区或异常的强降雨地区。在这些地区，异常的降雨为滑坡的发生提供了便利的诱发因素。

上述地带的叠加区域，就形成了滑坡的密集发育区。如中国从太行山到秦岭、经鄂西、四川、云南到藏东一带就是这种典型地区，滑坡发生密度极大，危害非常严重。

8.2.6　滑坡的前兆与应对

1. 滑坡的前兆

不同类型、不同性质、不同特点的滑坡，在滑动之前，均会表现出不同的异常现象，显示出滑坡的预兆(前兆)。归纳起来，常见的有以下几种。

(1) 大滑动之前，在滑坡前缘坡脚处，有堵塞多年的泉水复活现象，或者出现泉水(井水)突然干枯，井(钻孔)水位突变等类似的异常现象。

(2) 在滑坡体中，前部出现横向及纵向放射状裂缝，它反映了滑坡体向前推挤并受到阻碍，已进入临滑状态。

(3) 大滑动之前，滑坡体前缘坡脚处，土体出现上隆(凸起)现象，这是滑坡明显的向前推挤现象。

(4) 大滑动之前，有岩石开裂或被剪切挤压的声音。这种现象反映了深部变形与破裂。动物对此十分敏感，有异常反应。

(5) 临滑之前，滑坡体四周岩(土)体会出现小型崩塌和松弛现象。

(6) 如果在滑坡体有长期位移观测资料，那么大滑动之前，无论是水平位移量或垂直位移量，均会出现加速变化的趋势。这是临滑的明显迹象。

(7) 滑坡后缘的裂缝急剧扩展，并从裂缝中冒出热气或冷风。

(8) 临滑之前，在滑坡体范围内的动物惊恐异常，植物变态。例如，猪、狗、牛惊恐不宁，不入睡，老鼠乱窜不进洞，树木枯萎或歪斜等。

2. 滑坡的识别方法

在野外，从宏观角度观察滑坡体，根据一些外表迹象和特征，可粗略地判断它的稳定性。

1) 已稳定的老滑坡体具有的特征

(1) 后壁较高，长满了树木，找不到擦痕，且十分稳定。

(2) 滑坡平台宽大且已夷平，土体密实，有沉陷现象。

(3) 滑坡前缘的斜坡较陡，土体密实，长满树木，无松散崩塌现象。前缘迎河部分有被河水冲刷过的现象。

(4) 目前的河水远离滑坡的舌部，甚至在舌部外已有漫滩、阶地分布。

(5) 滑坡体两侧的自然冲刷沟切割很深，甚至已达基岩。

(6) 滑坡体舌部的坡脚有清晰的泉水流出等。

2) 不稳定的滑坡体常具有的迹象

(1) 滑坡体表面总体坡度较陡，而且延伸很长，坡面高低不平。

(2) 有滑坡平台，面积不大，且有向下缓倾和未夷平现象。

(3) 滑坡表面有泉水、湿地，且有新生冲沟。

(4) 滑坡表面有不均匀沉陷的局部平台，参差不齐。

(5) 滑坡前缘土石松散，小型坍塌时有发生，并面临河水冲刷的危险。

(6) 滑坡体上无巨大直立树木。

3. 滑坡的防治

滑坡的防治要贯彻"及早发现，预防为主；查明情况，综合治理；力求根治，不留后患"的原则，并结合边坡失稳的因素和滑坡形成的内外部条件采取相应治理措施。滑坡的发生常和水的作用有密切的关系，水的作用往往是引起滑坡的主要因素，因此，消除和减轻水对边坡的危害尤其重要，其目的是：降低孔隙水压力和动水压力，防止岩(土)体的软化及溶蚀分解，消除或减小水的冲刷和浪击作用。具体做法有：防止外围地表水进入滑坡区，可在滑坡边界修截水沟；在滑坡区内，可在坡面修筑排水沟。在覆盖层上可用浆砌片石或人造植被铺盖，防止地表水下渗。对于岩质边坡，还可用喷混凝土护面或挂钢筋网喷混凝土。排除地下水的措施很多，应根据边坡的地质结构特征和水文地质条件加以选择。

通过一定的工程技术措施，改变边坡岩(土)体的力学强度，提高其抗滑力，减小滑动力。常用的措施如下。

(1) 削坡减载。采取降低坡高或放缓坡角的措施来改善边坡的稳定性。削坡设计应尽量削减不稳定岩(土)体的高度，而阻滑部分岩(土)体不应削减。此法并不总是最经济、最有效的措施，要在施工前做经济技术比较。

(2) 边坡人工加固。常用的方法有以下几种。

① 修筑挡土墙、护墙等支挡不稳定岩体。

② 钢筋混凝土抗滑桩或钢筋桩作为阻滑支撑工程。

③ 预应力锚杆或锚索，适用于加固有裂隙或软弱结构面的岩质边坡。

④ 用固结灌浆或电化学加固法增加边坡岩体或土体的强度。

⑤ 采用边坡柔性防护技术等。

4. 滑坡发生时需要注意的事项

当遇滑坡发生时，至少应当做到以下几点。

(1) 当处在滑坡体上时，首先应保持冷静，不能慌乱。要迅速环顾四周，向较安全的地段撤离。一般除高速滑坡外，只要行动迅速，都有可能逃离危险区段。跑离时，向两侧跑为最佳方向。在向下滑动的山坡中，向上或向下跑都是很危险的。当遇无法跑离的高速滑坡时，更不能慌乱，在一定条件下，如滑坡呈整体滑动时，原地不动，或抱住大树等物，不失为一种有效的自救措施。

(2) 当处于非滑坡区，而发现可疑的滑坡活动时，应立即报告邻近的村、乡、县等有

高等院校立体化创新规划教材

关政府部门或单位，如群测群防站或县、市及省政府部门，均设有"国土资源局"。该机构应责无旁贷地担当此项责任，并立即组织有关政府部门、单位、部队、专家及当地群众参加抢险救灾活动。

(3) 政府部门应立即实施应急措施(或计划)，迅速组织群众撤离危险区及可能的影响区，并通知邻近的河谷、山沟中的人们做好撤离准备，密切注视灾情的漫延和转化，如滑坡常在暴雨、洪水中转化为泥石流灾害(即次生灾害)。注意因滑坡可能危害到的某些生命线工程(如水库、干线铁路、干线公路、发电厂、通信设备、干线渠道等)所引发的次生灾害或第三次灾害的发生，如火灾、洪水等。注意调查滑坡是否有间歇性活动特点，尽可能确定其再次活动的可能性和时间。如果必要的话(需经有关专家或科技人员论证)，应迅速设立观测点(站)或观测网，密切注视其变化动态，"亡羊补牢，未为晚也"。滑坡成因复杂，影响因素多，因此需要上述几种方法同时使用综合治理，方能达到目的。

【案例分析】

2002 年 8 月 7 日，湖南省资水柘溪水库库岸发生了一起重大滑坡次生灾害。当时水库工程尚未竣工，正值施工期间，在大坝上游右岸 1.5km 处的塘岩光发生了大滑坡。滑体约 165 万 m^3，土石以高达 25m/s 的速度滑入深 50 余米的山区水库，激起的涌浪漫过尚未建成的大坝顶部，泻向下游，造成了巨大损失，死亡 40 余人。

灾害原因如下。

(1) 勘察人员对柘溪水库库岸的不良地质环境(即岩层倾向与库岸坡倾向一致)认识不足。

(2) 由于断层节理的切割，使该处岸坡容易脱离山体，成为潜在不稳定地段。

(3) 对水库蓄水的不利作用和影响缺乏认识。

(4) 对连续 8 天降雨可能诱发滑坡灾害毫无戒备。

总之，由于设有充分地认识自然规律，对可能导致滑坡的破坏因素没有采取控制措施，以致发生了滑坡灾害，这个教训是应该吸取的。

8.3 泥 石 流

泥石流.mp4

泥石流是一种由泥沙、石块等松散碎屑物质和水组成的流体。泥石流与一般洪水不同，它暴发时，山谷雷鸣，地面震动，浓稠的流体或依着陡峻的山势，或沿峡谷深涧，前阻后拥，冲出山外，往往顷刻之间给人类造成巨大的灾难。我国不少山区发生过泥石流，但各地的叫法颇不一致：有些地方称"山洪"，西北地区称为"流泥、流石"或"山洪急流"，华北和东北山区称为"龙扒""水泡"或"石洪"，川滇山区称为"走龙"或"走蛟"，西藏地区则称为"冰川暴发"。

泥石流是发生在山区的常见自然灾害，每年在世界各地都有大量的泥石流灾害事件发生。我国是世界上泥石流灾害最为严重的国家之一，近几十年来，平均每年造成的直接经济损失达 10 多亿元，并且，随着人类社会经济活动的不断增加，人们对自然资源的过度索取和对环境的持续破坏，使泥石流等自然灾害更趋严重。因此，必须加强泥石流灾害的研究、评估、预测预报和减灾管理，组织实施经济、有效的防治工程，从而尽可能地防范灾害的发生和尽量减轻灾害损失。

我国泥石流的暴发主要是受连续降雨、暴雨，尤其是特大暴雨、集中降雨的激发。因此，泥石流发生的时间规律与集中降雨时间规律相一致，具有明显的季节性。一般发生在多雨的夏秋季节，因集中降雨的时间的差异而有所不同。四川、云南等西南地区的降雨多集中在 6—9 月，因此、西南地区的泥石流多发生在 6—9 月；而西北地区降雨多集中在6、7、8 三个月，尤其是 7、8 两个月降雨集中，暴雨强度大，因此西北地区的泥石流多发生在 7、8 两个月。据不完全统计，发生在这两个月的泥石流灾害约占该地区全部泥石流灾害的90%以上。

8.3.1　泥石流的形成条件

泥石流的形成，必须同时具备三个基本条件：有利于贮集、运动和停淤的地形地貌条件；有丰富的松散土石碎屑固体物质来源；短时间内可提供充足的水源和适当的激发因素。

1. 地形地貌条件

地形条件制约着泥石流的形成、运动、规模等特征，主要包括泥石流的沟谷形态、沟床纵坡降、沟坡坡度、集水面积、沟坡坡向等。

1）沟谷形态

典型泥石流分为形成、流通、堆积三个区，沟谷也相应具备三种不同形态。上游形成区多是三面环山、一面出口的漏斗状或树叶状，地势比较开阔，周围山高坡陡，植被生长不良，有利于水和碎屑固体物质聚集；中游流通区的地形多为狭窄陡深的峡谷，沟床纵坡降大，使泥石流能够迅猛直泻；下游堆积区的地形为开阔平坦的山前平原或较宽阔的河谷，使碎屑固体物质有堆积场地。

2）沟床纵坡降

沟床纵坡降是影响泥石流形成、运动特征的主要因素。一般来讲，沟床纵坡降越大，越有利于泥石流的发生，但比降在 10%～30%的发生频率最高，5%～10%和 30%～40%的其次，其余发生频率较低。

3）沟坡坡度

坡面地形是泥石流固体物质的主要来源地，其作用是为泥石流直接供固体物质。沟坡坡度是影响泥石流的固体物质的补给方式、数量和泥石流规模的主要因素。一般有利于提供固体物质的沟谷坡度，在我国东部中低山区为 10°～30°，固体物质的补给方式主要是滑坡和坡洪堆积土层，在西部高中山区多为 30°～70°，固体物质和补给方式主要是滑坡、崩塌和岩屑流。

4）集水面积

泥石流多形成在集水面积较小的沟谷，面积为 0.5～10 平方公里者最易产生，其次为面积小于 0.5 平方公里和 10～50 平方公里的沟谷，发生在汇水面积大于 50 平方公里以上者较少。

高等院校立体化创新规划教材

5)　斜坡坡向

斜坡坡向对泥石流的形成、分布和活动强度也有一定影响。阳坡和阴坡比较，阳坡上有降水量较多，冰雪消融快，植被生长茂盛，岩石风化速度快、程度高等，故一般比阴坡发育，如我国东西走向的秦岭和喜马拉雅山的南坡上产生的泥石流比北坡要多得多。

2. 碎屑固体物源条件

某一山区能作为泥石流中固体物质的松散土层的多少，与该地区的地质构造、地层岩性、地震活动强度、山坡高陡程度、滑坡、崩塌等地质现象发育程度以及人类工程活动强度等有直接关系。

1)　地质构造

与地质构造和地震活动强度的关系：地质构造越复杂，褶皱断层变动越强烈，特别是规模大、现今活动性强的断层带，岩体破碎十分发育，宽度可达数百米，常成为泥石流丰富的固体物源。如我国西部的安宁河断裂带、小江断裂带、波密断裂带、白龙江断裂带、怒江断裂带、澜沧江断裂带、金沙江断裂带等，成为我国泥石流分布密度最高、规模最大的地带。在地震力的作用下，不仅使岩体结构疏松，而且直接触发大量滑坡、崩塌发生，特别是在 7 度以上的地震烈度区。对岩体结构和斜坡的稳定性破坏尤为明显，可为泥石流发生提供丰富物源，这也是地震、滑坡、崩塌、泥石流灾害连环形成的根本原因。

2)　岩层风化

与地层岩性的关系：地层岩性与泥石流固体物源的关系，主要反映在岩石的抗风化和抗侵蚀能力的强弱上。一般软弱岩性层、胶结成岩作用差的岩性层和软硬相间的岩性层比岩性均一和坚硬的岩性层易遭受破坏，提供的松散物质也多，反之亦然。例如，长江三峡地区的中三迭统巴东组，为泥岩类和灰炭类互层，是巴东组分布区泥石流相对发育的重要原因。安宁河谷侏罗纪砂岩、泥岩地层是该流域泥石流中固体物质的主要来源。花岗岩类，由于结构构造和矿物成分的特点，物理和化学风化作用强烈，导致岩体崩解，形成块石、碎屑、砂粒以及大厚度的风化残积层，当其他条件具备时，可形成泥石流。

3. 水源条件

水既是泥石流的重要组成成分，又是泥石流的激发条件和搬运介质。泥石流水源有降雨、冰雪融水和水库(堰塞湖)溃决溢水等。

1)　降雨

降雨是我国大部分泥石流形成的水源，遍及全国的 20 多个省、市、自治区，主要有云南、四川、重庆、西藏、陕西、青海、新疆、北京、河北、辽宁等，我国大部分地区降水充沛，并且具有降雨集中、多暴雨和特别大暴雨的特点，这对激发泥石流的形成起了重要作用。特大暴雨是促使泥石流暴发的主要动力条件。处于停歇期的泥石流沟，在特大暴雨激发下，甚至有重新复活的可能性。2001 年 11 月 10 日，云南东川的老干沟，一小时内降雨 552mm，暴发了 50 年一遇的泥石流。连续降雨后的暴雨，是触发泥石流的又一重要动力条件，因为泥石流的发生与前期降水造成松散土含水饱和程度以及 1h、10min 的短历时强降雨(雨强)所提供的激发水量有十分密切的关系。据有关资料显示，在日本，激发泥石流的 1h 雨强，一般在 30mm 以上，10min 雨强在 7～9mm 以上，甸西部地区激发泥石流的 1h 雨强 30mm 左右，10min 则在 10mm 以上。

2）冰雪融水

冰雪融水是青藏高原现代冰川和季节性积雪地区泥石流形成的主要水源。特别是受海洋性气候影响的喜马拉雅山、唐古拉山和横断山等地的冰川，活动性强，年积累量和消融量大，冰川前进速度快、下达海拔低，冰温接近冰点，消融后为泥石流提供充足水源。当夏季冰川融水过多，涌入冰湖时，造成冰湖溃决溢水而形成泥石流或水石流更为常见。

3）水库(堰塞湖)溃决溢水

当水库溃决，大量库水倾泻，而且下游又存在丰富松散堆积土时，常形成泥石流或水石流。特别是由泥石流、滑坡在河谷中堆积，形成的堰塞湖溃决时，更易形成泥石流或水石流。

8.3.2　泥石流的分类及其特征

1. 按泥石流成因分类

人们往往根据起主导作用的泥石流形成条件，来命名泥石流的成因类型。在我国，科学工作者将泥石流划分为冰川型泥石流和降雨型泥石流两大成因类型。另外，还有一类共生型泥石流。

1）冰川型泥石流

冰川型泥石流是指分布在高山冰川、积雪盘踞的山区，其形成、发展是与冰川发育过程密切相关的一类泥石流。它们是在冰川的前进与后退、冰雪的积累与消融，以及与此相伴生的冰崩、雪崩、冰碛湖溃决等动力作用下所产生的，又可分为冰雪消融型、冰雪消融和降雨混合型、冰崩-雪崩型、冰湖溃决型等亚类。

2）降雨型泥石流

降雨型泥石流是指在非冰川地区，以降雨为水体来源，以不同的松散堆积物为固体物质补给来源的一类泥石流。根据降雨方式的不同，降雨型泥石流又分为暴雨型、台风雨型和降雨型三个亚类。

3）共生型泥石流

共生型泥石流是一种特殊的成因类型。根据共生作用的方式，其包括滑坡型泥石流、山崩型泥石流、湖岸溃决型泥石流、地震型泥石流和火山型泥石流等亚类。由于人类不合理经济、工程活动而形成的泥石流，称为“人类泥石流”，也是一种特殊的共生型泥石流。

2. 按泥石流流体的物质组成分类

1）泥石流

泥石流是由浆体和石块共同组成的特殊流体，固体成分从粒径小于 0.005mm 的黏土粉砂到几米至 10～20m 的大漂砾。它的级配范围之大，是其他类型的夹沙水流所无法比拟的。这类泥石流在我国山区的分布范围比较广泛，对山区的经济建设和国防建设危害十分严重。

2）泥流

泥流是指发育在我国黄土高原地区，以细粒泥石流为主要固体成分的泥质流。泥流中黏粒含量大于石质山区的泥石流，黏粒重量比可达 15%以上。泥流含少量碎石、岩屑，黏度大，呈稠泥状，结构比泥石流更为明显。我国黄河中游地区干流和支流中的泥沙，大多来自这些泥流沟。

3) 水石流

水石流是指发育在大理岩、白云岩、石灰岩、砾岩或部分花岗岩山区，由水和粗砂、砾石、大漂砾组成的特殊流体，黏粒含量小于泥石流和泥流。水石流的性质和形成，类似于山洪。

3. 按泥石流流体性质分类

1) 黏性泥石流

黏性泥石流指呈层流状态，固体和液体物质做整体运动，无垂直交换的高容重(1.6～2.3t/m³)浓稠浆体。承浮和托悬力大，能使比重大于浆体的巨大石块或漂砾呈悬移状(在特殊情况下，人体也可被托浮悬移。2002 年 7 月，四川汉源流沙河泥石流，将一位老妇浮运1.3km)，有时滚动，流体阵型明显，有堵塞、断流和浪头现象；流体直进性强，转向性弱，遇弯道爬高明显，沿程渗漏不明显。沉积后呈舌状堆积，剖面中一次沉积物的层次不明显，但各层之间层次分明；沉积物分选性差，渗水性弱，洪水后不易干涸。

2) 稀性泥石流

稀性泥石流指呈素流状态，固液两相做不等速运动，有垂直交换，石块在其中做翻滚或跃移前进的低容量(1.2～1.8t/m³)泥浆体。浆体混浊，阵性不明显，与含沙水流性质近似，有股流及散流现象。水与浆体沿程易渗漏、散失。沉积后呈垄岗状或扇状，洪水后即可干涸通行，沉积物呈松散状，有分选性。

以上是我国常见的三种分类方案。除此之外，按水源类型划分为降雨型、冰川型、溃坝型；按地形形态划分为沟谷型、坡面型；按泥石流沟的发育阶段划分为发展期泥石流、旺盛期泥石流、衰退期泥石流、停歇期泥石流；按泥石流的固体物质来源划分为滑坡泥石流、崩塌泥石流、沟床侵蚀泥石流、坡面侵蚀泥石流等。

8.3.3 泥石流的防治

各地的泥石流有不同的特点，相应的治理措施也应有所不同。在以坡面侵蚀及沟谷侵蚀为主的泥石流地区，应以生物措施为主、辅以工程措施；在崩塌、滑坡强烈活动的泥石流发生(形成)区，应以工程措施为主，兼用生物措施；在坡面侵蚀和重力侵蚀兼有的泥石流地区，则以综合治理效果最佳。

1. 生物措施

泥石流防治的生物措施是包括恢复植被和合理耕牧。一般采用乔、灌、草等植物进行科学的配置营造，充分发挥其滞留降水、保持水土、调节径流等功能，从而达到预防和制止泥石流发生或减小泥石流规模，减轻其危害程度的目的。生物措施一般需要在泥石流沟的全流域实施，对宜林荒坡更需采取此种措施，但要正确地解决好农、林、牧、薪之间的矛盾，如果管理不善，很难收到预期的效果。

与泥石流工程防治措施相比较，生物防治措施具有应用范围广，投资省、风险小，能促进生态平衡，改善自然环境条件，具有生产效益，以及防治作用持续时间长的特点。生物措施初期效益一般不够显著，需三五年或更长一些时间才可发挥明显作用，在一些滑坡、崩塌等重力侵蚀现象严重地段，单独依靠生物措施不能解决问题，还需与工程措施相结合才能产生明显的防治效能，生物措施包括林业措施、农业措施和牧业措施等各种措施，通常在同一流域内随地形、坡度、土层厚度及其他条件的变化而因地制宜地进行具体布置。

2. 工程措施

泥石流防治的工程措施是在泥石流的形成、流通、堆积区内，相应采取蓄水、引水工程，拦挡、支护工程，排导、引渡工程，停淤工程及改土护坡工程等治理工程，以控制泥石流的发生和危害，泥石流防治的工程措施通常适用于泥石流规模大，暴发不很频繁、松散固体物质补给及水动力条件相对集中，保护对象重要，要求防治标准高、见效快、一次性解决问题等情况。

(1) 跨越工程是指修建桥梁、涵洞从泥石流上方凌空跨越，让泥石流在其下方排泄。防护工程是指对泥石流地区的桥梁、隧道、路基，泥石流集中的山区变迁型河流的沿河线路或其他重要工程设施，做一定的防护建筑物，用以抵御或消除泥石流对主体建筑物的冲刷、冲击、侧蚀和淤埋等危害。防护工程主要有护坡、挡墙、顺坝和丁坝等。

(2) 排导工程的作用是改善泥石流流势，增大桥梁等建筑物的泄洪能力，使泥石流按设计意图顺利排泄。泥石流排导工程包括导流堤、急流槽和束流堤三种类型。导流堤的作用，主要是在于改善泥石流的流向，同时也改善流速。急流槽的作用，主要是改善流速，也改善流向。束流堤的作用，主要是改善流向，防止漫流。导流堤和急流槽组合成排导槽，以改善泥石流在堆积扇上的流势和流向，让泥石流循着指定的道路排泄。导流堤和束流堤组合成束导堤，可以防止泥石流漫流改道危害。对于导流堤的布置，堤尾方向与大河流向应力求成锐角相交。泥石流与大河汇流，洪水互相搏击，动能会有很大损失，交角越小，动能损失越小，越容易将泥石流带走，一般来说，交角宜小于 45°。

(3) 拦挡工程是用以控制组成泥石流的固体物质和雨洪径流，削弱泥石流的流量、下泄总量和能量，减少泥石流对下游经济建设工程冲刷、撞击和淤积等危害的工程设施。拦挡工程包括拦渣坝、储淤场、支挡工程、截洪工程四类。前三类起拦渣、滞流、固坡作用，控制泥石流的固体物质供给。截洪工程的作用在于控制雨洪径流，总的目的是削弱泥石流。对于防治泥石流的工程措施，常须采取多种措施结合应用。最常见的有拦渣坝与急流槽相结合的拦排工程，导流堤、拦渣坝和急流槽相结合的拦排工程，拦渣坝、急流槽和渡槽相结合的明洞(或渡槽)工程等。防护工程也常与其他工程配合应用。多种工程措施配合使用，比单纯采用某一种工程措施要更为有效，也更为经济合理。

3. 全流域综合治理

泥石流的全流域综合治理的目的是按照泥石流的基本性质，采用多种工程措施和生物措施相结合，上、中、下游统一规划，山、水、林、田综合整治，以制止泥石流形成或控制泥石流危害。这是大规模、长时期、多方面协调一致的统一行动。综合治理措施主要包括以下三个方面。

高等院校立体化创新规划教材

1) 稳

稳主要是在泥石流形成区植树造林,在支、毛、冲沟中修建谷场,其目的在于增加地表植被、涵养水分、减缓暴雨径流对坡面的冲刷,增强坡体稳定性,抑制冲沟发展。

2) 拦

拦主要是在沟谷中修建挡坝,用以拦截泥石流下泄的固体物质,防止沟床继续下切,抬高局部侵蚀基准面,加快淤积速度,以稳住山坡坡脚,减缓沟床纵坡降,抑制泥石流的进一步发展。

3) 排

排主要是修建排导建筑物,防止泥石流对下游居民区、道路和农田的危害。这是改造和利用堆积扇,发展农业生产的重要工程措施。

8.4 崩 塌

崩塌.mp4

崩塌指陡倾斜坡上的岩(土)体在重力作用下突然脱离母体崩落、滚动、堆积在坡脚(或沟谷)的地质现象。根据运动形式,崩塌包括倾倒、坠落、垮塌等类型。根据岩土体成分,可划分为岩崩和土崩两大类。

8.4.1 概述

崩塌(崩落、垮塌或塌方)是较陡斜坡上的岩(土)体在重力作用下突然脱离母体崩落、滚动、堆积在坡脚(或沟谷)的地质现象。产生在土体中者称土崩,产生在岩体中者称岩崩,规模巨大、涉及山体者称山崩。大小不等、零乱无序的岩块(土块)呈锥状堆积在坡脚的堆积物,称崩积物,也可称为岩堆或倒石堆。

崩塌发生的地质条件主要包括以下几个方面。

(1) 坡面条件:统计资料表明,一方面,多数崩塌发生在坡度大于 45°～50°的陡坡上,反坡(>90°)上的悬崖更容易发生崩塌。另一方面,绝大多数崩塌发生在高度大于 20m 的斜坡上,而且坡体越高,崩塌概率越大,崩塌规模也越大。因此,高山峡谷段岸坡、河流的凹岸、冲沟沟壁、陡崖等处都是容易发生崩塌的地带。

(2) 岩土条件:坚硬且呈脆性的岩体容易发生崩塌。由软硬相间地层构成的坡体,其中软弱地层易遭风化,造成硬质岩层凸出而成"探头"岩块,容易发生崩塌。

(3) 地质构造:陡倾甚至直立的坡体软弱结构面(层面、节理裂隙等)是发生崩塌的重要条件。因此,新构造运动强烈、地震频繁、岩层倾角近直立或近水平或微向坡内倾斜,有与坡体延伸方向近平行的高陡结构面存在的边坡,经常发生崩塌。

8.4.2 崩塌的类型

1. 根据坡地物质组成划分

1) 崩积物崩塌

山坡上已有的崩塌岩屑和沙土等物质,由于它们的质地很松散,当有雨水浸湿或受地震震动时，会再一次形成崩塌。

2）表层风化物崩塌

在地下水沿风化层下部的基岩面流动时，引起风化层沿基岩面崩塌。

3）沉积物崩塌

有些由厚层的冰积物、冲击物或火山碎屑物组成的陡坡，由于结构松散，形成崩塌。

4）基岩崩塌

在基岩山坡面上，常沿节理面、地层面或断层面等发生崩塌。

2. 根据崩塌体的移动形式和速度划分

1）散落型崩塌

在节理或断层发育的陡坡，或是软硬岩层相间的陡坡，或是由松散沉积物组成的陡坡，常形成散落型崩塌。

2）滑动型崩塌

沿某一滑动面发生崩塌，有时崩塌体保持了整体形态，和滑坡很相似，但垂直移动距离往往大于水平移动距离。

3）流动型崩塌

松散岩屑、砂、黏土，受水浸湿后产生流动崩塌，这种类型的崩塌和泥石流很相似，称为崩塌型泥石流。

8.4.3 崩塌的诱因

崩塌的诱发因素主要包括以下几个方面。

（1）地震。使土石松动，引发大规模的崩塌；一般烈度在 7 度以上的地震会诱发大量崩塌的发生。

（2）融雪、降雨。特别是大雨、暴雨和长时间连续降雨，使地表水渗入坡体，软化岩、土体及其中软弱结构面，增加了岩体的重量，从而诱发崩塌的发生。

（3）地表水的冲刷、浸泡。河流等地表水体不断地冲刷坡脚或浸泡坡脚，削弱坡体支撑或软化岩、土，降低坡体强度，也能诱发崩塌的发生。

（4）地下水。岩、土中的地下水对潜在崩塌体产生静水压力和动水压力，或产生向上的浮托力；岩体和充填物由于水的浸泡，抗剪强度大大降低；充满裂隙的水使不稳定岩体和稳定岩体之间的侧向摩擦力减小。

（5）风化作用。强烈的物理风化作用如剥离、冻胀、植物根压都能促使斜坡上岩体发生崩塌。

（6）人为因素。边坡设计过高过陡、不适宜地采用大爆破、施工程序不当等导致崩塌发生。

8.4.4 崩塌发生的时间规律

崩塌发生的时间大致有以下规律。

（1）降雨过程之中或稍微滞后。这里说的降雨过程主要指特大暴雨、大暴雨、较长时

高等院校立体化创新规划教材

间连续降雨，这是出现崩塌最多的时间。

(2) 强烈地震过程之中。主要指在震级 6 级以上的强震过程中，震中区(山区)常有崩塌集中出现。地震过程之后，发生崩塌的很少。

(3) 开挖坡脚过程之中或滞后一段时间。因工程施工开挖坡脚，破坏了上部岩体(土体)的稳定性，常常发生崩塌。崩塌的时间有的就在施工中，这以小型崩塌居多，较多的崩塌发生在施工之后一段时间里。

(4) 水库蓄水初期及河流洪峰期。水库蓄水初期或库水位的第一个高峰期，库岸岩(土)体首次浸没(软化)，上部岩(土)体容易失稳，产生崩塌。

(5) 强烈的机械震动及大爆破之后。

8.4.5 崩塌形成的堆积地貌

崩塌下落的大量石块、碎屑物或土体堆积在陡崖的坡脚或较开阔的山麓地带，形成倒石堆。倒石堆的形态规模不等，结构松散、杂乱、多孔隙、大小混杂无层理。倒石堆的形态和规模视崩塌陡崖的高度、陡度、坡麓基坡坡度的大小与倒石堆的发育程度而不同。基坡陡，在崩塌陡崖下多堆积成锥形倒石堆；基坡缓，多呈较开阔的扇形倒石堆。在深切峡谷区或大断层下，由于崩塌普遍分布，很多倒石堆彼此相接，沿陡崖坡麓形成带状倒石堆。

根据崩塌作用的强度以及后期的风化剥蚀情况，可以把倒石堆划分为三个发育阶段。

(1) 正在发展中的倒石堆：陡峻，新鲜断裂面，坡度陡。

(2) 趋于稳定的倒石堆：较和缓的轮廓，岩块风化，呈上陡下缓的凹形坡，表面碎屑有一定固结。

(3) 稳定的倒石堆：坡面和缓，呈上凹形，结构紧密，部分胶结，生长植被。

在高山峡谷区进行工程建设，特别是道路建设，常常会遇到倒石堆。那些不稳定的倒石堆，很容易发生崩塌，下推力很大，会造成严重后果。因此，事先必须充分估计可能发生的巨变，采取各种有效措施。

8.4.6 崩塌体的识别方法

1. 崩塌的特征

崩塌发生在危岩体或危险土体区，通常具有以下特征。

(1) 坡度大于 45°，且高差较大，或坡体成孤立山嘴，或为凹形陡坡。

(2) 坡体内部裂隙发育，尤其产生垂直或平行斜坡方向的陡裂缝，并且切割坡体的裂隙、裂缝即将其贯通，使之与母体(山体)形成了分离之势。

(3) 坡体前部存在临空空间，或有崩塌物发育，这说明曾经发生过崩塌，今后还可能会发生。

2. 崩塌前兆

崩塌具有多发性的特点，即发生过崩塌的地方，仍可能会发生崩塌。崩塌前兆主要包括以下几个方面。

(1) 前缘时有掉块、坠落现象，小崩小塌不断发生；

(2) 坡脚出现新的破裂形迹，嗅到异常气味；

(3) 偶闻岩石的撕错声；

(4) 出现热、氧气、地下水质、水量等异常；

(5) 动植物出现异常现象。

3. 崩塌体边界的确定

崩塌体的边界条件，对崩塌体的规模大小起着重要的作用。崩塌体边界的确定主要依据坡体地质结构。

首先，应查明坡体中所有发育的节理、裂隙、岩层面、断层等构造面的延伸方向，倾向和倾角大小及规模、发育密度等，即构造面的发育特征。通常，平行斜坡延伸方向的陡倾角面或临空面，常形成崩塌体的两侧边界；崩塌体底界常由倾向坡外的构造面或软弱带组成，也可由岩体、土体自身折断形成。

其次，调查结构面的相互关系、组合形式、交切特点、贯通情况及它们能否将或已将坡体切割，并与母体(山体)分离。

最后，综合分析调查结果，那些相互交切、组合，可能或已经将坡体切割，与其母体分离的构造面，就是崩塌体的边界面。其中，靠外侧、贯通(水平或垂直方向上)性较好的结构面所围的崩塌体的危险性最大。

例如，1980 年 6 月 3 日发生在湖北省远安县盐池河磷矿区的大型崩塌，其崩塌体的边界面就是由后部垂直裂缝、底部白云岩层面及其他两个方向的临空面组成的。又如，黄土高原地区常见的黄土崩塌体的边界面多由具 90° 交角的、不同方向的垂直节理面、临空面及底面黄土与其他不同岩性的分界面组成。此外，明显受断层面控制的崩塌体也是非常多见的。

8.4.7　防治崩塌的工程措施

要防御崩塌灾害，重要的是能识别可能发生的崩塌体，根据可能发生的崩塌体的特征才能对症治理。那么怎样识别可能发生的崩塌体呢？其途径主要是，从地质结构和地形地貌方面进行山体崩塌危险性分析，一是山体的坡度大于 45°，相对高差大，特别是那些山体中的孤立山嘴和凹形陡坡，都是利于崩塌的地形；二是山体岩层中裂隙发育，尤其是那些利于与母体(山体)分离的垂直和平行山坡走向的高倾角裂缝、顺坡裂隙、软弱带、山体上部张性或张剪性裂缝、切割坡体的裂缝等发育，这些都是使山体崩塌的地质构造条件；三是山体边坡存在临空空间，或是有崩塌活动堆积物的部位。也就是说，曾经发生过崩塌的地方仍存在发生崩塌的危险。如果具备上述崩塌条件时，应采取防治措施。通常采取的防治崩塌的主要措施包括以下几个方面。

(1) 在中小型崩塌或人工边坡崩塌的防治中，通常修筑明硐、棚硐等遮挡斜坡上崩塌落石的工程。

(2) 在山体坡脚或半坡上，设置拦截落石平台和落石槽沟、修筑拦坠石的挡石墙、用钢质材料编制栅栏挡截落石等工程，防治那些雨季容易发生坠石、剥落与小型崩塌地区和地段。

(3) 采用支柱、支挡墙或钢质材料支撑在岩石突出悬空或陡崖、坡上的大孤石下面。

(4) 在易风化剥落的边坡地段，修筑护墙护坡。

(5) 用片石充填空洞，用水泥砂浆密合缝、隙等以防裂隙、缝、洞的进一步扩展。

8.4.8 崩塌灾情实例

实例 1：崩塌对乡村最主要的危害是摧毁农田、房舍、伤害人畜、毁坏森林、道路以及农业机械设施和水利水电设施等，有时甚至给乡村造成毁灭性灾害。例如，2011 年 11 月 24 日，陕西省高陵县蒋刘乡发生滑坡，死亡 22 人，毁坏耕地 245 亩，房屋 159 间，整个村庄被毁。

实例 2：位于城镇附近的崩塌常常砸埋房屋，伤亡人畜，毁坏田地，摧毁工厂、学校、机关单位等，并毁坏各种设施，造成停电、停水、停工，有时甚至毁灭整个城镇。例如，2002 年 8 月 17 日凌晨，四川巫溪县城龙头山发生岩崩，摧毁一栋 6 层的宿舍、两家旅舍、居民房 29 余间，掩埋公路干线 70 余米，造成 122 人死亡，直接经济损失达 270 万元。又如，云南金沙江下游段大砂坝，历史上曾为米粮川，发生一次大滑坡，淤埋了古县城，从此变成荒沙滩，年年发生泥石流。

实例 3：发生在工矿区的崩塌，可摧毁矿山设施，伤亡职工，毁坏厂房，使矿山停工停产，常常造成重大损失。例如，云南省威信县墨黑煤矿山区，分别于 1948 年、1984 年、1987 年 8 月、1987 年 12 月、1988 年 1 月发生较大崩塌。据不完全统计，共毁坏民房 157 间，毁坏耕地 824 亩，损失粮食 22 万斤；摧毁类矿通信井 2 处、回风巷 800m、运输巷 450m；损坏 10 万伏高压输电 800m，造成煤矿停产的经济损失达 113 万元。

实例 4：2002 年 6 月 3 日，湖北省远安县盐池河磷矿突然发生了一场巨大的岩石崩塌。山崩时，标高 830m 的鹰嘴崖部分山体从 700m 标高处俯冲到 500m 标高的谷地，在山谷中乱石块挟盖面积，南北长 560m，东西宽 400m，石块加泥土厚度 20m，崩塌堆积的体积共 100 万 m^3，最大的岩块重达 2700t。顷刻之间，盐池河上筑起一座高达 38m 的堤坝，构成一座天然湖泊。乱石块把磷矿区的五层大楼掀倒、掩埋，死亡 307 人，还毁坏了该矿的设备和财产，损失十分惨重。

盐池河山体产生灾害性崩塌，具有多方面的原因，除地质基础因素外，地下磷矿层的开采，是山体变形、发生崩塌的最主要的人为因素。这是因为：磷矿层赋存在崩塌体的下部，在谷坡底部出露，该矿采用房柱采矿法及全面空场采矿法。1979 年 7 月采用大规模爆破房间矿柱的放顶管理方法，加速了上部山体及地表的变形进程。采空区上部地表和崩塌山体中先后出现地表裂缝 10 条。裂缝产生的部位，都分布在采空区与非采空区对应的边界部位，说明地表裂缝的形成与地下采矿有着直接的关系。后来，裂缝不断发展，在降雨激发之下，终于形成了严重的崩塌灾害。

在发现山体裂缝后，该矿曾对裂缝的发展情况进行了设点的简易监测，虽已掌握一些实际资料，但不重视分析监测资料，没有密切注意裂缝的发展趋势，因而不能正确及时预报，也是造成这次灾难性崩塌的主要教训之一。

本 章 小 结

本章详细介绍了工程地质学中常见的地质灾害，其中重点介绍了滑坡、泥石流、崩塌。这三种地质灾害在工程施工中较为常见，也容易对工程质量形成重大危害。作为施工方，通过学习本章，要对这些地质灾害的形成原因、特点等牢固掌握，同时要学会正确地处理这些地质灾害，将其对工程的影响降到最低。

思考与练习

1. 填空题

(1) 常见的地质灾害主要有_____、_____、_____、_____、_____、_____。

(2) 地质灾害是指包括_____或者_____引发的危害人民生命和财产安全的崩塌、滑坡、泥石流、地面塌陷(采空塌陷、岩溶塌陷)、地裂缝、地面沉降、海(咸)水入侵等与地质作用有关的灾害。

(3) 泥石流形成条件包括_____、_____和_____。

2. 简答题

(1) 地质灾害的分类有哪些？各自的特点是什么？

(2) 滑坡与泥石流的区别与联系分别是什么？

第 9 章　岩土工程稳定性评价

本章导读

本章将详细介绍工程地质学基坑工程的设计施工特点、常用方法及要求、作用于支护结构上的荷载及土压力计算以及地下洞室围岩稳定性评价。

学习目标

- 掌握岩土工程稳定性的特点。
- 掌握基坑工程的设计特点及要求。
- 掌握支护结构上的荷载及土压力计算以及地下洞室围岩稳定性评价。

岩土工程稳定性
评价.mp4

9.1　基坑工程的设计施工特点

建筑基坑是指为进行建筑物(包括构筑物)基础与地下室的施工所开挖的地面以下空间。为保证基坑施工，主体地下结构的安全和周围环境不受损害，需对基坑进行包括土体、降水和开挖在内的一系列勘察、设计、施工和检测等工作。这项综合性的工程就称为基坑工程。

基坑工程的设计
施工特点.mp4

9.1.1　基坑工程的特点

基坑工程是一个综合性的岩土工程问题，既涉及土力学中典型的强度、稳定与变形问题，又涉及土与支护结构共同作用以及工程、水文地质等问题，同时还与计算技术、测试技术、施工设备和技术等密切相关。基坑工程具有以下特点。

(1) 一般情况下是临时结构，安全储备相对较小，风险性较大。

(2) 具有很强的区域性和个案性，其由场地的工程水文地质条件和岩土的工程性质以及周边环境条件的差异性所决定，因此，基坑工程的设计和施工，必须因地制宜，切忌生搬硬套。

(3) 基坑工程是一项综合性很强的系统工程，它不仅涉及结构、岩土、工程地质及环境等多门学科，而且勘察、设计、施工、检测等工作环环相扣，紧密相连。

(4) 具有较强的时空效应，支护结构所受荷载(如土压力)及其产生的应力和变形在时间上和空间上具有较强的变异性，在软黏土和复杂体型基坑工程中尤为突出。

(5) 对周边环境会产生较大影响。基坑开挖、降水势必引起周边场地土的应力和地下水位发生改变，使土体产生变形，对相邻建(构)筑物和地下管线等产生影响，严重者将危及它们的安全和正常使用。

9.1.2 支护体系的要求

基坑工程的目的是构建安全可靠的支护体系。对支护体系的要求体现在以下三个方面。

(1) 保证基坑四周边坡土体的稳定性，同时满足地下室施工有足够空间的要求，这是土方开挖和地下室施工的必要条件。

(2) 保证基坑四周相邻建(构)筑物和地下管线等设施在基坑支护和地下室施工期间不受损害，即坑壁土体的变形，包括地面和地下土体的垂直与水平位移要控制在允许范围内。

(3) 通过截水、降水、排水等措施，保证基坑工程施工作业面在地下水位以上。

9.2 基坑工程设计要求及条件

基坑工程设计要求及条件.mp4

随着基坑的开挖越来越深、面积越来越大，基坑围护结构的设计和施工越来越复杂，所需要的理论和技术越来越高，远远超越了作为施工辅助措施的范畴，施工单位没有足够的技术力量来解决复杂的基坑稳定、变形和环境保护问题，研究和设计单位的介入解决了基坑工程的理论计算和设计问题，由此逐步形成了一门独立的学科分支——基坑工程。

基坑工程涉及结构工程、岩土工程和环境工程等众多学科领域，综合性高，影响因素多，设计计算理论还不成熟，在一定程度上还依赖于工程实践经验。

在基坑工程设计的前期工作中，应对基坑内的主体工程设计、场地地质条件、周边环境、施工条件、设计规范进行调研和收集，以全面掌握设计依据。

9.2.1 基坑工程设计与施工的总体要求

1. 基坑支护结构的设计依据

基坑支护结构的设计依据，应包含以下两个方面内容。

(1) 基坑支护设计必须依据国家及地区现行有关的设计、施工技术规范、规程，如地下连续墙、钻孔灌注桩、搅拌桩等设计施工技术规程、规范，钢筋混凝土结构、钢结构等设计规范。因此设计前必须调研和汇总有关规范和规程并注意各类规范的统一和协调。

(2) 积极调研和吸取当地相似基坑工程的成功与失败的原因、经验和教训，在基坑工程设计中，应以此为重要设计依据。特别是在进行异地设计、施工时，更须注意。

2. 支护结构设计应符合的原则

(1) 满足边坡和支护结构稳定的要求，即不产生倾覆、滑移和整体或局部失稳；基坑底部不产生隆起、管涌；锚杆系统不致抗拔失效。

(2) 满足支护结构构件受荷后不致弯曲折断、剪断和压屈的要求。

(3) 水平位移和地基沉降不超过允许值，地基沉降按邻近建筑不同结构形式的要求控制；当邻近有重要管线或支护结构作为永久性结构时，其水平位移和沉降按其特殊要求

高等院校立体化创新规划教材

控制。

3. 基坑工程的内容

基坑工程从规划、设计到施工检测全过程应包含以下内容。

(1) 基坑内建筑场地勘察和基坑周边环境勘察：基坑内建筑场地勘察可利用建(构)筑物设计提供的勘察报告，必要时进行少量补勘。

基坑周边环境勘察须查明以下方面。

① 基坑周边地面建(构)筑物的结构类型、层数、基础类型、埋深、基础荷载大小及上部结构现状；

② 基坑周边地下建(构)筑物及各种管线等设施的分布状况；

③ 场地周围和邻近地区地表及地下水分布情况及对基坑开挖的影响程度。

(2) 支护体系方案技术经济比较和选型：基坑支护工程应根据工程和环境条件提出几种可行的支护方案，通过比较，选出技术经济指标最佳的方案。

(3) 支护结构的强度、稳定和变形以及基坑内外土体的稳定性验算：基坑支护结构均应进行极限承载力状态的计算，计算内容包括支护结构和构件的受压、受弯、受剪承载力计算和土体稳定性计算。对于重要基坑工程，尚应验算支护结构和周围土体的变形。

(4) 基坑降水和止水帷幕设计以及支护墙的抗渗设计：包括基坑开挖与地下水变化引起的基坑内外土体的变形验算(如抗渗稳定性验算、坑底突涌稳定性验算等)及其对基础桩邻近建筑物和周边环境的影响评价。

(5) 基坑开挖施工方案和施工检测设计。

9.2.2 基坑支护结构的类型及适用条件

基坑支护结构的基本类型及其适用条件如下。

1. 放坡开挖及简易支护结构

放坡开挖是指选择合理的坡比进行开挖，适用于地基土质较好、开挖深度不大以及施工现场有足够放坡场所的工程。放坡开挖施工简便、费用低，但挖土及回填土方量大。有时为了增强边坡稳定性和减少土方量，常采用简易支护。

2. 悬臂式支护结构

广义上讲，一切设有支撑和锚杆的支护结构均可归属悬臂式支护结构，但这里仅指没有内撑和锚杆的板桩墙、排桩墙和地下连续墙支护结构。悬臂式支护结构依靠其入土深度和抗弯能力来维持坑壁稳定和结构的安全。由于悬臂式支护结构的水平位移是深度的 5 次方，所以它对开挖深度很敏感，容易产生较大的变形，只适用于土质较好、开挖深度较浅的基坑工程。

3. 水泥土桩墙支护结构

利用水泥作为固化剂，通过特制的深层搅拌机械在地基深部将水泥和土体强制拌和，便可形成具有一定强度和遇水稳定的水泥土桩。水泥土桩与桩或排与排之间可相互咬合紧密排列，也可按网格式排列(见图 9-1)。水泥土桩墙适合软土地区的基坑支护。

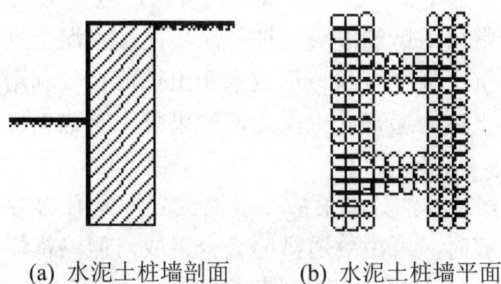

(a) 水泥土桩墙剖面　　(b) 水泥土桩墙平面

图 9-1　网络式水泥土桩墙面布置

4. 内撑式支护结构

内撑式支护结构由支护桩或墙和内支撑组成。支护桩常采用钢筋混凝土桩或钢板桩，支护墙通常采用地下连续墙。内支撑常采用木方、钢筋混凝土或钢管(或型钢)做成。内支撑支护结构适合各种地基土层，但设置的内支撑会占用一定的施工空间。

5. 拉锚式支护结构

拉锚式支护结构由支护桩或墙和锚杆组成。支护桩和墙同样采用钢筋混凝土桩和地下连续墙。锚杆通常有地面拉锚[见图 9-2(a)]和土层锚杆[见图 9-2(b)]两种。地面拉锚需要有足够的场地设置锚桩或其他锚固装置。土层锚杆因需要土层提供较大的锚固力，不宜用于软黏土地层中。

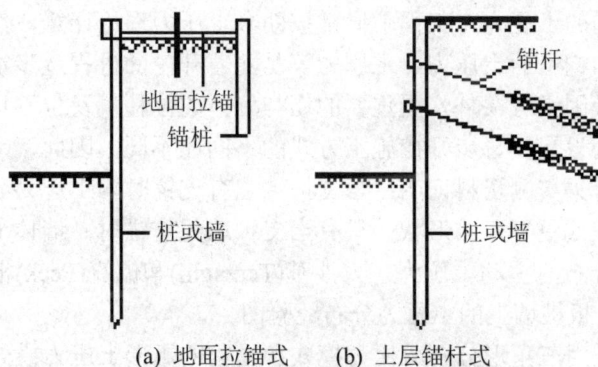

(a) 地面拉锚式　　(b) 土层锚杆式

图 9-2　拉锚式支护结构示意图

6. 土钉墙支护结构

土钉墙支护结构由被加固的原位土体、布置较密的土钉和喷射于坡面上的混凝土面板组成。土钉一般是通过钻孔、插筋、注浆来设置的，但也可通过直接打入较粗的钢筋或型钢形成。土钉墙支护结构适合地下水位以上的黏性土、砂土和碎石土等地层，不适合于淤泥或淤泥质土层，支护深度不超过 18m。

7. 其他支护结构

其他支护结构形式有双排桩支护结构、连拱式支护结构、逆作拱墙、加筋水泥土拱墙支护结构以及各种组合支护结构。双排桩支护结构通常由钢筋混凝土前排桩和后排桩以及盖系梁或板组成。其支护深度比单排悬臂式结构要大，且变形相对较小。

连拱式支护结构通常采用钢筋混凝土桩与深层搅拌水泥土拱以及支锚结构组合而成。水泥土抗拉强度很小，抗压强度较大，形成水泥土拱可有效利用材料强度。拱脚采用钢筋混凝土桩，承受由水泥土拱传递来的土压力，如果采用支锚结构承担一定的荷载，则可取得更好的效果。

逆作拱支护结构采用逆作法建造而成。拱墙截面常采用 Z 字形，当基坑较深且一道 Z 字形拱墙的支护强度不够时，可由数道拱墙叠合组成，但沿拱墙高度应设置数道肋梁，其竖向间距不宜大于 2.5m。当基坑边坡场地较窄时，可不加肋梁，但应加厚拱壁。拱墙平面形状常采用圆形或椭圆形封闭拱圈，但也有采用局部曲线形拱墙的，为保证拱墙在平面上主要承受压力的条件，逆作拱墙轴线的长跨比不宜小于 1/8。

9.3 作用于支护结构上的荷载及土压力计算

作用于支护结构上的荷载通常有土压力、水压力、影响区范围内建(构)筑物荷载、施工荷载、地震荷载以及其他附加荷载，其中最重要的荷载是土压力和水压力。其计算方法有水土分算法和水土合算法两种。对于砂性土和粉土，可按水土分算法，即分别计算土、水压力，然后叠加；对黏性土可根据现场情况和工程经验，按水土分算法或水土合算法进行，水土合算法则是采用土的饱和重度计算总的水土压力。

作用于支护结构
上的荷载及土压
力计算.mp4

作用于支护结构的土压力，工程中通常按朗金土压力理论计算，然而，在基坑开挖过程中，作用在支挡结构上的土压力、水压力等是随着开挖的进程逐步形成的，其分布形式除与土性和地下水等因素有关外，更重要的还与墙体的位移量及位移形式有关。而位移形式随着支撑和锚杆的设置及每步开挖施工方式的不同而不同，因此，土压力并不完全处于静止和主动状态。有关实测资料证明：当支护墙上有支锚时，土压力分布一般呈上下小、中间大的抛物线形状或更复杂的形状；只有当支护墙无支锚时，墙体上端绕下端外倾，才会产生一般呈直线分布的主动土压力。太沙基(Terzaghi)和佩克(Peck)根据实测和模型试验结果，提出了作用于板桩墙上的土压力分布经验图。

我国工程界常采用三角形分布土压力模式和经验的矩形土压力模式。当墙体位移比较大时，一般采用三角形土压力模式；否则采用矩形土压力模式。在用"m"法进行设计计算时，一般应采用矩形土压力模式。

9.3.1 排桩、地下连续墙支护结构

若施工场地狭窄、地质条件较差、基坑较深或对开挖引起的变形控制较严，则可采用排桩或地下连续墙支护结构。

排桩可采用钻孔灌注桩、人工挖孔桩、预制钢筋混凝土板桩和钢板桩等。桩的排列方式通常有柱列式、连续式和组合式。排桩支护结构除受力桩外，有时还包括冠梁、腰梁和桩间护壁构造等构件，必要时还可设置一道或多道支撑或锚杆。排桩支护结构适合于开挖深度在 6～10m 的基坑。

地下连续墙是采用特制的成槽机械在泥浆护壁下，逐段开挖出沟槽并浇注钢筋混凝土板而形成。地下连续墙能挡土、止水，可作地下结构外墙，具有刚度大、整体性好、振动噪声小、可逆作法施工以及适用各种地质条件等优点，但废泥浆处理不好，会影响城市环境，而且造价也较高，因此，适合于开挖深度大于 10m、对变形控制要求较高的重要工程。

1. 悬臂式桩墙计算

悬臂式桩、墙的设计计算常采用极限平衡法和布鲁姆(H. Blum)简化计算法。

1) 极限平衡法

对于悬臂式支护结构，可采用三角形分布土压力模式，计算简图如图 9-3 所示。当单位宽度桩墙两侧所受的净土压力相平衡时，桩墙则处于稳定状态，相应的桩墙入土深度即为其保证稳定所需的最小入土深度，可根据静力平衡条件求出。具体计算步骤如下。

(1) 计算桩墙底端后侧主动土压力 e_{a3} 及前侧被动土压力 e_{p3}，然后叠加求出第一个土压力为零的点 O 距基坑底面的距离 u。

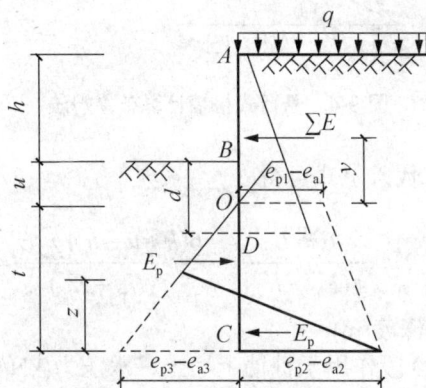

图 9-3　悬臂式桩墙计算极限平衡法

(2) 计算 O 点以上土压力合力 $\sum E$，求出 $\sum E$ 作用点至 O 点的距离 y；

(3) 计算桩、墙底端前侧主动土压力 e_{a2} 和后侧被动土压力 e_{p2}；

(4) 计算 O 点处桩墙前侧主动土压力 e_{a1} 及后侧被动土压力 e_{p1}；

(5) 根据作用在支护结构上的全部水平作用力平衡条件($\sum X = 0$)和绕墙底端力矩平衡条件($\sum M = 0$)可得：

$$\sum E + \left[(e_{p3} - e_{a3}) + (e_{p2} - e_{a2}) \right] \frac{z}{2} - (e_{p3} - e_{a3}) \frac{t}{2} = 0$$

$$\sum (t + y) E + \left[(e_{p3} - e_{a3}) + (e_{p2} - e_{a2}) \right] \frac{z}{2} \cdot \frac{z}{3} - (e_{p3} - e_{a3}) \frac{t}{2} \cdot \frac{t}{3} = 0$$

上两式中，只有 z 和 t 两个未知数，将 e_{a2}、e_{p2}、e_{a3}、e_{p3} 计算公式代入并消去 z，可得一个关于 t 的方程式，求解该方程，即可求出 O 点以下桩墙的入土深度(即有效嵌固深度)t。

为安全起见，实际嵌入基坑底面以下的入土深度为

$$t_c = u + (1.1 \sim 1.2)t$$

高等院校立体化创新规划教材

(6) 计算桩墙最大弯矩 M_{max}。根据最大弯矩点剪力为零，求出最大弯矩点 D 离基坑底的距离 d，再根据 D 点以上所有力对 D 点取矩，可求得最大弯矩 M_{max}。

2) 布鲁姆简化计算法

布鲁姆法的计算简图如图 9-4 所示。桩墙底部后侧出现的被动土压力以一个集中力 E_p 代替。由桩墙底部 C 点的力矩平衡条件 $\sum M = 0$，有

$$(h+u+t-h_a)\sum E - \frac{t}{3}E_p = 0$$

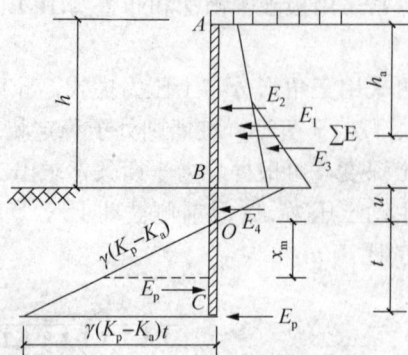

图 9-4 悬臂式桩墙计算布鲁姆法

因 $E_p = \frac{1}{2}\gamma(K_p - K_a)t^2$，代入上式可得

$$t^3 - \frac{6\sum E}{\gamma(K_p - K_a)}t - \frac{6(h+u-h_a)\sum E}{\gamma(K_p - K_a)} = 0$$

式中：t——桩墙的有效嵌固深度(m)；

$\sum E$——桩墙后侧 AO 段作用于桩墙上净土、水压力(kN/m)；

K_a——主动土压力系数；

K_p——被动土压力系数；

γ——土体重度(kN/m³)；

h——基坑开挖深度(m)；

h_a——$\sum E$ 作用点距地面距离(m)；

u——土压力零点 O 距基坑底面的距离(m)。

经试算可求出桩墙的有效嵌固深度 t。为了保证桩墙的稳定，基坑底面以下的最小插入深度 t_c 应为

$$t_c = u + (1.1 \sim 1.4)t$$

最大弯矩应在剪力为零(即 $\sum Q = 0$)处，于是有：

$$\sum E - \frac{1}{2}\gamma(K_p - K_a)x_m^2 = 0$$

由此可求得最大弯矩点距土压力为零点 O 的距离 x_m 为

$$x_m = \sqrt{\frac{2\sum E}{\gamma(K_p - K_a)}}$$

而此处的最大弯矩为

$$M_{\max} = (h + u + x_{\mathrm{m}} - h_{\mathrm{a}})\sum E - \frac{\gamma(K_{\mathrm{p}} - K_{\mathrm{a}})x_{\mathrm{m}}^3}{6}$$

【例 9-1】某基坑开挖深度 h=5.0m，土层重度为 20kN/m³，内摩擦角 φ=20°，黏聚力 c=10kPa，地面超载 q_0=10kPa。现拟采用悬臂式排桩支护，试确定桩的最小长度和最大弯矩。

解： 沿支护墙长度方向取 1 延米进行计算，则主动土压力系数为

$$K_{\mathrm{a}} = \tan^2\left(45° - \frac{\varphi}{2}\right) = \tan^2\left(45° - \frac{20°}{2}\right) = 0.49$$

被动土压力系数为

$$K_{\mathrm{a}} = \tan^2\left(45° + \frac{\varphi}{2}\right) = \tan^2\left(45° + \frac{20°}{2}\right) = 2.04$$

基坑开挖底面处土压力强度为

$$e_{\mathrm{a}} = (q_0 + \gamma h)K_{\mathrm{a}} - 2c\sqrt{K_{\mathrm{a}}} = (10 + 20 \times 5) \times 0.49 - 2 \times 10 \times \sqrt{0.49} = 39.90(\mathrm{kN/m}^2)$$

土压力零点距开挖面的距离为

$$u = \frac{(q_0 + \gamma h)K_{\mathrm{a}} - 2c(\sqrt{K_{\mathrm{a}}} + \sqrt{K_{\mathrm{p}}})}{\gamma(K_{\mathrm{p}} - K_{\mathrm{a}})} = \frac{11.33}{31.00} = 0.37(\mathrm{m})$$

开挖面以上桩后侧地面超载引起的侧压力 E_{a1} 为

$$E_{\mathrm{a1}} = q_{\mathrm{a}}K_{\mathrm{a}}h = 10 \times 0.49 \times 5 = 24.5(\mathrm{kN})$$

其作用点距地面的距离 h_{a1} 为

$$h_{\mathrm{a1}} = \frac{1}{2}h = \frac{1}{2} \times 5 = 2.5(\mathrm{m})$$

开挖面以上桩后侧主动土压力 E_{a2} 为

$$E_{\mathrm{a2}} = \frac{1}{2}\gamma h^2 K_{\mathrm{a}} - 2ch\sqrt{K_{\mathrm{a}}} + \frac{2c^2}{\gamma} = \frac{1}{2} \times 20 \times 5^2 \times 0.49 - 2 \times 10 \times 5 \times \sqrt{0.49} + \frac{2 \times 10^2}{20} = 62.5(\mathrm{kN})$$

其作用点距地面的距离 h_{a2} 为

$$h_{\mathrm{a2}} = \frac{2}{3}\left(h - \frac{2c}{\gamma\sqrt{K_{\mathrm{a}}}}\right) = \frac{2}{3} \times \left(5 - \frac{2 \times 10}{20 \times \sqrt{0.49}}\right) = 2.38(\mathrm{m})$$

桩后侧开挖面至土压力零点净土压力 E_{a3} 为

$$E_{\mathrm{a3}} = \frac{1}{2}e_{\mathrm{a}}u^2 = \frac{1}{2} \times 39.90 \times 0.37^2 = 2.73(\mathrm{kN})$$

其作用点距地面的距离 h_{a3} 为

$$h_{\mathrm{a3}} = h + \frac{1}{3}u = 5 + \frac{1}{3} \times 0.37 = 5.12(\mathrm{m})$$

作用于桩后的土压力合力 $\sum E$ 为

$$\sum E = E_{\mathrm{a1}} + E_{\mathrm{a2}} + E_{\mathrm{a3}} = 24.5 + 62.5 + 2.73 = 89.73(\mathrm{kN})$$

$\sum E$ 的作用点距地面的距离为

高等院校立体化创新规划教材

$$h_a = \frac{E_{a1}h_{a1} + E_{a2}h_{a2} + E_{a3}h_{a3}}{\sum E} = \frac{24.5 \times 2.5 + 62.5 \times 2.38 + 2.73 \times 5.12}{89.73} = 2.50(\text{m})$$

将上述计算得到的 K_a、K_p、u、$\sum E$、h_a 值代入最大变矩公式得

$$t^3 - \frac{5 \times 89.73}{20 \times (2.04 - 0.49)}t - \frac{5 \times 89.73 \times (5 + 0.37 - 2.50)}{20 \times (2.04 - 0.49)} = 0$$

即 $t^3 - 14.47t - 41.54 = 0$

由此可解得 $t = 4.81\text{m}$。

取增大系数 $K_t = 1.3$，则桩的最小长度为

$$l_{\min} = h + u + 1.3 \times t = 5 + 0.37 + 1.3 \times 4.81 = 11.62(\text{m})$$

最大弯矩点距土压力零点的距离 x_m 为

$$x_m = \sqrt{\frac{2\sum E}{(K_p - K_a)\gamma}} = \sqrt{\frac{2 \times 89.73}{(2.04 - 0.49) \times 20}} = 2.41(\text{m})$$

最大弯矩为

$$M_{\max} = 89.73 \times (5 + 0.37 + 2.41 - 2.50) - \frac{20 \times (2.04 - 0.49) \times 2.41^3}{6} = 401.45(\text{kN} \cdot \text{m})$$

当土质较差、基坑又较深时，通常采用多层支锚结构，支锚层数及位置则根据土层分布及性质、基坑深度、支护结构刚度和材料强度以及施工要求等因素确定。

目前对多支点支护结构的计算方法通常采用连续梁法、支撑荷载 1/2 分担法、弹性支点法以及有限元法等。以下对其中主要的几种方法予以简单介绍。

2. 连续梁法

多支撑支护结构可当作刚性支撑(支座无位移)的连续梁，应按以下各施工阶段的情况分别计算。

(1) 在设置支撑 A 以前的开挖阶段[见图 9-5(a)]，可将挡墙作为一端嵌固在土中的悬臂桩。

(2) 在设置支撑 B 以前的开挖阶段[见图 9-5(b)]，挡墙是两个支点的静定梁，两个支点分别是 A 及净土压力为零的一点。

(3) 在设置支撑 C 以前的开挖阶段[见图 9-5(c)]，挡墙是具有三个支点的连续梁，三个支点分别为 A、B 及净土压力零点。

(4) 在浇筑底板以前的开挖阶段[见图 9-5(d)]，挡墙是具有四个支点的三跨连续梁。

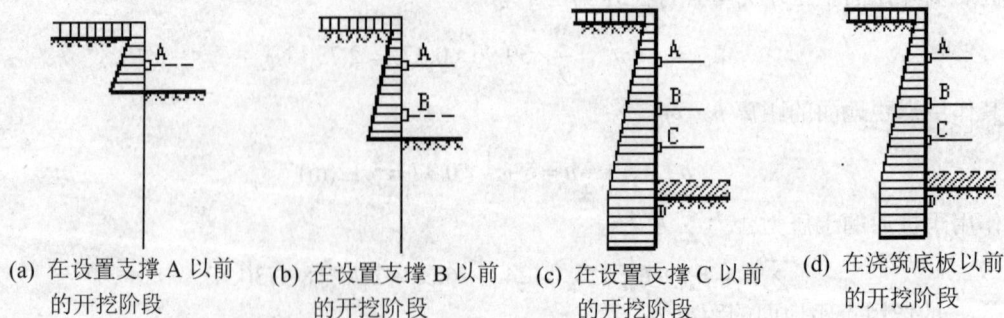

(a) 在设置支撑 A 以前的开挖阶段　(b) 在设置支撑 B 以前的开挖阶段　(c) 在设置支撑 C 以前的开挖阶段　(d) 在浇筑底板以前的开挖阶段

图 9-5　各施工阶段

3. 支撑荷载 1/2 分担法

对多支点的支护结构，若支护墙后的主动土压力分布采用太沙基和佩克假定的图式，则支撑或拉锚的内力及其支护墙的弯矩可按以下经验法计算。

(1) 每道支撑或拉锚所受的力是相邻两个半跨的土压力荷载值；

(2) 假设土压力强度用 q 表示，对于按连续梁计算，最大支座弯矩 (三跨以上)为 $M = \dfrac{ql^2}{10}$，最大跨中弯矩为 $M = \dfrac{ql^2}{20}$。

4. 弹性支点法

弹性支点法又称为弹性抗力法、地基反力法，其计算方法如下。

墙后的荷载既可直接按朗金主动土压力理论计算[即三角形分布土压力模式[见图 9-6(a)]，也可按矩形分布的经验土压力模式[见图 9-6(b)]计算。后者在我国基坑支护结构设计中被广泛采用。

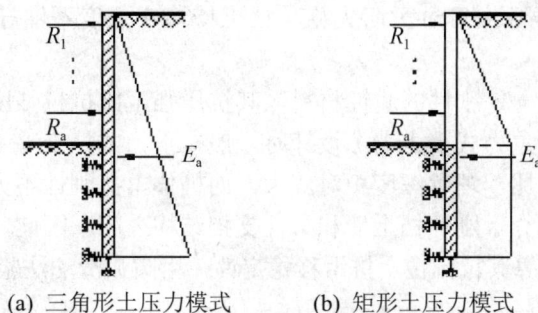

(a) 三角形土压力模式 (b) 矩形土压力模式

图 9-6 弹性支点法计算简图

基坑开挖面以下的支护结构受到的土体抗力用弹簧模拟：

$$\sigma_x = K_s y$$

式中：K_s——地基土的水平抗力系数(kN/m^3)；

  y——土体的水平变形(m)。

支锚点按刚度系数为 K_z 的弹簧进行模拟。以"m"法为例，基坑支护结构的基本挠曲微分方程为

$$EI \frac{\mathrm{d}^4 y}{\mathrm{d}z^4} + m \cdot z \cdot b \cdot y - e_a \cdot b_s = 0$$

式中：EI ——支护结构的抗弯刚度$(kN \cdot m^2)$

  y ——支护结构的水平挠曲变形(m)；

  z ——竖向坐标(m)；

  b ——支护结构宽度(m)；

  e_a ——主动侧土压力强度(kPa)；

  m——地基土的水平抗力系数 K_s 的比例系数(kN/m^4)；

  b_s ——主动侧荷载宽度(m)。

排桩取桩间距，地下连续墙取单位宽度。

高等院校立体化创新规划教材

5. 有限元法

求解即可得到支护结构的内力和变形，通常可用杆系有限元法求解。首先将支护结构进行离散，支护结构采用梁单元，支撑或锚杆用弹性支撑单元，外荷载为支护结构后侧的主动土压力和水压力，其中水压力既可单独计算，即采用水土分算模式，也可与土压力一起算，即水土合算模式，但需注意的是，水土分算和水土合算时所采用的土体抗剪强度指标不同。

9.3.2 水泥土桩墙支护结构

水泥土桩是通过深层搅拌机将水泥固化剂和原状土就地强制搅拌而成。由水泥土桩形成的支护墙具有造价低、无振动、无噪声、无污染、施工简便和工期短等优点，适合于对环境污染要求较严、对隔水要求较高且施工场地较宽敞的软土地层，支护深度一般不大于7m，如果采用加筋水泥土桩墙等复合式水泥土桩墙，则支护深度可达到10m。

水泥土桩墙的破坏模式通常有整体滑动破坏、墙体向外倾覆破坏、墙体水平滑移破坏、地基承载力不足导致变形过大而失稳、挡土墙墙身强度不够导致墙体断裂破坏五种形式。

水泥土是一种具有一定刚性的脆性材料，其抗压强度比抗拉强度大得多，因此水泥土桩墙的很多性能类似于重力式挡土墙，设计时一般按重力式挡土墙考虑。由于水泥土桩墙与一般重力式挡土墙相比，埋置深度相对较大，而桩体本身刚性不大，所以实际工程中变形也较大，其变形规律介于刚性挡土墙和柔性支挡结构之间。因此，为安全起见，可沿用重力式挡土墙的方法验算其抗倾覆、抗滑移稳定性，用圆弧滑动法验算整体稳定性。

1. 土压力计算

对于水泥土桩墙支护结构，作用在其上的土压力通常按朗金土压力理论计算，但也有按梯形土压力分布形式计算的(见图 9-7 中虚线)。水压力的计算既可与土压力合算，也可分开计算。

2. 抗倾覆稳定性验算

水泥土桩墙绕墙趾 O 的抗倾覆稳定安全系数(见图9-7)为

$$K_q = \frac{抗倾覆力矩}{倾覆力矩} = \frac{\frac{b}{2}W + z_p E_p}{z_a E_a}$$

式中：W——墙体自重，kN；

E_a——墙后主动土压力，kN；

E_p——墙前被动土压力，kN；

z_a——主动土压力作用线离墙趾距离，m；

z_p——被动土压力作用线离墙趾距离，m；

b——水泥土桩墙厚度，m；

K_q——抗倾覆安全系数，根据基坑的坑壁安全等级、结构形式以及采用的计算理论

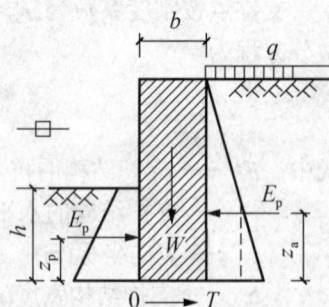

图9-7 水泥土桩墙稳定性验算

和相应的土工参数进行确定，一般取 $K_q \geqslant 1.0 \sim 1.3$，等级高的取上限，等级低的取下限。

3. 抗滑移稳定性验算

水泥土桩墙沿墙底抗滑移安全系数由下式确定：

$$K_h = \frac{墙体抗滑力}{墙体滑动力} = \frac{W\tan\varphi_0 + c_0 b + E_p}{E_a}$$

式中：c_0——墙底土层的黏聚力(kPa)；

φ_0——墙底土层的内摩擦角(°)；

K_h——墙底抗滑移安全系数，一般取 $K_h \geqslant 1.15 \sim 1.2$。墙底抗滑移安全系数也可根据水泥土桩墙结构基底的摩擦系数进行计算：

$$K_h = \frac{\mu W + E_p}{E_a}$$

式中：μ——墙体基底与土的摩擦系数，当无试验资料时，可按经验取值，淤泥质土：$\mu=0.20 \sim 0.25$；黏性土：$\mu=0.25 \sim 0.40$；砂土：$\mu=0.25 \sim 0.50$。

4. 墙体应力验算

水泥土桩墙的墙体应力验算包括正应力与剪应力验算两个方面。

(1) 墙体正应力验算：水泥土桩墙墙体应力按下式验算：

$$\begin{cases} \sigma_{max} = \bar{\gamma}z + q_0 + \dfrac{Mx_1}{I} \leqslant \dfrac{q_u}{K_j} \\ \sigma_{min} = \bar{\gamma}z - \dfrac{Mx_2}{I} \geqslant 0 \end{cases}$$

式中，σ_{max}、σ_{min}——计算截面上的最大及最小应力(kPa)；

$\bar{\gamma}$——墙体平均重度(kN/m³)；

z——计算截面以上水泥土墙的高度(m)；

q_0——支护结构顶面堆载(kPa)；

M——墙体在计算截面处的弯矩(kN·m)；

x_1、x_2——墙体在计算截面处的截面形心至最大、最小应力点的距离(m)；

I——墙体在截面处水泥土截面的惯性矩(m⁴)；

q_u——水泥土无侧限抗压强度(kPa)；

K_j——考虑水泥土强度不均匀的系数，取 2.0。当墙体插毛竹时，可取 $K_j=1.5$。

一般取坑底截面处及墙体变截面处验算。如不满足要求，应加大支护结构的厚度。

(2) 墙体剪应力验算：墙体剪应力验算按下式进行：

$$\tau = \frac{E_a}{mb} \leqslant 0.1\frac{q_u}{K_j}$$

式中：τ——计算截面处的剪应力(kPa)；

E_a——计算截面以上主动土压力的合力(kN)；

m——计算截面水泥土的置换率，为水泥土面积与总截面积之比值。

5. 基底地基承载力验算

水泥土墙是由加固土形成的重力式挡墙，加固后的墙重比原状土增加不大，一般仅增加 3%左右。因此基底承载力一般可满足要求，不必验算。若基底土质确实很差，比如为较厚的软弱土层时，则应对地基承载力进行验算，验算方法按有关规范进行，验算截面选取基底截面。

【例 9-2】 某基坑开挖深度 h=5.0m，采用水泥土搅拌桩墙进行支护，墙体宽度 b=4.5m，墙体入土深度(基坑开挖面以下)h_d=6.5m，墙体重度 γ_0=20kN/m³，墙体与土体摩擦系数 μ=0.3。基坑土层重度 γ =19.5 kN/m³，内摩擦角 φ=24°，黏聚力 c=0，地面超载为 q_0=20kPa。试验算支护墙的抗倾覆、抗滑移稳定性。

解：沿墙体纵向取 1 延米进行计算，则主动和被动土压力系数为

$$K_a = \tan^2\left(45° - \frac{24°}{2}\right) = 0.42$$

$$K_p = \tan^2\left(45° + \frac{24°}{2}\right) = 2.37$$

地面超载引起的主动土压力为

$$E_{a1} = q_0(h + h_d)K_a = 20 \times (5 + 6.5) \times 0.42 = 96.6(kN)$$

E_{a1} 的作用点距墙趾的距离为

$$z_{a1} = \frac{1}{2}(h + h_d) = \frac{1}{2} \times (5 + 6.5) = 5.75(m)$$

墙后的主动土压力为

$$E_{a2} = \frac{1}{2}\gamma(h + h_d)^2 K_a = \frac{1}{2} \times 19.5 \times (5 + 6.5)^2 \times 0.42 = 541.56(kN)$$

E_a 的作用点距墙趾的距离为

$$z_{a2} = \frac{1}{3}(h + h_d) = \frac{1}{3} \times (5 + 6.5) = 3.83(m)$$

墙前的被动土压力为

$$E_p = \frac{1}{2}\gamma h_d^2 K_p = \frac{1}{2} \times 19.5 \times 6.5^2 \times 2.37 = 976.29(kN)$$

E_p 的作用点离墙趾的距离为

$$z_p = \frac{1}{3}h_d = \frac{1}{3} \times 6.5 = 2.17(m)$$

墙体自重为

$$W = b(h + h_d)\gamma_0 = 4.5 \times (5 + 6.5) \times 20 = 1035(kN)$$

抗倾覆安全系数为

$$K_q = \frac{\frac{1}{2}bW + E_p z_p}{E_{a1}z_{a1} + E_{a2}z_{a2}} = \frac{\frac{1}{2} \times 4.5 \times 1035 + 976.29 \times 2.17}{96.60 \times 5.75 + 541.56 \times 3.83} = 1.69 > 1.6$$

满足要求。

抗滑移安全系数为

$$K_{\mathrm{h}} = \frac{E_{\mathrm{p}} + \mu W}{E_{\mathrm{a1}} + E_{\mathrm{a2}}} = \frac{976.29 + 0.3 \times 1035}{96.60 + 541.56} = 2.02 > 1.3$$

满足要求。

水泥土桩墙的变形包括墙体的弹性挠曲和刚体位移(平移和转动)。

1)　弹性挠曲计算

由于水泥土桩墙本身不是完全的刚体，在基坑开挖时，墙身的强度往往不高，只有在暴露于空气中之后，水泥土桩墙的强度才迅速形成，因此，由于墙身的弹性挠曲引起的墙体变形不可忽略，工程实用上一般忽略基坑开挖面以下墙身的挠曲，把墙身固定在坑底处，按悬臂梁计算墙身的弹性挠曲(见图 9-8)：

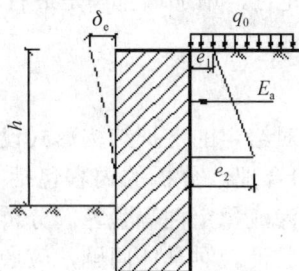

图 9-8　墙体弹性挠曲计算

$$\delta_{\mathrm{e}} = \frac{11e_1 + 4e_2}{120EI} h^4$$

式中：δ_{e}——墙体的最大挠曲(mm)；

E——墙体的弹性模量(MPa)；

e_1、e_2——墙体在顶面和开挖面的土压力强度($\mathrm{N/m^2}$)；

h——墙体的高度(m)；

I——墙身截面惯性矩($\mathrm{m^4}$)。

对于成层土体，由于土压力的分布比较复杂，可适当简化。同时水泥土桩墙的弹性模量可假定为定值，一般取 $E=(100\sim120)q_{\mathrm{u}}$($q_{\mathrm{u}}$ 为水泥土的无侧限抗压强度)。

2)　刚体位移

水泥土桩墙的刚体位移包含刚性水平滑移和刚体转动两部分。刚体水平滑移的计算目前仍无完善的理论和方法。转动位移计算是假定墙体为刚性(刚度无穷大)，在墙后土压力、墙前土抗力和墙底地基土反力作用下，墙体绕某点 O 做刚性转动，然后根据静力平衡条件求出墙身的转动和墙顶的位移。其中墙后的土压力，在开挖面以上按朗金土压力公式计算，呈三角形分布，但在开挖面以下假定呈矩形分布。墙前土体的抗力则利用一个个独立作用的弹簧来模拟，可按"m"法计算。

在进行水泥土桩墙设计时，尚应满足以下构造要求。

(1) 水泥土桩墙采用格栅式布置时，水泥土桩的置换率对于淤泥不得小于 0.8，对于淤泥质土不得小于 0.7，对其他土质条件不得小于 0.6。

(2) 水泥土桩与桩之间的搭接应视挡土及抗渗的不同要求而定。对同时具有挡土和抗渗作用要求者，桩与桩之间的搭接长度不小于 200mm。

(3) 水泥土桩可设计成不同埋置深度，使墙底桩头参差不齐，以提高墙底与土体之间的摩擦力，从而提高抗滑移稳定性。

尽管水泥土桩墙支护结构的工作原理类似于传统的重力式挡土墙，但有关设计方面的特性，却有很大的不同，其主要表现在以下几个方面。

(1) 由于水泥土桩墙具有一定的嵌固深度，其稳定性主要受抗倾覆条件控制，而无嵌固深度的传统重力式挡土墙的稳定性同时受抗滑移和抗倾覆条件控制。

(2) 仅靠增加嵌固深度来提高水泥土桩墙的抗倾覆安全系数难以达到满意的效果。因为在某些情况下，随着嵌固深度的增加，水泥土桩墙的抗倾覆安全系数不但不会提高，反而还会有一定的降低。

(3) 对于水泥土桩墙和传统重力式挡土墙，在某一确定的嵌固深度条件下，无论是为满足抗倾覆稳定性还是抗滑移稳定性，增加墙宽都是最有效而经济的措施。

9.3.3　基坑稳定性分析

基坑稳定性分析的目的在于对给定的支护结构形式设计出合理的嵌固深度，或验算已拟定支挡结构的设计是否稳定和合理。分析的内容包括支护结构整体稳定性、踢脚稳定性、坑底抗隆起稳定性和基坑渗流稳定性等验算。分析方法主要有工程地质对比法和力学分析法，两种方法相互补充和验证。对具体问题，应通过综合分析以得出最后的结论。工程地质对比法是通过大量已有工程的调查研究，结合拟设计项目的地质条件来确定支护结构的嵌固深度。一般来说，其比较可靠，但必须在工程和地质条件基本一致的情况下才能使用。力学分析法是以土力学理论为基础，但由于实际地质因素很复杂，不能简单地用力学分析加以概括，因此，有其局限性，有时不能正确判断基坑稳定性的安全程度；但在一定条件下，它仍不失为一个解决基坑稳定性问题的得力工具。

基坑渗流稳定性验算包括基坑底抗流砂稳定性验算和基坑底土抗突涌稳定性验算。

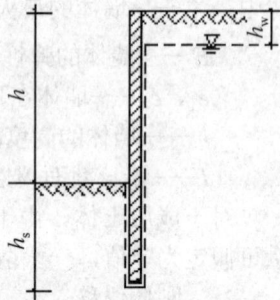

图 9-9　基坑抗流砂验算

1. 基坑底抗流砂稳定性验算

如图 9-9 所示，地下水由高处向低处渗流，在基坑底部，当向上的动水压力(渗透力) $j \geqslant \gamma_t$ (γ_t 为土的有效重度)时，将会产生流砂现象。若近似地按紧贴墙体的最短路线计算最大渗透力 γ_t，则抗流砂稳定安全系数应满足：

$$K_{LS} = \frac{\gamma_t}{j} = \frac{(h - h_w + 2h_d)\gamma_t}{(h - h_w)\gamma_w} \geqslant 1.5 \sim 2.0$$

式中：h_w——墙后地下水位埋深，m；

　　　γ_w——地下水重度，kN/m³。

其他符号意义同前。

2. 基坑底土抗突涌稳定性验算

如果在基坑底下的不透水层较薄，而且在不透水层下面存在有较大水压的滞水层或承压水层时，当上覆土重不足以抵挡下部的水压时，基坑底土体将会发生

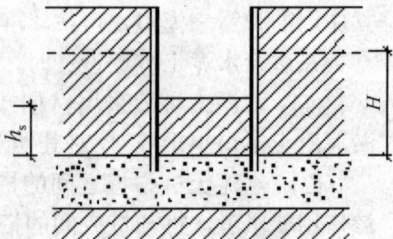

图 9-10　基坑底土抗突涌稳定性验算

突涌破坏。因此，在设计坑底下有承压水的基坑时，应进行抗突涌稳定性验算。根据压力平衡概念(见图 9-10)，基坑底土抗突涌稳定性应满足：

$$K_{TY} = \frac{\gamma h_s}{\gamma H} \geqslant 1.1 \sim 1.3$$

式中：h_s——不透水层厚度(m)；

　　　H——承压水高于含水层顶板的高度(m)。

若基坑底土抗突涌稳定性不满足要求，可采用隔水挡墙隔断滞水层，加固基坑底部地基等处理施。

合理确定控制地下水的方案是保证工程质量、加快工程进度、取得良好社会效益和经济效益的关键。通常应根据地质、环境和施工条件以及支护结构设计等因素综合考虑。

地下水控制方法有集水明排法、降水法、截水和回灌技术。降水的方法通常有轻型井点法、喷射井点法、管井井点法和深井泵井点法。

选择降水方法时，一般中粗砂以上粒径的土用水下开挖或堵截法；中砂和细砂颗粒的土用井点法和管井法；淤泥或黏土用真空法或电渗法。降水方法必须经过充分调查，并注意含水层埋藏条件及其水位或水压，含水层的透水性(渗透系数、导水系数)及富水性，地下水的排泄能力，场地周围地下水的利用情况，场地条件(周围建筑物及道路情况、地下水管线埋设情况)等。

对基坑周围环境复杂的地区，确定地下水控制方案，应充分论证和预测地下水对环境影响的变化，并采取必要措施，以防止发生因地下水的改变而引起的地面下沉、道路开裂、管线错位、建筑物偏斜、损坏等危害。

当因降水危及基坑及周边环境安全时，宜采用截水或回灌方法。截水后，基坑中的水量或水压较大时，宜采用基坑内降水。当基坑底为隔水层且层底作用有承压水时，应进行坑底土抗突涌验算，必要时可采取水平封底隔渗或钻孔减压措施，以保证坑底土层稳定。

9.4　地下洞室围岩稳定性评价

地下洞室泛指在地表以下岩(土)体中修建的各种形式和用途的建筑。地下洞室是岩土工程中的重要组成部分，广泛应用于工业与民用建筑、交通、采矿、水利水电、国防等部门，如作为地下工厂、交通隧道、矿山巷道、水电站地下厂房、地下商场、储备仓库、地下防空洞等。其围岩的稳定性十分重要，本节就来学习地下洞室围岩的稳定性。

9.4.1　地下洞室概述

1. 地下洞室的共同特点

地下洞室的共同特点是都建设在地下岩(土)体内，具有一定断面形状和尺寸，并有较大延伸长度。地下洞室的断面形状一般有曲线型、折线型和两者的组合型。地下洞室断面形状的选择，应考虑洞室的用途和服务年限、洞室的围岩性质、岩(土)体地应力的分布特征、洞室的支护或衬砌方式和材料等因素综合确定。一般来讲，曲线型洞室(圆形、椭圆形和马蹄形等)的稳定性较好,对周围岩(土)体的稳定有利。折线型洞室(矩形、方形和梯形等)的断面利用率高、施工方便、开挖工艺简单。洞室的尺寸主要取决于洞室的用途,一般性隧道高(或宽)在 3～5m,有些可达 20m 以上,而地下厂房的断面则要大得多,一般高度可达 60～70m,宽度为 20～35m。洞室可分为过水的和不过水的(如交通隧洞)两大类。前者又有无压与有压之分,后者均属无压的。有压洞室与无压洞室不同,内水压力作用到衬砌和周围岩体上,对其稳定性将增加新的影响。

2. 围岩

洞室周围的岩(土)体通称围岩。狭义上,围岩常指洞室周围受到开挖影响,大体相当于地下洞室宽度或平均直径 3 倍左右范围内的岩(土)体。由于初始地应力的存在,洞室开挖势必打破原来岩(土)体的自然平衡状态,引起洞室周围一定范围内的岩(土)体应力重新分布,有的围岩的强度能够适应变化后的应力状态,可不采取任何人力措施,便能保持洞室稳定;但有时因围岩强度低,或其中应力状态的变化大,以致围岩不能适应变化后的应力状态,使岩(土)体产生变形、位移,甚至破坏,若不加固或加固而未保证质量,都会引起破坏性事故,对施工、运营造成危害。工程中将洞室开挖后,周围发生应力重新分布的岩(土)体称为围岩。因此,围岩的变形和稳定性是地下洞室能否在服务年限内正常使用的关键。

3. 地下洞室的突出工程地质问题

地下洞室的突出工程地质问题是围岩稳定问题。尤其像地下飞机库、大跨度引水隧洞和水电站地下厂房等大型洞室的围岩稳定性,常常是工程地质研究的重点;矿山采空区常出现独特的工程地质现象。国内外建筑史上因洞室围岩失稳而造成的事故,为数不少。例如澳大利亚悉尼输水压力隧洞,采用混凝土衬砌,使用期间在 300m 长的地段上发现洞内有压水大量渗入围岩而到达地表。放空检修发现,在 100m 的内水水头作用下,衬砌被破坏,洞顶围岩被掀起,出现裂缝,错开距离多达 1.0～2.0cm。对围岩压力估计过高,可能导致工程偏于危险;对围岩强度估计不足,常使设计保守,提高工程造价,造成浪费。因此,对洞室位置的选择、对围岩特性的认识和对围岩压力与强度的评价都是地下洞室设计与施工的关键问题。

9.4.2　围岩的破坏

洞室围岩的变形与破坏程度,一方面取决于地下天然应力、重分布应力及附加应力,另一方面与岩(土)体的结构及其工程地质性质密切相关。

洞室开挖后,围岩应力大小超过了岩(土)体强度时,便失稳破坏;有的突然而显著,有的变形与破坏不易截然划分。洞室围岩的变形与破坏,二者是发展的连续过程。弹脆性岩石构成的围岩,变形尺寸小,发展速度快,肉眼不易觉察,而一旦失稳,突然破坏,其强度、规模和影响都极显著。弹塑性岩石和塑性土构成的围岩,变形尺寸大,甚至堵塞整个洞室空间,但其发展速度极缓慢,而破坏形式有时很难与变形相区别。一般情况下,洞室围岩的变形与破坏,按其发生的部位,可概括地划分为顶围(板)悬垂与塌顶、侧围(壁)突出与滑塌和底围(板)鼓胀与隆破等。

1．顶围悬垂与塌顶

洞室开挖时，顶壁围岩除瞬时完成的弹性变形外，还可由塑性变形及其他原因而继续变形，使洞顶壁轮廓发生明显改变，但仍可保持其稳定状态。这种情况大多数在开挖初始阶段中出现，而且在水平岩层中最典型。进一步发展，围岩中原有结构面或由重分布应力作用下新生的局部破裂面，会发展扩大。顶围原有的和新生的结构面相互会合交截，便可能构成数量不一、形状不同、大小不等的分离体。它在重力作用下，与围岩母体脱离，突然塌落而终至形成塌落拱。它与围岩的结构面和风化程度等因素密切有关，且在洞室的个别地段上最为典型。多数塌落拱大于洞室设计尺寸，有时还会发生严重的流砂和溜塌。

2．侧围突出与滑塌

洞室开挖时，侧壁围岩继续变形，使洞室轮廓会发生明显突出而不产生破坏，这在铅直层状岩体中最为典型。进一步发展，由于侧围原有的和新生的结构面相互会合、交截、切割，构成一定大小、数量、形状的分离体。当有具备滑动条件的结构面时，便向洞室滑塌。侧围滑塌，改变了洞室的尺寸和顶围的稳定条件，在适当情况下又会影响到顶围，造成顶围塌落，或扩大顶围塌落范围和规模。侧围发生滑动位移是滑塌破坏过程的开始，防止滑塌往往需要规模巨大的加固措施。

3．底围鼓胀与隆破

洞室开挖时，常见有底壁围岩向上鼓胀。它在塑性、弹塑性、裂隙发育、具有适当结构面和开挖深度较大的围岩中，表现得最充分、最明显，但仍不失其完整性；但一般情况下，这种现象极不明显，难以观察。洞室开挖后，底围总是或大或小，或隐或显地发生鼓胀现象。进一步发展，在适当条件下，底围便可能被破坏，失去完整性，冲向洞室空间，甚至堵塞全部洞室，形成隆破。

4．围岩缩径及岩爆

1）　围岩缩径

洞室开挖中或开挖以后，围岩变形可同时出现在顶围、侧围、底围之中，因所处地质条件或施工措施不同，它可在某一或某些方向上表现得充分而明显。实践证明，在塑性土层或弹塑性岩体之中，常可见到顶围、侧围、底围三者以相似的大小和速度，向洞室空间方向变形，而不失其完整性；实际上，已很难区分它的变形与破坏的界限，但它可导致支撑和衬砌的破坏。这便是在黏性土或黏土岩、泥灰岩、凝灰岩中常见的围岩缩径，又称"全面鼓胀"。

2）　岩爆

洞室开挖过程中，周壁岩石有时会骤然以爆炸形式，呈透镜体碎片或岩块突然弹出或抛出，并发生类似射击的噼啪声，这就是所谓的"岩爆"。坚硬而无明显裂隙或者裂隙极细微而不连贯的弹脆性岩体，开挖洞室，围岩的变形大小极不明显，并在短促的时间内完成这种变形；由于应力解除，其体积突然增加；而在洞室周壁上留下的凹痕或凹穴，体积突然缩小。岩爆对地下工程常造成危害，可破坏支护，堵塞坑道，或造成重大伤亡事故。

岩爆也称冲击地压，是一种岩体中积聚的弹性变形势能在一定条件下突然猛烈释放，导致岩石爆裂并弹射出来的现象。岩爆是深井矿山面临的主要安全隐患之一。轻微的岩爆仅有剥落岩片，无弹射现象，严重的可测到 4.6 级的震级，烈度达 7～8 度，使地面建筑遭受破坏，并伴有很大的声响。岩爆可瞬间突然发生，也可以持续几天到几个月。发生岩爆的条件是岩体中有较高的地应力，并且超过了岩石本身的强度，同时岩石具有较高的脆性度和弹性，在这种条件下，一旦地下工程活动破坏了岩体原有的平衡状态，岩体中积聚的能量释放就会导致岩石破坏，并将破碎岩石抛出。

9.4.3　处理措施

为了确保围岩稳定，可全断面一次开挖。现在多采用新奥法和盾构法等新型施工方法。

1. 新奥法

喷射混凝土(或水泥砂浆)衬砌是近代隧洞施工的新型支护方法。它往往与锚杆(或钢拱架及钢丝网)结合起来使用，即喷锚结构。它与常规的支衬方法相比，具有开挖断面小，节省支衬材料，岩体稳定性好，施工速度快等优点。喷锚支衬方法是 1948—1965 年发展起来的，由奥地利岩石力学专家腊布希维兹首先命名为"新奥地利隧洞施工法"，或简称"新奥法"。这种方法既适合于坚硬岩石，也适合于软弱岩石，特别适合于破碎、变质、易变形的施工困难段，因此得到广泛应用。当然"新奥法"的全部内容不仅表现在支衬工作方面，而且表现在整个施工过程的机械化和自动化监测等方面。这种方法将取代过去的静力拱山岩压力的原则，即用"岩石支护岩石"的新概念提高隧洞的施工进程和经济效益。它与常规的模板浇注混凝土衬砌相比，可节约水泥 1/3～1/2，节省劳动力和投资 1/2 以上，而且几乎不用木材，可缩短工期 1/2～2/3。

2. 盾构法

盾构法是用特制机器开挖隧洞的施工技术，主要用于第四纪松软地层掘进成洞，起源于欧洲，最近十几年来，经德国、日本大力开发，已得到广泛应用。最大洞径已达几十米，目前更大直径的盾构正在设计研究之中。盾构法在英吉利海峡隧道、日本东京湾海底公路隧道等建设中，发挥了巨大作用。这是一项先进的高度机械化、自动化的施工技术。其优点是避开干扰，不影响地面建筑和环境，可充分开发地下空间。在施工中能把掘进、出渣、支护与衬砌融为一体。施工安全、可靠、准确，能缩短工期、提高工效、节约资金。

我国上海、兰州等地已成功地在软黏土及砂砾层中修建了地铁隧道，排污隧洞，引水及电缆隧洞，穿黄浦江公路及引大入秦输水隧洞等。目前不少大城市的地铁隧道建设中，还有南水北调工程的穿黄河输水隧洞都将用盾构法施工。因此，它将在我国的工程建设中发挥更大的作用。

本　章　小　结

本章详细介绍了工程地质学基坑工程的设计施工特点、常用方法及要求、作用于支护结构上的荷载及土压力计算以及地下洞室围岩稳定性评价。通过不同的实例对基坑工程的特点进行了讲解，并对其计算进行了详细说明，便于读者掌握。

思考与练习

1. 填空题

(1) 建筑基坑是指为进行＿＿＿＿＿＿与＿＿＿＿＿＿所开挖的地面以下空间。

(2) 地下连续墙是＿＿＿＿＿＿＿，在泥浆护壁下，逐段开挖出沟槽并浇注钢筋混凝土板而形成。

(3) 水泥土桩墙的变形包括＿＿＿＿＿＿和＿＿＿＿＿＿。

2. 简答题

(1) 地下洞室断面有哪些类型？各有什么特点？

(2) 选择地下洞室位置包括哪几个方面？各方面要考虑哪些地质条件的影响？

(3) 洞室围岩的概念是什么？围岩产生变形和破坏的机理是什么？

(4) 地下围岩破坏的主要类型有哪些？各有什么特征？

(5) 地下洞室围岩的分类方法有几种？其要点是什么？

(6) 什么是地下洞室围岩的应力重分布？计算围岩应力的弹性理论方法和普氏方法的基本假定有哪些？

(7) 保护地下围岩稳定性的工程措施有哪些？

第 10 章　岩土工程勘察

本章导读

本章将详细介绍工程地质学的岩土勘察概述，岩土工程勘察的目的、分级、阶段的划分、方法以及报告实例。通过这些内容，读者要掌握岩土工程勘察的基本内容及报告的书写。

学习目标

- 掌握岩土工程勘察的基本情况。
- 掌握岩土工程勘察的阶段。
- 掌握岩土工程勘察的操作。

岩土工程勘察.mp4

10.1　概　　述

概述.mp4

岩土工程勘察就是根据建设工程要求，运用各种勘测技术、方法和手段，为查明建设场地的地质、环境特征和岩土工程条件而进行的调查研究工作。在此基础上，按现行国家、行业相关技术规范、规程以及岩土工程理论和方法，去分析和评价建设场地的岩土工程条件，解决存在的岩土工程问题，编制并提交用于工程设计与施工等的各种岩土工程勘察技术文件。因此，岩土工程勘察是一项集现场调查、室内资料整理、分析、评价与制图于一体的工程活动，是岩土工程的重要组成部分。

10.1.1　岩土工程勘察的目的

岩土工程勘察的主要目的就是要正确反映建设场地的岩土工程条件，分析与评价场地的岩土工程条件与问题，提出解决岩土工程问题的方法与措施，建议建筑物地基基础应采取的设计与施工方案等。

岩土工程勘察工作是设计和施工的基础。若勘察工作不到位，不良工程地质问题将暴露出来，即使上部构造的设计、施工达到了优质也不免会遭受破坏。不同类型、不同规模的工程活动都会给地质环境带来不同程度的影响；反之，不同的地质条件又会给工程建设带来不同的效应。岩土工程勘察的目的主要是查明工程地质条件，分析存在的地质问题，对建筑地区做出工程地质评价。

10.1.2　岩土工程勘察分级

岩土工程勘察等级划分的主要目的是，勘察工作量的布置。按《岩土工程勘察规范》(GB 50021—2009)(以下简称《规范》)规定，岩土工程勘察的等级是由工程安全等级、场地和地基的复杂程度三项因素决定的。首先应分别对这三项因素进行分级，在此基础上进行综合分析，以确定岩土工程勘察的等级划分。

1. 工程安全等级

工程的安全等级，是根据由于工程岩(土)体或结构失稳破坏，导致建筑物破坏而造成生命和财产损失、社会影响及修复可能性等后果的严重性来划分的。一般可以分为：一级，很严重；二级，严重；三级，不严重。

2. 场地复杂程度等级

场地复杂程度是由建筑抗震稳定性、不良地质现象发育情况、地质环境破坏程度和地形地貌条件四个条件衡量的。

1)　建筑抗震稳定性

按国家标准《建筑抗震设计规范》(GB 50011—2010)规定，选择建筑场地时，对建筑抗震稳定性地段的划分如下。

(1)　危险地段：地震时可能发生滑坡、崩塌、地陷、地裂、泥石流及地震断裂带上可能发生地表错位的部位。

(2)　不利地段：软弱土和液化土，条状突出的山嘴，高耸孤立的山丘，非岩质的陡坡、河岸和斜坡边缘，平面分布上成因、岩性和性状明显不均匀的土层(如故河道、断层破碎带、暗埋的塘浜沟谷及半填半挖地基)等。

(3)　有利地段：岩石和坚硬土或开阔平坦、密实均匀的中硬土等。

2)　不良地质现象发育情况

不良地质现象泛指由地球外动力作用引起的，对工程建设不利的各种地质现象。它们分布于场地内及其附近地段，主要影响场地稳定性，也对地基基础、边坡和地下洞室等具体的岩土工程有不利影响。

3)　地质环境破坏程度

地质环境破坏程度是指由于人类工程经济活动导致地质环境的干扰破坏，这种破坏是多种多样的。

4)　地形地貌条件

地形地貌条件主要指的是地形起伏和地貌单元(尤其是微地貌单元)的变化情况。

3. 地基复杂程度等级

地基复杂程度划分为三级：一级地基、 二级地基、 三级地基。

1)　一级地基

符合下列条件之一者，即为一级地基。

(1)　岩土种类多，性质变化大，地下水对工程影响大，且需特殊处理。

(2)　多年冻土及湿陷、膨胀、盐渍、污染严重的特殊性岩土，对工程影响大，需做专门处理的；变化复杂，同一场地上存在多种的或强烈程度不同的特殊性岩土也属一级地基。

2)　二级地基

符合下列条件之一者，即为二级地基。

(1)　岩土种类较多，性质变化较大，地下水对工程有不利影响。

高等院校立体化创新规划教材

(2) 除上述规定之外的特殊性岩土。

3) 三级地基

(1) 岩土种类单一，性质变化不大，地下水对工程无影响。

(2) 无特殊性岩土。

10.1.3　岩土工程勘察阶段的划分

第 1 阶段：可行性研究勘察(选址勘察)，搜集、分析已有资料，进行现场踏勘，工程地质测绘，少量勘探工作，对场址稳定性和适宜性做出岩土工程评价，进行技术经济论证和方案比较。

第 2 阶段：初步勘察，建筑地段稳定性的岩土工程评价，为确定建筑物总平面布置、主要建筑物地基基础方案、对不良地质现象的防治工程方案进行论证。

第 3 阶段：详细勘察，对地基基础设计、地基处理与加固、不良地质现象的防治工程进行岩土工程计算与评价，满足施工图设计的要求。

第 4 阶段：施工勘察，施工勘察不作为一个固定阶段，视工程的实际需要而定，对条件复杂或有特殊施工要求的重大工程地基，需进行施工勘察。施工勘察包括：施工阶段的勘察和施工后一些必要的勘察工作，检验地基加固效果。

施工者应根据任务要求、勘察阶段、工程特点和地质条件等具体情况编写勘察报告，应包括下列内容。

(1) 概述，包括委托单位、场地位置、工作简况，勘察的目的、要求和任务，以往的勘察工作及已有资料情况。

(2) 勘察方法及勘察工作量布置，包括各项勘察工作的数量布置及依据，工程地质测绘、勘探、取样、室内试验、原位测试等方法的必要说明。

(3) 场地工程地质条件分析，包括地形地貌、地层岩性、地质构造、水文地质和不良地质现象等内容，对场地稳定性和适宜性做出评价。

(4) 岩土参数的分析与选用，包括各项岩土性质指标的测试成果及其可靠性和适宜性，评价其变异性，提出其标准值。

(5) 岩土工程问题(工程地质问题)分析，对工程施工和运营期间可能发生的岩土工程问题(工程地质问题)的预测及监控、预防措施的建议。

(6) 岩土利用、整治和改造方案的建议，根据地质和岩土条件、工程结构特点及场地环境情况，提出地基基础方案、不良地质现象整治方案、开挖和边坡加固方案等岩土利用、整治和改造方案的建议，并进行技术经济论证。

(7) 对建筑结构设计和监测工作的建议、工程施工和使用期间应注意的问题、下一步岩土工程勘察工作的建议等。

10.2　岩土工程勘察方法

岩土工程勘察方法.mp4

岩土工程勘察的方法有以下几种：工程地质测绘；勘探与取样；原位测试与室内试验；现场检验与监测。本节就来学习这些勘察方法。

10.2.1 工程地质测绘

1. 定义

工程地质测绘是工程地质勘查中一项最重要最基本的勘察方法，也是诸勘察工作中走在前面的一项勘察工作。它是指运用地质、工程地质理论对与工程建设有关的各种地质现象进行详细观察和描述，以查明拟定建筑区内工程地质条件的空间分布和各要素之间的内在联系，并按照精度要求将它们如实地反映在一定比例尺的地形设计图上。配合工程地质勘探、试验等所取得的资料编制成工程地质图，作为工程地质勘查的重要成果提供给建筑物规划、设计和施工部门参考。

工程地质测绘应做到以下方面。

(1) 充分收集和利用已有资料，并综合分析，认真研究，对重要地质问题，必须经过实地校核验证。

(2) 中心突出，目的明确，针对与工程有关的地质问题进行地质测绘。

(3) 保证第一手资料准确可靠，边测绘，边整理。

(4) 注意点、线、面、体之间的有机联系。为了使读者能够掌握工程地质测绘的基本程序及过程，实习拟按生产实际分为资料准备、外业测绘及资料综合整理三个阶段进行。

2. 工程地质测绘的种类

根据研究内容的不同，工程地质测绘可分为综合性工程地质测绘和专门性工程地质测绘两种。

1) 综合性工程地质测绘

综合性工程地质测绘是对工作区内工程地质条件的各要素进行全面研究并综合评价，为编制综合工程地质图提供资料。

2) 专门性工程地质测绘

专门性工程地质测绘是为某一特定建筑物服务的，或者是对工程地质条件的某一要素进行专门研究以掌握其变化规律，为编制专用工程地质图或工程地质分析图提供依据。

无论哪种工程地质测绘都是为建筑物的规划、设计和施工服务的，都有其特定的研究目的，因此在测绘中主要是围绕着建筑物的要求对各种地质现象进行详细的观察描述，而对那些与建筑物无关的地质因素则可以粗略一些，甚至不予注意，这是与其他地质测绘的重要区别。例如，在沉积岩分布区，应着重研究软弱岩层和次生泥化，夹层的分布、层位、厚度、性状、接角关系，可溶岩类的岩溶发育特征等；在岩浆岩分布区，侵入岩的边缘接触带、平缓的原生节理、岩脉及风化壳的发育特征，喷出岩的喷发间断面、凝灰岩及其泥化情况、高强度玄武岩中的气孔等则是主要的研究内容；在变质岩分布区，主要的研究对象则是软弱变质岩带和夹层等。

工程地质测绘对各种有关地质现象的研究除要阐明其成因和性质外，还要注意定量指标的取得。例如，断裂带的宽度和构造岩的改善，软弱夹层的厚度和性状、地下水位标高、裂隙发育程度、物理地质现象的规模、基岩埋藏深度等，以作为分析工程地质问题的依据。对与建筑物关系密切的不良地质现象还要详细地研究其发生发展过程及其对建筑物和地质环境的影响程度。

3. 工程地质测绘的作用

通过工程地质测绘对地面地质情况可以有深入了解、对地下地质情况有较准确的判断，初步掌握了某些地质规律和需要研究的问题，这就为进行其他类型的勘察工作奠定了基础，使进行这些工作的范围更集中、目的更明确，从而必然会节省勘察工作量、提高勘察工作的效率。

在切割强烈的基岩裸露山区，很好地进行工程地质测绘，就有可能较全面地阐明该山区的工程地质条件，得到岩土工程地质性质的形成和空间变化的初步概念，判明物理地质现象和工程地质现象的空间分布、形成条件和发育规律。即使在为第四纪覆盖的平原区，工程地质测绘也仍然有着不可忽视的作用，只不过这时的测绘工作重点应放在研究地貌和松软土上。由于工程地质测绘能够在较短时间内查明广大地区的工程地质条件而费资不多，在区域性预测和对比评价中能够发挥重大作用，在其他工作配合下能够顺利地解决建筑区的选择和建筑物的合理配置等问题，所以在工程设计的初期，它往往是工程地质勘查的主要手段。

10.2.2 勘探与取样

岩土工程勘察所采用的勘探方法主要有钻探、坑探、物探、触探和取样。

1. 钻探

钻探就是利用专门的钻探机具钻入岩土层中，以揭露地下岩(土)体的岩性特征、空间分布与变化的一种勘探方法。它是岩土工程勘察中所采用的一种极为重要的技术方法和手段，其成果是进行岩土工程评价、岩土工程设计与施工的基础资料和依据。岩土工程地质钻探应符合下列要求：能为钻进的地层鉴别岩性，确定其埋藏深度与厚度；能采取符合质量要求的岩土试样、地下水试样和进行原位测试；能查明钻进深度范围内地下水的赋存与埋藏分布特征。

1) 岩土工程地质钻探的特点

与以找矿为目的地质钻探相比较，岩土工程地质钻探具有以下主要特点。

(1) 勘探线网的布置不仅要考虑自然地质条件，还要结合工程的类型、规模与特点。

(2) 钻探的深度一般较小，多在数米到数十米范围内。

(3) 钻孔孔径变化较大，小者数十毫米，大者数千毫米。常用钻头直径为91~150mm。

(4) 钻孔多具综合目的，除了要查明地层、岩性、水文地质等条件外，还要进行各种力学试验和采取试样等。

(5) 对岩芯采取率要求较高，软弱夹层、岩石破碎带等也应千方百计地取出岩芯。

(6) 在拟做试验的孔段，要求孔壁光滑平整，以便进行测试工作。

(7) 为了了解岩土天然状态下的物理力学性质，要求采取原状岩土试样，以便进行物理力学性质试验。

2) 岩土工程勘查中钻探的方法

岩土工程勘察中采用的钻探方法很多，根据其破碎岩土方法的不同，大致可分为回转钻探、冲击钻探、振动钻探与冲洗钻探四大类。

(1) 回转钻探：利用钻具回转使钻头的切削刃或研磨材料削磨岩土，使之破碎而钻进。又可进一步分为孔底全面钻进和孔底环状钻进(岩芯钻进)两种,岩土工程勘察多采用岩芯钻进。

(2) 冲击钻探:利用钻具的重力和下冲击力使钻头冲击孔底以破碎岩土而钻进。又可进一步分为钻杆锤击钻进和钢丝绳冲击钻进两种,岩土工程勘察中均有使用。

(3) 振动钻探:将机械动力所产生的振动力通过连接杆及钻具传到圆筒形钻头周围的土中,使土的抗剪力急剧降低,圆筒形钻头依靠自身及振动器的重量切削土层而钻进。

(4) 冲洗钻探:利用上述各种方法破碎岩土,然后利用冲洗液将破碎后的岩土携带冲出而钻进,冲洗液同时还起到护壁和润滑等作用。此法在钻孔灌注桩等岩土工程施工中使用较多,而在岩土工程勘察中使用较少。

上述钻探方法各具特色,各有自己的使用范围。实际工程中应根据钻进地层的岩土类别和勘察要求加以选用。各种钻探方法的使用范围参见表 10-1。

表 10-1　钻探方法的使用范围

钻探方法		钻进地层					勘察要求	
		黏性土	粉土	砂土	碎石土	岩石	直观鉴别、采取不扰动试样	直观鉴别、采取扰动试样
回转	螺旋钻探	++	+	+	—		++	++
	无岩芯钻探	++	++	++	+		—	—
	岩芯钻探	++	++	++	+		++	++
冲击	冲击钻探	—	+	++	++		—	—
	锤击钻探	++	++	++	+		++	++
振动钻探		++	++	++	+			++
冲洗钻探		+	++	++	—		—	—

注: ++表示适用;+表示部分适用;—表示不适用。

在选用钻探方法时,应符合下列要求。

(1) 对要求鉴别地层岩性和取样的钻孔,均应采用回转方式钻进,遇到碎石土,可以用振动回转方式钻进。

(2) 地下水位以上的地层应进行干钻,不得使用冲洗液,也不得向孔内注水,但可以用能隔离冲洗液的二重管或三重管钻进取样。

(3) 钻进岩层宜采用金刚石钻头,对软质岩石及风化破碎岩石应采用双层岩芯管钻头钻进。需要测定岩石质量指标时,应采用外径为 75mm 的双层岩芯管钻头。

(4) 在湿陷性黄土中,应采用螺旋钻头钻进,或采用薄壁钻头锤击钻进,操作时应符合"分段钻进,逐次缩减,坚持清孔"的原则。

在岩土工程勘察的钻探过程中,必须做好现场的钻探编录工作,把观察到的各种地质现象正确地、系统地用文字和图表表示出来。这既是工程技术人员的现场工作职责,也是保证达到钻探目的的重要环节和正确评价岩土工程问题的主要依据。

3) 岩土工程勘察中钻探应强调的内容

岩土工程勘察中的钻探多具有综合目的,钻进过程中所进行的各种试验工作均有细则和规范要求,应认真执行。从岩土工程勘察角度出发,需要强调的是:钻进过程的观察、

高等院校立体化创新规划教材

分析和记录，水文地质观测，岩芯鉴定及钻孔资料整理等。

(1) 钻进过程中的观察和记录，即填写钻探日志。对以下情况必须认真记录。

① 钻进方法、钻头类型及规格、更换钻头情况及原因等。

② 钻具突然陷落或进尺变快处的起止深度，以判断洞穴、软弱夹层与破碎带的位置及规模。

③ 钻进砂层遇有涌砂现象时，应注明涌砂深度、涌升高度及所采取的措施。

④ 使用冲洗液钻进时，应注意记录其消耗量，回水颜色和冲出的混合物成分，以及在不同深度的变化情况等。

⑤ 发现地下水后，应量测初见水位与稳定水位、量测的日期与经历时间等。

⑥ 孔壁坍塌掉块、钻具振动情况、钻孔歪斜、下钻困难、钻孔止水方法及钻进中所发生的事故等。

⑦ 每次取出的岩芯应按顺序排列，并按有关规定进行编号、整理、装箱及保管。

⑧ 注明所取原状土样、岩样的数量及深度，并按有关规定包装运输。

⑨ 钻进中所做的各种测试与试验，应按有关规定认真填写记录。

(2) 岩芯鉴定，即对所钻进的各岩土层的岩性特征进行观察、描述和记录。观察描述的内容应满足有关规程、规范的要求。现简述如下。

① 碎石类土：应鉴定、描述土名、颜色、湿度、密实状态，土的粒度与矿物成分、最大粒径、一般粒径、磨圆程度与分选性，充填物特征等。

② 砂性土、粉土：应鉴定、描述土名、颜色、湿度、密实状态，土的粒度与矿物成分、颗粒形状、层理、胶结物与土中黏性土含量等。

③ 黏性土：应鉴定、描述土名、颜色、湿度、稠度状态，土的均匀性与土质特征、土的包含物特征等。

④ 岩石(基岩)：应鉴定、描述岩石名称、颜色、矿物成分、结构构造，节理裂隙发育特征，岩石的风化程度以及岩芯采取率等。

对于特殊性岩土，除鉴定、描述上述相应岩土内容外，尚应描述反映其特殊成分、状态和结构等的内容。

(3) 钻孔资料整理。主要是绘制钻孔柱状图。

2. 坑探

坑探是指在地表或地下所挖掘的各种类型的坑道，以揭示第四纪覆盖层分布区基岩的工程地质特征，并了解第四纪地层情况的一种勘探方法。其主要特点是便于直接观察、采取原状岩土试样和进行现场原位测试。因此，它是区域地质(断裂)构造(或称区域稳定性)、不良地质作用(或场地稳定性)岩土工程勘察中使用较为广泛的勘探方法。

1) 坑探的类型与用途

(1) 试坑：深 2m 以内，形状不定。主要用于局部剥除地表覆土、揭露基岩和进行原位试验等。

(2) 浅井：从地表垂直向下，断面为圆形或方形，深 5～15m。主要用于确定覆盖层、风化层的岩性与厚度，采取原状试样和进行现场原位试验等。

(3) 探槽：在地表开挖的长条形沟槽，深度不超过 3～5m。主要用于追索构造线、断层，探查残积层、坡积层、风化岩层的厚度与岩性等。

(4) 竖井：形状同浅井，但深度大，可超过 20m 以上，一般在较平坦地方开挖。主要用于了解覆盖层厚度、岩性与性质，构造线与岩石破碎情况，岩溶、滑坡与其他不良地质作用等情况。岩层倾角较缓时效果较好。

(5) 平硐：在地面有出口的水平坑道，深度较大。适用于较陡的基岩坡，用以调查斜坡的地质构造，对查明地层岩性、软弱夹层、破碎带、风化岩层时效果较好，还可采取原状试样、做现场原位试验等。

(6) 石门：没有通达地面出口的水平坑道，与其他工程配合使用，主要用于调查河底、湖底等的地质构造。

2) 坑探过程中的观察与编录

(1) 坑探工程的观察描述。其主要内容包括以下方面。

① 第四纪的时代、成因、岩性、厚度及其空间变化。

② 基岩的岩性、颜色、成分、结构构造、产状以及不同岩层间的接触关系。

③ 岩石的风化特点及风化壳分带。

④ 软弱夹层的岩性、厚度、产状及泥化情况等。

⑤ 构造断裂的组数、产状，断裂面的力学性质、延展性、平滑度、充填物，节理裂隙的间距或密度，断层破碎带的宽度、产状、性质，构造岩的特点等。

⑥ 地下水渗水点位置、特点、含水层性质、涌水量大小等。

以上各种现象在坑探过程中应不断观察描述，尤其在岩性软弱、破碎的地下坑道更应如此。否则，由于围岩变形破坏或经支护后使原始地质现象难以观察，达不到预期目的。

(2) 坑探工程展示图。沿坑探工程的四壁及顶、底面所编制的地质断面图，按一定的制图方法绘在一起就成为展示图。用它来表示坑探原始地质成果，效果较好。生产上应用较为广泛。

3. 物探

根据组成地壳的岩(土)体具有不同的物理性质(如电性、密度、弹性、磁性及放射性等)，利用专门仪器来测定地球物理场在空间和时间上的分布规律，并经分析整理后，就能判断地下岩层的位置和空间分布，解决地质构造等有关问题。这些问题主要如下。

(1) 第四纪松散沉积物的岩性、厚度、空间分布等，为查明建筑物地基、天然建筑材料、古河道等指示方向。

(2) 基岩的埋藏深度及其起伏情况，基岩的岩性、厚度、产状及其构造特点，隐伏断裂带的位置、宽度和产状等。

(3) 测定岩石风化壳的厚度，进行风化壳分带。

(4) 测定岩体的动弹性模量和泊松比。

(5) 调查滑坡面的位置、滑体厚度，测定滑动方向和速度。

(6) 寻找地下水源，确定主要含水层分布，淡水和高矿化水的分布范围，测定地下水的埋深、流速和流向。

(7) 调查岩溶发育的主导方向及随深度变化的规律，确定岩溶发育的范围和深度。

(8) 判断地下工程围岩的破碎程度，确定衬砌厚度。

高等院校立体化创新规划教材

(9) 测定泥石流的堆积厚度及高寒地区多年冻土带的分布。

(10) 检验建筑物基础及地基处理的施工质量,如桩基检测、地基灌浆效果检测等。

与其他勘探方法相比较,物探方法具有以下主要特点。

(1) 物探的方法较多,各种方法综合运用,能较好地解决以上各项地质问题。

(2) 物探方法不仅能定性解释地质现象,而且能对地质现象给予定量解释,测定岩石的物理力学性质指标。

(3) 能测得较大范围的岩(土)体物理场,指标可能更具代表性。

(4) 装备轻便,劳动强度低,工作效益高,成本较低。

物探受许多因素影响,其成果往往具有多解性,一般不宜直接用作设计依据。所以一般用于勘察的低级阶段或地基、基础检测等,勘察的高级阶段使用不多。

物探的具体方法很多,各种方法的基本原理、适用范围、成果整理与应用等详细内容,可参看工程物探教材等资料,在此不再赘述。

4. 触探

触探就是利用一种特制的探头,用动力或静力将其打入或压入土层中,根据打入或压入时所受阻力的大小,来测得土体的各种物理力学性质指标或对地基岩土进行分层等的一种勘探方法。根据打入时所施加力的方式的不同,可分为动力触探和静力触探两大类;动力触探根据探头形状的不同,又可进一步分为圆锥动力触探和标准贯入试验两种,静力触探根据探头电桥数量的不同,又可进一步分为单桥静力触探和双桥静力触探两种。各种方法的基本原理、适用范围、成果整理与应用等详细内容,可参看相关教材、规程、规范等资料,在此不再赘述。

5. 取样

在岩土工程勘察过程中,对技术孔必须进行取样,并对所取试样进行室内土工试验,以测定岩土的各项物理力学性质指标。

土试样的质量应根据试验目的按表 10-2 分为四个等级。

表 10-2　土试样质量等级

级　别	扰动程度	试验内容
I	不扰动	土类定名、含水量、密度、强度试验、固结试验
II	轻微扰动	土类定名、含水量、密度
III	显著扰动	土类定名、含水量
IV	完全扰动	土类定名

注:不扰动是指原位应力状态虽已改变,但土的结构、密度和含水量变化很小,能满足室内试验各项要
　　求;除地基基础设计等级为甲级的工程外,在工程技术要求允许的情况下,可用 II 级土试样进行强
　　度和固结试验,但宜先对土样受扰动程度做抽样鉴定,判定用于试验的适宜性,并结合地区经验使
　　用试验成果。

钻孔取土器应根据土样质量级别和土层性质选用。对于采取 I 级原状试样,必须选用薄壁取土器;采取 II 级原状试样,可选用薄壁取土器或厚壁取土器;III、IV 级扰动试样,

则无须选用取土器。

钻孔取样技术要求如下。

1) 对钻孔的技术要求

(1) 在地下水位以上，应采用干法钻进，不得向孔内注水或使用冲洗液。土质软弱时，可采用二(三)重管回转取土器，钻进、取土合并进行。

(2) 在地下水位以下的软土、粉土及砂土中钻进时，宜采用泥浆护壁。使用套管护壁时，套管的下设深度与取样位置之间应保持 3 倍管径以上的距离。为避免孔底土隆起受到扰动，应始终保持套管内的水头等于或稍高于地下水位。

(3) 钻进宜采用回转方式。当采用冲击、振动、冲洗等方法钻进时，至少应在预计取样位置以上 1m 开始采用回转方式钻至取样位置。

(4) 下放取土器之前应仔细清孔，孔底残留浮土厚度不应大于取土器废土段长度(活塞取土器除外)。

2) 对取土器取样的技术要求

(1) 取土器应平稳下放，采取Ⅰ级原状试样，应采用快速、连续的静压方式贯入取土器，贯入速度不小于 0.1m/s。采取Ⅱ级原状试样，可使用间断静压方式或重锤夯击方式，重锤夯击应有良好的导向装置，避免锤击时摇晃。

(2) 对软硬交替的土层，宜采用具有自动调节功能的改进型单动二(三)重管取土器采取原状试样。

(3) 对硬塑以上的黏土、密实的砾砂、碎石土和软质岩石，可采用双动三重管取土器采取原状试样。

3) 土试样封装、保存及运输的要求

Ⅰ~Ⅲ级土试样的封装、保存及运输应符合下列要求。

(1) 取出土试样应及时密封，以防止湿度变化，并避免暴晒或冰冻。

(2) 土试样运输前应妥善装箱、填塞缓冲材料，运输途中避免颠簸。对易于振动液化、水分离析的土试样，宜就近进行试验。

(3) 土试样采取后至试验前的存放时间不宜超过 3 周。

4) 取水样的质量要求

(1) 取水试样应代表天然条件下水质情况，水试样的采取与试验项目应符合有关规程、规范的要求。

(2) 水试样应及时化验，不宜放置过久。如不能立即分析，一般允许存放时间为：清洁的水 72h，稍受污染的水 48h，受污染的水 12h。

10.2.3 岩土工程试验

岩土工程试验是指利用各种试验或测试技术和方法来测得岩土的各种物理力学性质指标及其他工程特性指标的试验，它是岩土工程勘察的重要组成部分，是各阶段岩土工程勘察，尤其是高级阶段岩土工程勘察不可或缺的工作内容。其成果是岩土工程定量评价与工程设计的主要依据，应给予高度重视。根据主要试验环境的不同，岩土工程试验可分为室内试验和现场原位测试两大类。

1. 室内试验

室内试验的具体方法、内容繁多，概括起来，大致可分为以下几类。

(1) 土的物理性质试验：包括土的基本物理性质指标、界限含水量、渗透性指标、胀缩性指标等。

(2) 土的力学性质试验：包括固结试验(压缩试验)、直剪试验、三轴剪切(压缩)试验等。

(3) 土的动力性质试验：包括动三轴试验、动单剪试验、共振柱试验等。

(4) 土的化学性质试验：主要有土的化学全分析试验等。

(5) 水质分析试验。

(6) 岩石试验：包括岩石成分与物理性质指标试验、抗压强度试验、抗剪强度试验和抗拉强度试验等。

在岩土工程勘察工作中，对具体试验项目和试验方法的选用，应根据工程要求和岩土性质的要求确定。选用特殊试验项目时，尚应制订专门的试验方案。各种室内试验的具体试验方法、内容、技术要求、试验仪器及操作要求等，可参看现行国家标准《土工试验方法标准》(GB/T 50123—1999)和《工程岩体试验方法标准》(GB/T 50266—1999)及其他相关资料等，在此不再赘述。

2. 原位测试

原位测试与室内试验的主要目的是，为岩土工程问题分析评价提供所需的技术参数，包括岩土的物性指标、强度参数、固结变形特性参数、渗透性参数和应力、应变时间关系的参数等。原位测试一般借助于勘探工程进行，是详细勘察阶段中主要运用的一种勘察方法。

原位测试与室内试验相比，各有优缺点。原位测试的优点是：试样不脱离原来的环境，基本上在原位应力条件下进行试验；所测定的岩(土)体尺寸大，能反映宏观结构对岩土性质的影响，代表性好；试验周期较短，效率高；尤其对难以采样的岩土层仍能通过试验评定其工程性质。缺点是：试验时的应力路径难以控制；边界条件也较复杂；有些试验耗费人力、物力较多，不可能大量进行。室内试验的优点是：试验条件比较容易控制(边界条件明确，应力应变条件可以控制等)；可以大量取样。主要的缺点是：试样尺寸小，不能反映宏观结构和非均质性对岩土性质的影响，代表性差；试样不可能真正保持原状，而且有些岩土也很难取得原状试样。现场检验与监测是构成岩土工程系统的一个重要环节，大量工作在施工和运营期间进行；但是这项工作一般需在高级勘察阶段开始实施，所以又被列为一种勘察方法。它的主要目的在于保证工程质量和安全，提高工程效益。

原位测试是在岩土原来所处位置进行，并基本保持其天然结构、天然含水量以及原位应力状态，因此所测得的数据比较准确可靠，更符合岩(土)体的实际情况。岩土工程现场原位测试的具体方法很多，岩土工程勘察中常用的几种原位测试方法的主要试验目的及其适用范围如表10-3所示。

表 10-3　几种主要原位测试方法的试验目的与适用范围

试验名称	试验方法	试验主要目的	适用范围
载荷试验	平板载荷试验	确定地基土的承载力、变形模量和湿陷性土的湿陷起始压力	各种地基土、填土、软质岩石以及复合地基等
	螺旋板载荷试验	确定地基土的承载力、变形模量，估算其固结系数、不排水抗剪强度	深层地基土或地下水位以下的地基土(砂土、粉土、黏性土和软土等)
	桩基载荷试验	确定单桩竖向和水平向承载力，估算地基土的水平抗力系数等	各种桩基
	动载荷试验	确定基础竖向振动力加速度和基底动压力	各种地基土
旁压试验	预钻式旁压试验	确定地基土的承载力、旁压模量	各种地基土、填土、软质岩石
	自钻式旁压试验	确定地基土的承载力、旁压模量，估算原位水平应力、不排水抗剪强度、剪切模量和固结系数	软土、黏性土、粉土和砂土
动力触探	轻型圆锥动力触探	确定黏性土和黏性素填土的承载力，检测地基处理效果	黏性土、粉土、黏性素填土
	重型圆锥动力触探	确定无黏性土的密实度和承载力，无黏性土的力学分层	砂土、中密以下的碎石土、极软岩
	超重型圆锥动力触探	确定碎石土的密实度和承载力	密实和很密的碎石土、软岩、极软岩
	标准贯入试验	确定黏性土、粉土、砂土地基承载力与变形参数，砂土的密实度，判定饱和砂土、粉土的液化	黏性土、粉土、砂土
静力触探	静力触探	确定地基土的承载力、变形参数，地基土分层，估算单桩承载力，确定软土不排水抗剪强度，判定饱和砂土、粉土地震液化可能性	软土、一般黏性土、粉土、砂土、含少量碎石的土
直剪试验	直剪试验	确定地基岩土的抗剪强度、不同法向应力下的比例强度、屈服强度、峰值强度和残余强度	各种岩土地基
十字板剪切试验	机械式或电测式十字板剪切试验	确定软黏土的不排水抗剪强度、灵敏度和软土路基临界高度，估算地基土和单桩的承载力，判定软土固结历史	饱和软黏性土
波速测试	单孔法或多孔法波速测试	划分场地土类型，评价岩体完整性，计算地基动弹性模量、动剪切模量、动泊松比和场地卓越周期，判定砂土液化等	各种岩土地基

高等院校立体化创新规划教材

现场检验的含义，包括施工阶段对先前岩土工程勘察成果的验证核查以及岩土工程施工监理和质量控制。现场监测则主要包含施工作用和各类荷载对岩土反应性状的监测、施工和运营中的结构物监测和对环境影响的监测等方面。

10.3 岩土工程勘察报告实例

岩土工程勘察
报告实例.mp4

本节根据以上叙述给出沿途工程勘察报告案例，勘察报告由勘察工作概述、场地岩土工程条件、地震效应、岩土工程分析与评价及结论五部分组成。

10.3.1 勘察工作概述

1. 工程概况

我公司承担并完成了某大队篮球馆工程的岩土工程详细勘察工作。该工程位于某市某路以南，交通便利。拟建工程为一栋一层的篮球馆，荷载按每层 15kPa 计算，基础埋深约 1.5m。

2. 岩土工程勘察阶段及等级

本工程勘察阶段为详细勘察阶段，具有以下特征。

(1) 根据由岩土工程问题造成工程破坏或影响正常使用的后果，该工程为一般工程，工程重要性等级为二级。

(2) 该场地抗震设防烈度为 7 度，场地等级为二级场地(中等复杂场地)。

(3) 根据附近地质资料：场地岩土种类较多，不均匀，性质变化较大；地基等级为二级地基(中等复杂地基)。

根据工程重要性等级、场地复杂程度等级和地基复杂程度等级，按《岩土工程勘察规范》(GB 50021—2009)的规定，该工程岩土工程勘察等级为乙级。

3. 勘察目的、任务及要求

本次勘察的主要目的是为设计、施工提供详细可靠的岩土工程勘察资料及有关参数。依据委托书，结合现行规范有关规定，确定本次岩土工程勘察的主要任务及要求如下。

(1) 查明场地范围内土层的类型、深度、分布及工程特性，分析和评价地基的稳定性、均匀性和承载力。

(2) 提供各层土的物理力学性质指标，提供地基土的承载力特征值。

(3) 查明不良地质作用的类型、成因、分布范围及危害程度，并提出整治方案和建议。

(4) 查明地下水的埋藏条件，提供地下水位及变化幅度，判定地下水对建筑材料的腐蚀性。

(5) 进行场地和地基的地震效应评价。

(6) 根据岩土工程条件，结合拟建建筑物特点，对地基基础方案做出评价。

为完成上述勘察任务及要求，主要提供以下指标。

地基土的比重、含水量、重度、孔隙比、饱和度、液限、塑限、塑性指数、液性指数、压缩系数、压缩模量、黏聚力、内摩擦角、标准贯入试验锤击数及静力触探试验指标、承载力特征值、桩极限侧阻力和端阻力标准值等。

4. 勘察执行的规范、标准

本次勘察根据《岩土工程勘察委托书》的要求，主要执行下列规范和标准。

(1) 《岩土工程勘察规范》(GB 50021—2009)及局部修订条文。

(2) 《建筑地基基础设计规范》(GB 50007—2011)。

(3) 《建筑抗震设计规范》(GB 50011—2010)(2008 版)。

(4) 《建筑工程抗震设防分类标准》(GB 50223—2008)。

(5) 《建筑工程地质钻探技术标准》(JGJ 87—92)。

(6) 《土工试验方法标准》(GB/T 50123—1999)。

(7) 《原状土取样技术标准》(JGJ 89—92)。

(8) 《岩土工程勘察文件编制标准》(DBK 14-S3—2002)。

5. 勘察工作方法及完成工作量

根据现行规范规定，结合本次勘察工作的具体任务及要求，在收集附近已有工程地质资料的基础上，采用钻探、取土、标准贯入试验、静力触探测试及室内土工试验相结合的方式进行岩土工程勘察工作，具体如下。

1) 勘探点布置原则

勘探孔按建筑物周边布置，共布置 5 排勘探孔，孔间距控制在 20m 以内，具体见《建筑物与勘探点平面位置图》。

2) 勘探点的数量与深度

共布置 9 个勘探孔，其中，静力触探孔 4 个，钻探、静探对比孔 1 个，取土、标贯孔 4 个，孔深为 20～25m。

3) 完成工作量

本次勘察钻探采用 DPP-100-5F 型钻机，采用单筒岩芯管钻进，泥浆护壁，取土采用敞口厚壁取土器，静力压入法取土，对于粉土、砂土做标准贯入试验。静力触探测试(双桥)采用液压贯入，并用 JTY-3 型数字静探仪采集处理数据。室内土工试验由我公司土工试验室完成，具体完成工作量如下。

总进尺 190.00m，其中，静力触探孔进尺 80.00m，钻探、静探对比孔进尺 25.00m，取土、标贯孔进尺 85.00m，取原状样 45 件，取扰动样 21 件，标贯试验 21 次。

10.3.2 场地岩土工程条件

1. 地形、地貌及周围环境

勘察场地地面不太平整，局部堆有建筑垃圾。场地地貌单元单一，为黄河三角洲冲积平原。勘探孔孔口标高为相对高程，假定以广告牌基础的西北角铁座为相对高程 0.00m，勘探孔孔口高程介于-2.108～-1.038m。

2. 地层分布及岩土性质

根据野外钻探资料，结合原位测试和室内土工试验结果，场地地基土在勘探深度内可划分为六大层，各地层分述如下。

1层：素填土

黄褐色，堆填时间短，上部 80cm 左右为杂填土，主要夹有砖块等建筑垃圾，60～100cm 夹有三合土，素填土以粉土为主，夹少量黏土团块。场区普遍分布，厚度：1.40～2.50m，平均 1.81m；层底标高：-2.55～-1.46m，平均-1.84m；层底埋深：1.40～2.50m，平均 1.81m。

2层：粉土

黄褐色，稍湿，稍密，摇震反应迅速，无光泽反应，干强度低，韧性低，土质均匀，含有云母片及氧化铁斑。场区普遍分布，厚度：1.30～2.70m，平均 1.99m；层底标高：-4.53～-3.25m，平均-3.83m；层底埋深：3.20～4.50m，平均 3.80m。

该层土的物理力学指标如表 10-4 所示。

表 10-4　2层粉土土层的物理力学指标

项　目	最小值 X_{min}	最大值 X_{max}	平均值 X_m	数据个数 n	标准差 σ	变异系数 δ	标准值 X_k
$\omega(\%)$	21.9	26.5	25.4	6	1.8	0.07	26.9
$\gamma(kN/m^3)$	19.0	19.5	19.1	6	0.2	0.01	19.0
e	0.654	0.761	0.734	6	0.040	0.05	0.767
$\omega_L(\%)$	25.8	28.3	27.4	6	0.8	0.03	
$\omega_P(\%)$	17.5	19.5	18.3	6	0.7	0.04	
I_P	8.3	9.5	9.1	6	0.5	0.05	
I_L	0.53	0.89	0.78	6	0.13	0.17	0.88
$c(kPa)$	9	11	10	6	1	0.09	9.0
$\varphi(°)$	23.0	24.0	23.5	6	0.4	0.02	23.2
$a_{1-2}(MPa^{-1})$	0.11	0.17	0.12	6	0.06	0.32	0.10
$E_s(MPa)$	7.95	16.01	10.30	6	4.26	0.38	10.35
$N(击)$	8.0	9.0	8.4	7	0.5	0.06	8.0
$q_c(MPa)$	21.9	26.5	25.4	6	1.8	0.07	26.9
$f_s(kPa)$	19.0	19.5	19.1	6	0.2	0.01	19.0

3层：粉质黏土

黄褐色～浅灰色，软塑，稍有光泽反应，干强度中等，韧性中等，土质较均匀，含有有机质及夹有贝壳碎片。场区普遍分布，厚度：4.30～5.40m，平均 4.64m；层底标高：-9.04～-7.70m，平均-8.48m；层底埋深：7.70～9.00m，平均 8.44m。

该层土的物理力学指标如表 10-5 所示。

表 10-5　3 层粉质黏土层土的物理力学指标

项　目	最小值 X_{min}	最大值 X_{max}	平均值 X_m	数据个数 n	标准差 σ	变异系数 δ	标准值 X_k
ω(%)	23.4	31.1	27.0	9	2.5	0.09	28.5
γ(kN/m³)	18.7	19.9	19.1	9	0.4	0.02	18.9
e	0.647	0.881	0.770	9	0.072	0.09	0.815
ω_L(%)	27.5	37.1	31.5	9	2.9	0.09	
ω_P(%)	16.2	20.3	18.3	9	1.4	0.07	
I_P	10.3	16.8	13.2	9	1.7	0.13	
I_L	0.59	0.74	0.66	9	0.05	0.08	0.69
c(kPa)	17	21	19	9	1	0.06	18.7
φ(°)	3.7	4.9	4.3	9	0.4	0.09	4.0
a_{1-2}(MPa⁻¹)	0.10	0.47	0.32	9	0.13	0.40	0.40
E_s(MPa)	4.00	17.56	7.20	9	5.03	0.70	4.1
q_c(MPa)	23.4	31.1	27.0	9	2.5	0.09	28.5
f_s(kPa)	18.7	19.9	19.1	9	0.4	0.02	18.9

4 层：粉砂

灰褐色～浅灰色，密实，湿，摇震反应快，无光泽反应，干强度低，韧性低，土质均匀，含有云母片，成分以石英、长石为主，局部夹有粉质黏土薄层。场区普遍分布，厚度：6.80～7.90m，平均 7.44m；层底标高：-17.24～-16.55m，平均-16.75m；层底埋深：16.50～17.20m，平均 16.73m。

该层土的物理力学指标如表 10-6 所示。

表 10-6　4 层粉砂层土的物理力学指标

项　目	最小值 X_{min}	最大值 X_{max}	平均值 X_m	数据个数 n	标准差 σ	变异系数 δ	标准值 X_k
ω(%)	17.0	22.3	20.3	6	1.8	0.09	21.7
γ(kN/m³)	18.5	20.1	19.6	6	0.6	0.03	19.1
e	0.527	0.715	0.597	6	0.066	0.11	0.652
c(kPa)	5	7	6	6	1	0.13	5.8
φ(°)	26.7	27.9	27.5	6	0.4	0.02	27.1
a_{1-2}(MPa⁻¹)	0.08	0.10	0.09	6	0.05	0.46	0.12
E_s(MPa)	7.79	19.63	15.53	6	4.47	0.29	10.8
q_c(MPa)	20.0	24.0	22.7	14	1.4	0.06	22.0
f_s(kPa)	17.0	22.3	20.3	6	1.8	0.09	21.7

4-1 层：粉质黏土

浅灰色，可塑，稍有光泽反应，干强度中等，韧性中等，土质较均匀，含有有机质。场区普遍分布，厚度：0.40～1.10m，平均 0.80m；层底标高：-15.15～-12.40m，平均

-13.25m；层底埋深：12.40～15.10m，平均 13.23m。

该层土的物理力学指标如表 10-7 所示。

表 10-7　4-1 层粉质黏土层土的物理力学指标

项　　目	最小值 X_{min}	最大值 X_{max}	平均值 X_m	数据个数 n	标准差 σ	变异系数 δ	标准值 X_k
$\omega(\%)$	21.3	26.5	22.9	4	2.5	0.11	
$\gamma(kN/m^3)$	19.0	20.0	19.7	4	0.5	0.02	
e	0.611	0.767	0.658	4	0.074	0.11	
$\omega_L(\%)$	25.3	30.2	26.5	4	2.4	0.09	
$\omega_P(\%)$	14.2	18.6	15.6	4	2.1	0.13	
I_P	10.4	10.6	10.0	4	0.5	0.05	
I_L	0.63	0.71	0.67	4	0.04	0.06	
$c(kPa)$	17	18	18	4	1	0.03	16.9
$\varphi(°)$	3.6	4.5	4.3	4	0.4	0.10	3.7
$a_{1-2}(MPa^{-1})$	0.11	0.25	0.18	3	0.07	0.39	
$E_s(MPa)$	6.48	14.65	10.07	3	4.18	0.41	
$q_c(MPa)$	21.3	26.5	22.9	4	2.5	0.11	
$f_s(kPa)$	19.0	20.0	19.7	4	0.5	0.02	

5 层：粉质黏土

黄褐色，可塑，稍有光泽反应，干强度中等，韧性中等，土质均匀，切面光滑，含有氧化铁斑。场区普遍分布，厚度：3.60～3.60m，平均 3.60m；层底标高：-20.40～-20.32m，平均-20.36m；层底埋深：20.30～20.40m，平均 20.35m。

该层土的物理力学指标如表 10-8 所示。

表 10-8　5 层粉质黏土的物理力学指标

项　　目	最小值 X_{min}	最大值 X_{max}	平均值 X_m	数据个数 n	标准差 σ	变异系数 δ	标准值 X_k
$\omega(\%)$	20.3	23.5	21.8	8	1.0	0.04	22.4
$\gamma(kN/m^3)$	19.6	20.2	20.0	8	0.2	0.01	19.8
e	0.583	0.673	0.621	8	0.030	0.05	0.641
$\omega_L(\%)$	24.3	26.5	25.4	8	0.8	0.03	
$\omega_P(\%)$	13.5	15.4	14.5	8	0.6	0.04	
I_P	10.4	10.9	10.0	8	0.5	0.04	
I_L	0.45	0.73	0.67	8	0.10	0.14	0.73
$c(kPa)$	17	19	18	8	1	0.03	17.7
$\varphi(°)$	3.6	4.7	4.1	8	0.5	0.11	3.8
$a_{1-2}(MPa^{-1})$	0.24	0.28	0.26	8	0.01	0.05	0.27
$E_s(MPa)$	5.97	6.59	6.30	8	0.25	0.04	6.1
$q_c(MPa)$	20.3	23.5	21.8	8	1.0	0.04	22.4
$f_s(kPa)$	19.6	20.2	20.0	8	0.2	0.01	19.8

6 层：粉土

黄褐色，密实，湿，摇震反应慢，无光泽反应，干强度低，韧性低，土质均匀，含有氧化铁斑及夹有少量的姜石。场区普遍分布，厚度：1.60～1.60m，平均 1.60m；层底标高：-22.00～-21.92m，平均-21.96m；层底埋深：21.90～22.00m，平均21.95m。

该层土的物理力学指标如表 10-9 所示。

表 10-9　6 层粉质黏土的物理力学指标

项　目	最小值 X_{min}	最大值 X_{max}	平均值 X_m	数据个数 n	标准差 σ	变异系数 δ	标准值 X_k
$\omega(\%)$	20.3	21.7	21.0	4	0.7	0.03	
$\gamma(kN/m^3)$	19.6	20.2	20.0	4	0.3	0.01	
e	0.584	0.643	0.603	4	0.027	0.04	
$\omega_L(\%)$	24.0	25.0	24.6	4	0.5	0.02	
$\omega_P(\%)$	15.9	16.9	16.4	4	0.4	0.03	
I_P	8.1	8.4	8.2	4	0.1	0.02	
I_L	0.51	0.62	0.56	4	0.05	0.08	
$c(kPa)$	9	10	9	4	1	0.07	8.6
$\varphi(°)$	23.8	24.3	24.1	4	0.2	0.01	23.8
$a_{1-2}(MPa^{-1})$	0.10	0.18	0.15	3	0.04	0.29	
$E_s(MPa)$	9.13	15.90	10.47	3	3.84	0.33	
$q_c(MPa)$	20.3	21.7	21.0	4	0.7	0.03	
$f_s(kPa)$	19.6	20.2	20.0	4	0.3	0.01	

6-1 层：粉质黏土

黄褐色，可塑，稍有光泽反应，干强度低，韧性低，土质不均匀，含有氧化铁斑，局部夹有粉土薄层。场区普遍分布，厚度：2.00～2.10m，平均 2.05m；层底标高：-24.02～-24.00m，平均-24.01m；层底埋深：24.00～24.00m，平均24.00m。

该层土的物理力学指标如表 10-10 所示。

表 10-10　6-1 层粉质黏土的物理力学指标

项　目	最小值 X_{min}	最大值 X_{max}	平均值 X_m	数据个数 n	标准差 σ	变异系数 δ	标准值 X_k
$\omega(\%)$	20.5	23.5	22.4	6	1.0	0.05	23.2
$\gamma(kN/m^3)$	19.6	20.0	19.7	6	0.2	0.01	19.6
e	0.601	0.673	0.650	6	0.025	0.04	0.671
$\omega_L(\%)$	25.3	27.5	26.5	6	0.7	0.03	
$\omega_P(\%)$	14.8	16.5	15.4	6	0.6	0.04	
I_P	10.5	10.6	10.1	6	0.4	0.03	
I_L	0.54	0.66	0.63	6	0.04	0.07	0.66

高等院校立体化创新规划教材

项 目	最小值 X_{min}	最大值 X_{max}	平均值 X_m	数据个数 n	标准差 σ	变异系数 δ	标准值 X_k
$c(kPa)$	17	18	17	6	1	0.03	16.8
$\varphi(°)$	3.6	5.2	4.4	6	0.6	0.14	3.7
$a_{1-2}(MPa^{-1})$	0.20	0.21	0.20	6	0.01	0.06	0.25
$E_s(MPa)$	16.73	18.32	17.61	6	0.81	0.05	18.15
$q_c(MPa)$	20.5	23.5	22.4	6	1.0	0.05	23.2
$f_s(kPa)$	19.6	20.0	19.7	6	0.2	0.01	19.6

6-2 层：粉质黏土

黄褐色，密实，摇震反应快，无光泽反应，干强度低，韧性低，土质均匀，有砂感，含有氧化铁斑。该层未穿透。

该层土的物理力学指标如表 10-11 所示。

表 10-11 6-2 层粉质黏土的物理力学指标

项 目	最小值 X_{min}	最大值 X_{max}	平均值 X_m	数据个数 n	标准差 σ	变异系数 δ	标准值 X_k
$\omega(\%)$	21.0	21.1	21.1	2	0.1	0.00	
$\gamma(kN/m^3)$	19.9	20.3	20.1	2	0.3	0.01	
e	0.574	0.609	0.592	2	0.025	0.04	
$\omega_L(\%)$	23.2	23.4	23.3	2	0.1	0.01	
$\omega_P(\%)$	15.2	16.2	15.7	2	0.7	0.05	
I_P	7.2	8.0	7.6	2	0.6	0.07	
I_L	0.68	0.73	0.70	2	0.03	0.04	
$c(kPa)$	7	10	9	2	2	0.29	
$\varphi(°)$	23.8	25.2	24.5	2	1.0	0.04	
$a_{1-2}(MPa^{-1})$	0.09	0.10	0.09	2	0.01	0.03	
$E_s(MPa)$	7.49	8.05	7.77	2	0.39	0.05	
$q_c(MPa)$	21.0	21.1	21.1	2	0.1	0.00	
$f_s(kPa)$	19.9	20.3	20.1	2	0.3	0.01	

10.3.3 地震效应

1. 抗震设防烈度、抗震设防类别

根据《建筑抗震设计规范》(GB 50011—2010)和《建筑工程抗震设防分类标准》(GB 50223—2008)的有关规定，勘察场地的抗震设防烈度为 7 度，设计地震分组为第二组，设计基本地震加速度值为 0.10g，抗震设防类别为标准设防类。

2. 建筑场地类别

按《建筑抗震设计规范》(GB 50011—2010)第 4.1.3 条的规定，判定土的类型为软弱土～中软土，以 CK6 孔计算土层的等效剪切波速 v_{se}，各土层剪切波速 v_s 取值见表 10-12。

表 10-12 CK6 剪切波速

层 次	岩 性	深度(m)	剪切波速 v_s(m/s)
1	素填土	2.5	130
2	粉土	1.3	155
3	粉质黏土	4.7	142
4	粉砂	7.2	175
4-1	粉土	0.8	160
5	粉质黏土	3.5	148

计算结果 v_{se}=153.3m/s，场地土层的等效剪切波速 $250 \geqslant v_{se} > 140$m/s。由于场地覆盖层厚度远大于 50m，故建筑场地类别为Ⅲ类，特征周期值为 0.55s，属于建筑抗震不利地段。

3. 地震液化判别

1) 初步判别

拟建场地的抗震设防烈度为 7 度，对于饱和粉土和砂土，当符合下列条件之一时，可初步判别为不液化或可不考虑液化影响。

(1) 地质年代为第四纪晚更新世(Q3)及其以前时，7、8 度时可判为不液化。

(2) 粉土的黏粒含量百分率，7 度、8 度和 9 度分别不小于 10、13 和 16 时，可判为不液化土。

(3) 天然地基的建筑，当上覆非液化土层厚度和地下水位深度符合下列条件之一时，可不考虑液化影响：

$$d_u > d_0 + d_b - 2$$
$$d_w > d_0 + d_b - 3$$
$$d_u + d_w > 1.5d_0 + 2.0d_b - 4.5$$

式中：d_w——地下水位深度(m)，宜按设计基准期内年平均最高水位采用，也可按近期内年最高水位采用；

d_u——上覆非液化土层厚度(m)，计算时宜将淤泥和淤泥质土层扣除；

d_b——基础埋置深度(m)，不超过 2m 时应采用 2m；

d_0——液化土特征深度(m)，粉土为 6，砂土为 7。

由勘察资料得出以下结论。

(1) 该场地地基土为第四纪新近沉积土。

(2) 抗震设防烈度为 7 度，粉土的黏粒含量百分率一般小于 10.0。

(3) 年最高地下水位为 0.50m。

初判结论：拟建场地的饱和粉土、砂土可能发生液化，应进行进一步液化判别。

高等院校立体化创新规划教材

2) 进一步液化判别

进一步液化判别采用标准贯入试验液化判别法，液化判别公式如下：

$$N_{cr} = N_0[0.9+0.1(d_s - d_w)]\sqrt{\frac{3}{\rho_c}} \ (d_s \leqslant 15.0 \text{m})$$

式中：N_{cr}——液化判别标准贯入锤击数临界值；

N_0——液化判别标准贯入锤击数基准值，取 $N_0=8$；

d_s——饱和土标准贯入点深度(m)；

d_w——地下水位深度(m)，宜采用设计基准期内年平均最高水位，也可采用近期内年最高水位；本工程地下水采用常年最高水位 0.50m；

ρ_c——黏粒含量百分率，当小于 3 或为砂土时，应采用 3。

对于存在液化土层的地基，应探明各液化土层的深度和厚度，可按照下式计算液化指数：

$$I_{IE} = \sum \left(1 - \frac{N_i}{N_{cr}}\right) d_i W_i$$

式中：I_{IE}——液化指数；

N_i、N_{cr}——i 点的标准贯入锤击数的实测值和临界值；

d_i——i 点所代表的土层厚度(m)，可采用与该标准贯入试验点相邻的上下两标准贯入试验点深度差的一半，但上界不高于地下水位深度，下界不深于液化深度；

W_i——i 层单位土层厚度的层位影响权函数值(单位为 m^{-1})。若判别深度为 15.0m，当该层中点深度不大于 5m 时，应采用 10；等于 15m 时，应采用 0，5～15m 时，应按线性内插法取值。若判别深度为 20.0m，当该层中点深度不大于 5m 时，应采用 10；等于 20m 时，应采用 0；5～20m 时，应按线性内插法取值。

根据标准贯入试验结果和场地地层情况，按照上述公式，对勘探深度 15m 范围内的饱和粉土、砂土进行地震液化判别，具体判别内容见表 10-13，判别结果见表 10-14。

表 10-13　标准贯入试验液化判别

孔　号	标贯起始深度(m)	黏粒含量(%)	水位(m)	标贯实测击数(击)	临界标贯击数(击)	判别结果
1	2.35	9.80	0.50	8.00	4.87	不液化
1	3.35	9.40	0.50	9.00	5.42	不液化
6	3.35	10.00	0.50	8.00	5.26	不液化
7	2.35	9.90	0.50	8.00	4.84	不液化
7	3.35	9.90	0.50	9.00	5.28	不液化
8	2.35	9.70	0.50	8.00	4.89	不液化
8	3.35	9.60	0.50	9.00	5.37	不液化

表 10-14　砂(粉)土液化判别成果表

孔 号	标贯起始深度(m)	黏粒含量(%)	水位(m)	标贯实测击数(击)	临界标贯击数(击)	判别结果
1	10.55		0.50	21.00	15.36	不液化
1	10.55		0.50	23.00	16.16	不液化
1	13.55		0.50	24.00	17.76	不液化
6	10.55		0.50	20.00	15.36	不液化
6	10.55		0.50	22.00	16.16	不液化
7	10.55		0.50	21.00	15.36	不液化
7	10.55		0.50	23.00	16.16	不液化
7	13.55		0.50	24.00	17.76	不液化
8	10.55		0.50	21.00	15.36	不液化
8	10.55		0.50	23.00	16.16	不液化
8	13.55		0.50	24.00	17.76	不液化
1	10.55		0.50	21.00	15.36	不液化

由上表可知，在抗震设防烈度为 7 度，设计基本地震加速度值为 0.10g 的条件下，场地饱和粉土不发生液化，综合评价该场地不考虑地震液化影响。

4. 场地、地基与基础应采取的抗震措施

拟建建筑物的抗震设防类别为丙类(标准设防类)，建筑的场地类别为Ⅲ类，设计基本地震加速度值为 0.10g，地震作用和抗震措施均应符合本地区抗震设防烈度的要求。

10.3.4　岩土工程分析与评价

1. 场地稳定性评价

拟建场地地震烈度为 7 度，属于建筑抗震不利地段。据有关资料分析，黄河三角洲区域内只有小震活动，无强震记录，不具备中强地震发震构造条件，因此拟建场地的稳定性较好。

拟建场地地形平坦，地貌单元单一，地层成因简单，成层规律明显，无不良地质作用，适宜建筑。

2. 土层工程性质评价

1 层素填土：堆填时间短，结构松散，不能作基础持力层。

2 层粉土：a_{1-2}(MPa^{-1})=0.12，属中等压缩性土，工程性能较好。

3 层粉质黏土：a_{1-2}(MPa^{-1})=0.32，属中等压缩性土，工程性能较差。

4 层粉砂：a_{1-2}(MPa^{-1})=0.09，属低压缩性土，工程性能好。

4-1 层粉质黏土：a_{1-2}(MPa^{-1})=0.18，属中等压缩性土，工程性能好。

5 层粉质黏土：a_{1-2}(MPa^{-1})=0.26，属中等压缩性土，工程性能较差。

6 层粉质黏土：$a_{1-2}(MPa^{-1})=0.20$，属中等压缩性土，工程性能一般。

6-1 层粉土：$a_{1-2}(MPa^{-1})=0.15$，属中等压缩性土，工程性能一般。

6-2 层粉土：$a_{1-2}(MPa^{-1})=0.09$，属低压缩性土，工程性能好。

3. 水文地质条件评价

1) 场地环境类型

根据《岩土工程勘察规范》(GB 50021—2001)附录 G 的规定，该场地环境类型为 Ⅱ 类。

2) 场地冰冻区和冰冻段分类

该场区 1 月份平均气温为-3.6℃，标准冻土深度为 0.60m，根据《岩土工程勘察规范》(GB 50021—2001)附录 G 的规定，场地属微冻区(段)。

3) 地下水的腐蚀性

该场地地下水属潜水类型，主要靠大气降水入渗补给，在勘察场地取两组地下水样，根据《岩土工程勘察规范》(GB 50021—2001)局部修订版有关规定，因为试验表明无侵蚀性 CO_2，所以按地层渗透性判定地下水对混凝土结构具有微腐蚀性，按场地环境类型为 Ⅱ 类，根据地下水质分析结果，Cl^- 含量为 2854.64～3879.62mg/L；SO_4^{2-} 含量为 576.64～613.27mg/L；Mg^{2+} 含量为 878.49～879.76mg/L；Ca^{2+} 含量为 1144.53～1146.54mg/L；Na^++K^+ 含量为 3728.73～3748.46mg/L。受环境类型(Ⅱ类)影响，该场地地下水对混凝土结构具有弱腐蚀性；受地层渗透性影响，该场地地下水对混凝土结构具有微腐蚀性。综合评价该场地地下水对混凝土结构具有弱腐蚀性；对钢筋混凝土结构中的钢筋，在长期浸水环境下具有微腐蚀性，在干湿交替环境下具有中度腐蚀性。

基础设计时，建议应按照《工业建筑防腐蚀设计规范》(GB 50046—1995)的有关规定，采取有效的防护措施。

4. 各土层的承载力特征值、基础设计计算参数

根据现场原位测试和室内土工试验成果，依照《岩土工程勘察规范》(GB 50021—2009)和《建筑地基基础设计规范》(GB 50007—2002)，综合提供各土层的承载力特征值及基础设计计算参数，见表 10-15。

表 10-15 各土层天然地基主要设计计算参数表

土层编号及名称	压缩模量 $E_{s1-2}(MPa)$	内聚力 $c(kPa)$	内摩擦角 $\varphi(°)$	承载力特征值 $f_{ak}(kPa)$
2 粉土	11	10	23	90
3 粉质黏土	7	19	4	80
4 粉砂	15	6	27	130
4-1 粉质黏土	14	10	23	85
5 粉质黏土	10	18	4	90
6 粉质黏土	17	17	4	95
6-1 粉土	11	9	24	110
6-2 粉土	7	9	24	110

5. 持力层与地基强度验算

根据场地内各土层特性及拟建建筑物荷载要求，可采用天然地基上的浅基础，将 1 层杂填土全部清除，以 2 层粉土为基础持力层，该层粉土地基承载力验算如下。

按照《建筑地基基础设计规范》(GB 50007—2002)第 5.2.4 条的规定，地基承载力特征值尚应按下式进行修正：

$$f_a = f_{ak} + \eta_b \gamma(b-3) + \eta_d\gamma_m(d-0.5)$$

式中：f_a——修正后的地基承载力特征值(kPa)；

f_{ak}——地基承载力特征值(kPa)；

η_b、η_d——基础宽度和埋深的地基承载力修正系数；

γ——基础底面以下土的重度，地下水位以下取浮重度(kN/m³)；

b——基础底面宽度(m)；

γ_m——基础底面以上土的加权平均重度，地下水位以下取浮重度(kN/m³)；

d——基础埋置深度(m)。

对于拟建建筑物，以 6 号孔为例，取常年最高地下水埋深 0.50m，基础埋深 d=1.50m，采用片筏基础，荷载每层按 15kPa 计，则基底压力为

$$P_k=(F+G) / A=15×1+1.5×20=45(kPa)$$

2 层粉土修正后的承载力特征值计算如下：

η_b=0.5，η_d=2.0，γ=19.1-10=9.1(kN/m³)，b=34.2m

γ_m=10.3kN/m³(1 层杂填土天然重度取 18 kN/m³)

f_a =90+0.5×9.1×(6-3)+2.0×10.3×(1.5-0.5)=124.25(kPa)

比较可知，$f_a> P_k$，地基强度能够满足要求。需要指出的是：上述荷载及基底压力均为估算值，设计单位应根据建筑物的实际荷载进行计算。

6. 地基下卧层强度验算

3 层粉质黏土为软弱下卧层，按照《建筑地基基础设计规范》(GB 50007—2002)第 5.2.7 条的规定，采用下式进行软弱下卧层强度验算：

$$p_z+p_{cz}\leqslant f_{az}$$
$$p_z = bl(p_k-p_c)/(b+2z\tan\theta)(l+2z\tan\theta)$$

式中：p_z——相应于荷载效应标准组合时，软弱下卧层顶面处的附加应力值；

p_k——相应于荷载效应标准组合时，基础底面处的平均压力值；

p_{cz}——软弱下卧层顶面处土的自重压力值；

p_c——基础底面处土的自重压力值；

b——条形基础的宽度；

f_{az}——软弱下卧层顶面处经深度修正后地基承载力特征值；

z——基础底面至软弱下卧层顶面的距离；

θ——地基压力扩散线与垂直线的夹角。

以 2 号孔为例计算可得：p_c=17 kPa。

3 层粉质黏土顶面处经深度修正后的地基承载力特征值为

$$f_{az} = 80+1.0×10.3×(3.8-0.5)=113.99(kPa)$$

3 层粉质黏土顶面处土的自重压力 p_{cz}=36.8kPa，取 b=34.2m，l=36.2m，z=2.3m，θ=0°，计算软弱下卧层顶面处的附加应力 p_z= 28.0kPa，p_z+p_{cz}=28.0+36.8=64.8< f_{az}=113.99(kPa)，满足规范 $p_z+p_{cz} \leqslant f_{az}$ 的条件，因此 3 层粉质黏土作为下卧层，其强度验算能满足要求。

若采用天然地基一层素填土全部挖出，换砂土回填，回填后施工前应进行压实(压实系数 λ_c 取 0.95)。

7. 复合地基

该场地由于素填土分布不均，厚度在 1.40～2.50m，平均在 1.80m 左右，若采用天然地基，不进行地基处理，就不能作为天然地基持力层，施工前应进行压实处理。根据当地经验，采用水泥土搅拌桩复合地基较为经济合理。处理至 4 层粉砂，深度以 9.5m 为宜。

据《建筑地基处理技术规范》(JGJ 79—2002)中的有关规定，估算水泥土搅拌桩(干法)单桩竖向地基承载力特征值，计算时考虑桩周土提供的阻力和桩体能承受的压力，二者取小值，计算如下。

按桩体承受压力计算(假设桩径 0.5m)：

$$R_a = \eta f_{cu} A_p$$

式中：f_{cu}——与水泥土搅拌桩桩身加固土配比相同的室内加固试块无侧限抗压强度平均值，若水泥掺入比为 12%～15%，东营地区经验值一般为 2.0～3.0MPa，本工程取 2.2MPa；

η——强度折减系数，0.25～0.33，本工程取 0.3。

经计算 R_a=0.3×2200×3.14×$(0.5/2)^2$=129.5(kN)。

按桩周土阻力计算：

$$R_a = u_p \sum_{i=1}^{n} q_{si} l_i + \alpha q_p A_p$$

式中：R_a——水泥土搅拌桩单桩竖向承载力特征值(kN)；

q_{si}——桩周土的第 i 层土的侧阻力特征值(kPa)；

u_p——水泥土搅拌桩的桩周长(m)；

l_i——桩长范围内第 i 层土的厚度(m)；

α——桩端天然地基土的承载力折减系数，一般可分别取 0.4～0.6，本工程取 0.4；

A_p——水泥土搅拌桩的截面积(m^2)；

q_p——桩端地基土未经修正的承载力特征值，本工程取 130kPa。

以 6 号孔为例，基础埋深按 1.5m 计，桩端进入第 4 层粉砂，假设桩径 0.5m、有效桩长按 8.0m 进行计算，单桩竖向承载力特征值可达 138.4kN，各层土的侧阻力特征值可按表 10-16 取值。

表 10-16　各层土的侧阻力特征值

层　号	侧阻力特征值(kPa)
1	6
2	12

续表

层　号	侧阻力特征值(kPa)
3	10
4	13

根据以上估算，二者取低值。

水泥土搅拌桩(干法)复合地基承载力特征值可按下式估算：

$$f_{spk}=m(R_a/A_p)+\beta(1-m)f_{sk}$$

式中：f_{spk}——水泥土搅拌桩复合地基承载力特征值(kPa)；

　　　m——水泥土搅拌桩的面积置换率(%)；

　　　f_{sk}——桩间天然地基土承载力特征值(kPa)，本工程取 0kPa；

　　　β——桩间土承载力折减系数，本工程取 0.20。

面积置换率可用下式计算：

$$m=d^2/d_e^2$$

式中：d——桩直径；

　　　d_e—— 一根桩分担的处理地基面积的等校圆直径。

按桩距 1.0m 计算。置换率为 19.6%，复合地基承载力可达 129.3kPa，建议取 120.0 kPa。

对复合地基承载力特征值的估算，当假设条件改变时，应重新进行估算，且复合地基承载力特征值最终应通过现场复合地基载荷试验确定。施工方应当严格按照《建筑地基处理规范》进行施工。

8. 基坑开挖与降水

基坑开挖时，应注意周围降水，可采用明渠排水或轻型井点降水，降水设计所需的渗透系数 k，对粉土，k 可取 5.0cm/d，对粉质黏土，k 可取 2.0cm/d。开挖时，应减少对基底土的扰动破坏，防止雨水或施工用水流入基坑，以免地基土浸水软化而导致地基土承载力降低。

10.3.5 结论

本报告结论如下。

(1) 勘察场地地貌单一，根据钻探及静力触探揭露，地层除 1 层素填土外，其下均由黄河三角洲第四纪新近沉积的黏性土、粉土构成。

(2) 拟建场地属于建筑抗震不利地段，建筑场地类别为Ⅲ类，抗震设防烈度为 7 度，设计基本地震加速度值为 0.10g，特征周期 0.55s，建筑物的抗震设防类别为标准设防类。

(3) 场地地层分布稳定，成层规律明显。一层素填土为新近填土，土质不均，以粉土和粉质黏土为主，局部含有建筑垃圾，工程特性不均匀，厚度变化较大，不经处理不能作为天然地基持力层，施工前应进行压实(压实系数λ_c取 0.95)。根据地区经验，建设采用水泥土搅拌桩复合地基(干法)进行处理。因地下水具有腐蚀性，建议通过现场试验确定其适用性，试验成功方可进行施工。

(4) 在抗震设防烈度为 7 度的条件下，设计基本地震加速度值为 0.10g 时，综合评价

高等院校立体化创新规划教材

该场地不发生液化。

(5) 场地标准冻结深度为 0.60m，地下水常年最高水位为 0.50m。

(6) 基槽开挖后应进行验槽，确保达到设计要求，若出现与本报告不相符或异常的情况，应通知勘察单位协同处理。

本 章 小 结

本章详细介绍了工程地质学的岩土勘察概述、岩土工程勘察的目的要求、分级、阶段的划分、方法以及报告实例。通过学习，读者对这些内容有了基本的掌握，在工程实践中要熟练应用，同时可以熟练撰写岩土工程勘察报告。

思 考 与 练 习

1. 填空题

(1) 岩土工程勘察就是根据_____要求，运用_____，为查明建设场地的地质、环境特征和岩土工程条件而进行的调查研究工作。

(2) 岩土工程勘察的主要目的就是要_____，分析与评价场地的岩土工程条件与问题，提出解决岩土工程问题的方法与措施，建议_____等。

(3) 岩土工程勘察的方法或技术手段有_____、_____、_____与_____。

2. 简答题

(1) 岩土工程勘察的目的和意义是什么？

(2) 简述岩土工程勘察任务的过程。

(3) 勘探工作有哪几种方法？分别阐述它们各自的特点。

第 11 章　土木建筑中的工程地质

本章导读

本章将详细介绍道路和桥梁的工程地质、隧道、地下洞室、房屋建筑工程以及深基坑开挖工程地质。学习本章，需要掌握的是如何在不同的建筑中应用工程地质，使其更好地为工程服务。

学习目标

- 掌握道路和桥梁的工程地质。
- 掌握隧道、地下洞室以及房屋建筑、深基坑开挖工程地质。

土木建筑中的
工程地质.mp4

11.1　城市规划和建设中的工程地质

城市规划是一个系统的学科。城市的规划者不仅要考虑经济、政治、人文等问题，也应该考虑城市的地形，根据地形来建设。城市的建设规划，其实就是在不同的区域范围内，对土地资源、空间资源的利用，而不同的地形、地貌、地质条件又对城市的建设、规划、发展提出了不同的要求。

城市规划和建设中
的工程地质.mp4

11.1.1　道路和桥梁的工程地质

自 20 世纪 90 年代开始，我国公路进入了持续、快速发展的轨道。截至 2012 年年底，我国高速公路里程已超过了 60000km，年增长 21.2%，全国公路通车里程也达到 3700000km。在公路交通建设的高速发展中，工程地质作为工程建设的基础工作，工程地质工作已成为工程建设中不可缺少的一个重要组成部分，其重要作用是客观存在和被实践证明了的。

随着我国经济建设的日益发展和科学技术的日益进步，工程建设的规模和数量也越来越大。数十千米长的隧道、数百米高的高楼大厦、数百米高的露天采矿场、二滩和三峡水利枢纽工程等所谓"长隧道、深基坑、高边坡"巨型重大工程建设与工程地质的关系更趋密切。鉴于工程地质对工程建设的重要作用，国家规定任何工程建设必须在进行相应的地质工作、提出必要的地质资料的基础上，才能进行工程设计和施工工作。

大量的国内外工程建设实践证明，工程地质工作做得好，设计、施工就能顺利进行，建筑物的安全运营就有保证。相反，对工程地质工作忽视或重视不够，使一些严重的地质问题未被发现或出现了问题而未进行可靠的处理，都会给工程带来不同程度的影响，轻则修改设计方案、增加投资、延误工期，重则使建筑物完全不能使用，酿成灾害。

1. 新建公路工程地质勘查

1) 新建公路工程地质勘查的内容

(1) 路线工程地质勘查；

(2) 路基、路面工程地质勘查；

(3) 桥涵工程地质勘查；

(4) 隧道工程地质勘查；

(5) 天然筑路材料工程地质勘查，按初勘和详勘阶段的不同深度进行勘察，为公路设计提供筑路材料的资料。

2) 新建公路地质勘查资料整理

(1) 全线工程地质说明书；

(2) 工程地质平面图；

(3) 测绘路线纵断面图中的地质说明；

(4) 各类测试原始资料的汇总分析。

2. 改建公路工程地质勘查

1) 改建公路工程地质勘查的内容

(1) 收集沿线的地形、地貌、工程地质、水文地质、气象、地震等资料。

(2) 收集有关桥梁、隧道和防护、排水等构造物的新建、改建或加固工程所需的地质资料。

(3) 收集原有公路路况资料。

(4) 调查原有公路的路基、路面、小桥涵等人工构造物的状况及病害，研究病因及防治的效果。对原有公路的工程地质、不良地质地段的道路病害应力求根治。

(5) 当路线因提高等级或绕避病害而另选新线的路段时，应按新建公路的要求进行工程地质勘查工作。

2) 改建公路工程地质勘查的资料要求

(1) 工程地质说明书。

(2) 不良地质、特殊岩土、路基病害等有关项目的调查表。

(3) 原有路面整体补强测试图表。

(4) 工程地质图，按新建公路地质图的有关规定编制。

(5) 勘探、试验、调查等资料。

3) 公路选线的工程地质论证内容

公路选线的工程地质论证主要包括沿河线、山脊线、山坡线、越岭线。

4) 公路路基的主要工程地质问题

公路路基的主要工程地质问题包括路基边坡稳定性问题、路基基底稳定性问题、公路冻害问题以及天然建筑材料问题等。

桥梁工程地质勘查一般应包括两项内容：首先应对各比较方案进行调查，配合路线、桥梁专业人员，选择地质条件比较好的桥位；然后对选定的桥位进行详细的工程地质勘查，为桥梁及其附属工程的设计和施工提供所需要的地质资料。

3. 桥梁工程地质问题

桥梁工程地质问题主要包括桥墩台地基稳定性问题、桥墩台地基的冲刷问题。

桥墩台地基的稳定性主要取决于墩台地基中岩(土)体的允许承载力，它是桥梁设计中最重要的力学数据之一，它对选择桥梁的基础和确定桥梁的结构形式起决定性作用，对造价影响极大，是一项关键性的资料。

虽然桥墩台的基底面积不大，但经常遇到地基强度不一，软弱或软硬不均等现象，严重影响桥基的稳定性。在溪谷沟床、河流阶地、古河湾及古老洪积扇等处修建桥墩台时，往往遇到强度很低的饱水淤泥和淤泥质软土层，也有时遇到较大的断层破碎带。近期活动的断裂，或基岩面高低不平，风化深槽，软弱夹层，囊状风化带，软硬悬殊的界面或深埋的古滑坡等地段，均能使桥墩台基础产生过大沉降或不均匀下沉，甚至造成整体滑动，安全问题不可忽视。

若桥墩台地基为土基时，其容许承载力的计算方法和基本原理与大型工业民用建筑物地基是相同的；而岩质地基容许承载力主要取决于岩体的力学性质，结构特征以及水文地质条件。

4. 桥梁工程地质勘查要点

桥梁工程地质勘查是指为桥梁工程有关设计所进行的工程地质勘查工作，主要查明桥墩、台地基岩土的工程地质性质，确定墩、台地基岩土的承载力，评价其稳定性，查清桥址地区的不良物理地质现象和水文地质条件等。

5. 桥梁岩土工程勘察要点

桥梁是道路建筑的附属建筑物，除特大型或重要桥梁外，一般不单独编制设计任务书，而桥梁的设计仅包括初步设计和技术设计两个阶段，且只有当道路初步设计被批准之后，才能编制桥梁初步设计，对于工程规模较小而工程地质条件又简单的桥梁，其工程地质勘查工作可在一个阶段完成。

1) 初步设计阶段工程地质勘查要点

初步设计阶段工程地质勘查任务是，在几条桥线比较方案范围内，全面查明各桥线方案的一般工程地质条件，并着重对桥线方案起控制作用的重大复杂地段进行详细勘察，特别是对其中关键性工程地质问题与不良地质现象的深部情况加以深入剖析，从技术可能性和经济合理性方面进行综合对比，为选择一条最优的桥线方案提供重要的工程地质依据。

2) 技术设计阶段工程地质勘查要点

技术设计阶段工程地质勘查任务是在已选的最优方案基础上，进一步大量进行钻探、试验和原位测试工作，着重查明个别墩基特殊的工程地质条件和局部地段存在的严重工程地质问题，为桥线选择基础类型及其最佳位置以及施工方法等提供必要的工程地质资料。

6. 桥址选择工程地质论证

桥址的选择应从经济、技术和实用角度出发，使桥址与线路互相协调配合，尤其是在城市中选择铁路与公路两用大桥的桥址时，除考虑河谷水文、工程地质条件外，尚应考虑市区内的交通特点，线路要服从于桥址，而桥址的选择一般要考虑下列几个方面的问题。

(1) 桥址应选在河床较窄、河道顺直、河槽变迁不大、水流平稳、两岸地势较高而稳定、施工方便的地方。避免选在具有迁移性(强烈冲刷的、淤积的、经常改道的)河床,活动性大河湾,大砂洲或大支流汇合处。

(2) 选择覆盖层薄、河床基底为坚硬完整的岩体。若覆盖层太厚,应选在无漫滩相和牛轭湖相淤泥或泥炭的地段,避免选在尖灭层发育和非均质土层的地区。

(3) 选择在区域稳定性条件较好、地质构造简单、断裂不发育的地段,桥线方向应与主要构造线垂直或大交角通过。桥墩和桥台尽量不置于断层破碎带和褶皱轴线上,特别是在高地震基本烈度区,必须远离活动断裂和主断裂带。

(4) 尽可能避开滑坡、岩溶、可液化土层等发育的地段。

(5) 在山区峡谷河流选择桥址时,力争采用单孔跨越。在较宽的深切河谷,应选择两岸较低的地方通过,要求两岸岩质坚硬完整,地形稍宽一些,适当降低桥台的高度,降低造价,减少施工的困难。

桥基工程地质勘查的任务是为桥梁墩台设计提供地质资料,方法是在调查与测绘的基础上进行勘探工作。对于大、中桥,目前均采用以钻探为主,辅以物探的方法。这种综合的勘探方法,能够互相补充,可收到事半功倍的效果。勘察的结果应提出以下方面。

① 桥位处的河床地质断面图;

② 钻孔柱状断面图与钻探记录;

③ 水、土的化验与试验资料。

7. 桥基工程地质勘查应注意的主要问题

1) 钻孔布设

钻孔布设应在桥位工程地质调查与测绘的基础上进行,以避免盲目性。钻孔数量取决于以下几点。

(1) 设计阶段;

(2) 桥位地质条件;

(3) 拟采用的基础类型。在初步设计阶段,一般布设 3~5 个钻孔;在技术设计阶段,钻孔数应不少于墩台数。如果采用沉井基础,或基础在倾斜、锯齿状的基岩面上时,应增加辅助钻孔,复杂时每一墩台需要 4~5 个钻孔。

钻孔一般布设在桥梁中心线上。为了避免钻穿具有承压水的岩层而引起基础施工困难,也可布设在墩台以外。为了解沿河床方向基岩面的倾斜情况,在桥梁的上下游可加设辅助钻孔。

2) 钻孔深度

钻孔深度取决于河床地质条件、基础类型与基底埋深。河床地质条件包括河床地层结构、基岩埋深、地基承载力、可能的冲刷深度等。基础类型要区分明挖、深井与桩基等。

如遇基岩,要求钻入基岩风化层 1~3m。这一点在山区河流上尤应注意,以免把孤石错定为基岩。钻孔的大概深度可参考表 11-1。

表 11-1　钻孔的大概深度表

顺 序 号	土层名称		钻孔深度(m)	
			大　桥	中　桥
1	岩石		应在风化岩石下不少于 3m	
2	砂砾	由河底最大计算冲刷标高算起	15	10
3	砂		20	15
4	黏质土		30	25
5	软性黏土		低于荷重土层表面以下，不得少于 15m	

3)　操作规程

为保证钻探工作的质量，钻进过程中要认真对待取样、鉴别、记录这些环节。每隔 1m 深度应取样，每次变层要取样。为使样品尽可能保持原来状态，应注意选择钻头和钻进方法。记录要仔细，对所使用的钻具、进尺、取样以及钻进中的感觉等均应详细记录。在鉴别样品时，应与调查测绘结果对照，避免发生重大错误。

11.1.2　隧道工程地质勘查

隧道工程地质勘查是根据公路基本建设程序的不同阶段对地质资料的深度要求分阶段进行，一般采用资料收集与研究、工程地质调绘、钻探、物探及各种测试试验等综合勘察方法、手段进行勘察，其最终目的是详细查明隧址区的地质条件，确定隧道围岩级别，为隧道施工布置、各段洞身掘进方法及程序、支护及衬砌类型或整治工程设计提供翔实可靠的工程地质依据。

隧道工程地质勘查资料是隧道设计和施工的基础。根据隧道地质特征，有针对性地采取相应的勘探方法，可获得符合实际地质情况的地质资料，科学地划分围岩分级和评价岩体的稳定性，为隧道设计和施工提供可靠依据。

1. 隧道工程地质勘查的工作重点

隧道，尤其是长、特长隧道是山区高速公路的控制性构筑物类型之一，其选址好坏关系到一条山区高速公路的质量高低，从工程地质的角度分析，隧址的选择是否合理，主要看隧址的工程地质环境是否稳定，或若干隧址方案中哪一个工程地质环境或工程地质条件、水文地质条件更为优越。工程地质勘查的重点研究内容应包括以下方面。

(1) 隧址对地形、地貌等方面的要求。

(2) 隧址区所处的工程地质环境及其稳定性。

(3) 重点研究不良或特殊地质区隧道位置的选择。

(4) 预测可能存在的工程地质问题，以及工程诱发的环境工程地质问题。

(5) 进行隧道选址，也应遵循工程地质选址的原则，同时对隧址提出工程地质评价和建议，从工程地质的角度对隧道方案进行比选。隧址选定后，详勘阶段的工作重点是详细查明隧址区的地层岩性、地质构造、不良地质等工程地质条件及水文地质条件并做出详细分析评价。根据控制隧道围岩稳定的各项因素，分段确定隧道围岩级别，提供必要的岩土物理力学指标和参数。

隧道通过处的丘陵斜坡，在强烈的风化剥蚀作用下，发育隐伏的沟谷，沟谷内基岩面起伏不平，沟内上覆残黏性土，表覆风积沙，地表形态呈坡度较陡的坡地。隧道洞身范围内岩土性质变化很大，仅凭地表地质调查和钻探难以查明地下地质情况。针对隧址区的地质特征，宜采用物探方法划分土石分界和确定风化层的厚度，采用物探结合其他勘探手段的综合勘探方法查明隧道地质情况，并对各种勘探方法得出的结果进行比较和验证，做出综合的评价结果。

2. 勘察方法及过程

实际工作中采用了航片判释、地面地质调查、地震折射波法、电测深法及钻探验证的综合勘探方法进行勘察。

1) 航片判释

在丘陵坡脚及丘间凹地，风积沙顺东南向呈沙垄状分布，地表沟谷发育，植被稀疏，而丘陵顶部及坡顶周围基岩裸露，无植被发育。通过航片判释，在航片上标出地貌变化和地层变化的分界点。地面地质调查采用沿线地质调查和隧址区区域地质调查相结合的方法，核对航片判释点，记录地形地貌变化点、地层岩性变化点等地质情况，描述地层的特征、基岩出露的产状及风化状态和风化程度等，并将调查的结果转绘到隧道平面图上。对区域地质图的地质界线等进行修正，绘制出隧道地质图。

2) 根据地形、地质条件，物探采用对称四极电测深法和地震折射波法开展工作

电测深法点距一般为 30～50m，$(AB/2)_{max}$ 为 200m，共完成电测深点 59 个。在地形条件允许的部位采用地震折射波法，道间距为 10m，最大炮间距为 150m，布置测线长度为 660m。采用量板法与经验系数法相结合的方法对电测深曲线进行定量解释，采用等 T_0 法对地震折射资料进行解释。依据电测深法及地震折射法解释结果，给出岩土层的物性参数。综合分析，划分地层，绘制出物探地质纵断面。

3) 物探勘察

物探勘察手段基本上是利用地层的物性差异来间接获取地质信息。与钻探相比较，物探具有进场容易、成本较低、勘察周期短的特点，其缺点是直接获得的是地层某一方面的物性参数，用以解译分析地层时，具有多解性，必须有钻探资料作为参照进行验证或修正。因此，主要被运用于初勘阶段，而在施工图设计阶段则为钻探的补充手段之一。物探方法多种多样，可根据隧道地质条件及勘察的目的和任务选取，如为了查明非深埋隧道岩土分界面、围岩中是否存在破碎带，可采用浅层地震折射波法；如为获得岩体的弹性特征值、岩体完整性系数，可采用钻孔声波测井。当地震勘探发现有明显的溶洞或大的地质构造时，应进行综合物理勘探，以供相互验证。

隧道工程地质条件分析评价的内容应包括一切可能影响隧道工程安全的地质问题。除了对隧址区已有的工程地质问题认真分析评价外，还应研究环境工程地质问题与隧道工程之间的相互关系，以及隧道建设可能诱发的环境及环境工程地质问题。

例如，粤湘高速公路博罗至深圳段水涧山隧道和石鼓隧道下穿银屏山自然保护区，须考虑隧道建设过程中的地下水排放对自然保护区植被、景观的影响。对于山岭隧道而言，主要的工程地质问题包括滑坡、膨胀岩、断裂构造及断层破碎带、高初始应力、偏压问

题、高地温、岩溶、放射性、有毒有害气体等，当隧道通过存在上述某种或几种工程地质问题并存的地段时，就必须对其进行分析、研究、评价。

(1) 滑坡：隧道洞身不应在滑坡、错落体内穿过，如必须通过此类地段时，应使洞身埋置在错落体或滑动面以下一定深度的稳固地层中，因此，需重点查明滑坡滑动面位置、产状，才能为设计确定隧洞位置提供依据。

(2) 膨胀岩：多见于黏土岩、页岩、泥质砂岩，伊利石含量大于 20%。重点研究膨胀性岩的分布产状、膨胀潜势，分析评价其对隧道工程安全和稳定性的影响。

(3) 断裂构造及断层破碎带：重点研究大型断裂构造是否为活动断裂，如为活动断裂应避开。隧道还应尽量避开断层破碎带，特别是含水丰富的破碎带，必须穿越时，隧道应与之垂直或大角度斜交通过，并应提醒设计施工方做好支护及排截水措施，预防出现坍塌、避免富水破碎带突水涌泥现象，造成安全事故。

(4) 高初始应力：岩体初始应力对隧道围岩的稳定性有较大影响，特别是高初始应力的存在。高初始应力会导致隧道洞壁岩体在开挖过程中有饼化、岩爆等不良现象的发生，造成隧道成洞性差。高初始应力主要存在于埋深大、构造作用强烈的隧道。因此，对于深埋隧道，应通过地应力测试结果按公路隧道设计规范判定是否存在高初始应力地段。

(5) 偏压问题：主要出现在埋深较浅的隧道。根据隧道走向与地形等高线相交情况判定，如隧道傍山而设，走向与地形等高线平行或小角度斜交，隧道外侧洞壁较薄，将出现偏压问题，偏压会降低围岩稳定性。

(6) 高地温：地温高低与埋深有关，随埋深的增大而递增，因此高地温主要出现在深埋隧道。对于深埋隧道，应研究地温随埋深升温情况以及是否出现高地温现象。

(7) 岩溶：应重点查明洞身不同地段的岩溶发育程度和分布规律、岩溶洞穴的形态规模、含水特性、岩溶水富水程度、补给排泄条件。分析评价隧道场地的适宜性、隧道围岩的稳定性、岩溶水对隧道安全和稳定性的影响及在施工和营运时产生的危害。

(8) 放射性：主要针对花岗岩等岩浆岩类地区及存在放射性物质地区的隧道。

(9) 有毒有害气体：应查明有毒有害气体的含量、压力、性质，并判断其对隧道施工、营运的影响。

隧道通过地区一般位于山区丘陵地带，地质情况复杂多变，应采用综合勘探的方法进行勘察。工程地质勘查中，采用适宜的物探方法，既能较准确地查明地质情况，又可取得事半功倍的效果。在本工程的地质勘查中，物探手段起到了其他勘探方法无法发挥的作用，不仅准确地查清了土石分界，而且科学地划分了地层，地层分层的结果与钻探验证的结果基本一致，并为隧道围岩分级和岩土施工工程分级提供了定量的物性参数。

【案例分析】

1. 工程概括

大瑶山一号隧道进口里程 DK1908+024，出口里程 DK1918+355，隧道全长 10331m，为全线最长的隧道，隧道最大埋深约 650m，隧道内设置人字坡，坡度分别为 3‰、-12‰，其坡长分别为 2376m、7955m。隧道附属工程有 1 个斜井，1 个横洞。

工作区属武江水系，溪沟十分发育，水系发育，以狮子山为分水岭，北段流向头木冲河，汇入武江；南段流向九峰河，在九陇十八滩汇入武江。

测区北东向的吴川—四会深断裂为主要的活动性深断裂，至今仍有不间断的活动，但其离测区较远，对隧道的稳定性影响不大。测区东西向的九峰大断裂自第四纪以来仍有活动，主要表现为断块差异抬升，但活动能量较小，对隧道稳定性影响轻微。

2. 工程地质

地层岩性特征。沿线出露的地层岩性从老至新如下。

震旦系上统(Z2-3)：分布于 DK1912+730～DK1914+760，由一套浅海相砂质、泥质及粉砂质岩石经过区域浅变质作用形成，岩性主要为深灰色、灰色及灰绿色中细粒浅变质石英砂岩、砂质板岩及板岩互层，区域厚度>1300m。

寒武系(∈)：区域总厚度为 2162～3500m，本隧道仅出露其下组寒武系八村群下组(∈1)。

分布于 DK1910+720～DK1912+730、DK1914+760～DK1918+370；由一套海相类复理式砂泥质沉积经过区域浅变质作用形成，岩性主要为浅变质中细粒长石石英砂岩、砂质板岩及板岩互层。与下伏震旦系乐昌峡组整合接触。

泥盆系中下统桂头群(D1-2gt)：分布于 DK1909+720～DK1910+720，其下部为陆相类磨拉式沉积建造的紫色厚层底砾岩、石英砂岩及少量紫色页岩，上部以滨海相砂页岩及砾岩为主，区内仅出露于狮子山北坡，主要为其下部石英及石英砾岩。区域厚度为 438～1344m，区内呈不整合角度覆盖于寒武系八村群下组之上。

泥盆系中统棋梓桥组+上统佘田桥组(D2q+3s)：分布于 DK1908+030～DK1909+720，D2q 以灰色～深灰色厚层状灰岩为主，夹白云质灰岩，下部夹薄层状泥灰岩；D3s 为灰白色微粒灰岩，白云质灰岩，泥质灰岩为主。区域厚度为 113～470m，区域上与中下统桂头群呈整合接触。

区内岩层广泛覆盖有 0～3m 残积层或残坡积层，隧道区 DK1911+500～DK1911+800 段蓝田村一带厚度达 10～15m，岩性以含碎石或块石的粉质黏土为主，结构松散、透水性较好。

隧道浅埋段 DK1909+730～DK1909+850 下排子一带发育坡洪积红黏土，厚 3～12.1m，呈硬塑状。

测区经历了加里东—华力西—印支—燕山—喜山运动的多次构造运动，尤其是加里东—华力西—印支运动基本肯定了本测区的构造形迹格局，经后期燕山运动的改造，形成了测区多种多样、复杂多变的构造形迹，形成一系列大致呈 NE20°～NE30° 走向的断裂带和走向近 SN 向的隆起和拗陷带(向斜/背斜)，属粤北山字形构造脊柱北段。

根据本次实际调绘结果，大瑶山一号隧道区发育有泗公坑倒转背斜，其次有狮子山背斜等次级褶皱和 F1～F13 共 13 条断裂。

1) 褶皱

区内主要褶皱构造为泗公坑倒转背斜，位于头寨向斜西侧，北西翼劈理倾向与岩层倾向相同，但倾角比地层倾角小，南西翼为倒转翼，北东翼为正常翼，轴面向南东倾。其核部由震旦系中上统浅变质石英砂岩及砂质板岩组成，核部位置约在 DK1914+200 附近；岩层产状较陡(一般为 60° 左右)。

两翼发育不对称，北西翼由下寒武砂质板岩组成，北段在狮子山以北(里程为DK1910+730)被泥盆系地层覆盖，南西翼由中下寒武系地层构成，发育较全，与大源倒转向斜相接；该倒转背斜核部受断裂(F10、F11)影响，震旦系地层发育不全。

狮子山背斜位于泗公坑倒转背斜北东翼，为寒武系下统地层构成的次级褶皱，南东翼发育完整、北西翼被超覆其上的泥盆系地层覆盖，并受断裂构造破坏。

2) 断裂

区域性断裂为狮子山断裂(F7)，据实测资料显示，该断裂在测区内表现为一组(三条)陡倾角断裂，其倾向北西，倾角为 65°～75°，所见特征主要为石英脉和挤压破碎现象。

本隧道由三个岩性段组成：进口段为泥盆系中上统碳酸盐岩，之后为泥盆系中下统碎屑岩，狮子山至出口段为寒武-震旦系浅变质岩系。各岩性段的主要构造特征如下。

碳酸盐岩段：断裂发育(F1～F6)，性质以张扭性和压扭性为主，走向为北北东-北东，断裂带一般可见角砾岩和重结晶作用，断裂带较宽，大部分胶结较好，为钙质-钙泥质胶结；断裂对岩层产状影响较大，沿断裂带有较明显的强岩溶微地貌发育(洼地、漏斗、溶沟、溶槽、落水洞、塌陷等)，或地下水活动强烈出现岩溶大泉或管道流(暗河)。

浅变质岩区：未发育区域性断裂，中小型断裂构造较发育(F8～F13)，小型断裂构造(或大型节理裂隙)十分发育(指破碎带规模小于 1m，平面延伸长度小于 200m，对岩层错动较小的断裂)；据应力分析，该段构造运动的结果主要表现为小型断裂和密集发育的节理裂隙，陡倾角岩层的层间滑动现象十分普遍。

3. 构造节理

隧道洞身地层由于沉积年代久远，经历了多期次、多阶段的构造活动，形成了复杂多变的各种性质的节理、裂隙。节理、裂隙的主要发育方向为 NNE、SE、SN、近 EW 向，多为压～压扭性裂隙，裂面平直～光滑，多为闭合状，少量为张～张扭性裂隙，呈微张～张开状，少充填，结构面平均间距以 0.15～1.0m 居多，裂面宽度为 0.05～0.10cm；深部裂隙多为紧闭裂隙，裂隙延伸长度一般大于 3m，且多为穿透性裂隙，造成测区岩体呈碎裂镶嵌状，少量呈碎块状，岩体较破碎、较完整，部分地段易造成隧道塌顶。

11.1.3 地下洞室地质问题

地下洞室位置的选择主要考虑进洞山体、洞口位置和洞轴线位置的选择。进洞山体的选择主要考虑山体的高度、山形的完整性、岩土体的坚硬与均匀性和地质结构构造特性等因素。山高以满足地下工程防护要求为原则。山过高时围岩岩压力大，过低则达不到防护要求。对一般洞室，山的相对高度以 100～300m 为宜。具体问题如下。

(1) 地质构造越简单越好。应尽量避开含水构造和断层、断层破碎带、断层密集带和不同方向的几组断裂交会带，以及岩体受强烈构造挤压和风化破碎较深的地带；宜选择优先节理不发育且间距大、组数少，未形成不稳定的组合结构的岩体。另外，要考虑场地的地下水和地震特性等因素，避开地下水丰富的或地震基本烈度为 9 度以上的地区。

(2) 洞口位置应该考虑山坡坡度、岩层倾角、洞口顶板的稳定性和水流影响等几方面的因素。许多工程实践证明：往往因洞口位置的地形地貌条件不利，而造成迟迟不能清理出稳定的洞脸，无法进洞的局面。

(3) 山坡宜下陡上缓，无滑坡、崩塌等存在。山坡下部坡度最好大于 60°，一般不宜小于 40°。洞口处岩石应直接出露或坡积层较薄，岩石比较新鲜完整，尽量选在岩层倾向与坡向相反的山坡(反向坡)，或岩层倾角小于 20° 或大于 75° 的顺向坡。

高等院校立体化创新规划教材

(4) 洞轴线位置选线时应注意利用地形、方便施工。在山区开凿隧洞一般只有进口和出口两个工作面,若洞线长,则将延长工期,影响效益。为此在选线时,一般沿山体脊部并垂直地形等高线布置,当平行山坡时,不应距山坡太近,接近洞口一段仍应垂直山坡;更应充分利用沟谷地形,多开施工导洞,或分段开挖以增加工作面。洞室轴线穿越山脊,除进出口两头有工作面外,还可沿沟谷打水平施工导洞以增加工作面;轴线穿越沟谷上部,可利用竖井作施工导洞;穿越沟谷下部,隧洞出现明段,就可分段施工。

11.2　不同工程类型常见工程地质问题

地下工程修建在各种不同地质条件的岩体内,所遇到的工程地质问题比较复杂。从现有的工程实践来看,地下建筑工程的工程地质问题主要是围绕着岩体稳定而出现的,一般来说,地下工程所要解决的主要工程地质问题有以下几方面。

不同工程类型常见
工程地质问题.mp4

(1) 在选择地下建筑工程位置时,判定拟建工程的区域稳定性和山体岩体的稳定性(包括洞口边坡稳定和洞身岩体的稳定)。这时一般多从拟建洞室山体的地形、地貌、地层岩性、地质构造、水文地质条件及其他影响建设洞室的不良地质现象等方面来判定岩体的稳定性。

(2) 在已选定的工程位置上判定地下建筑工程所在岩体的稳定性。这个阶段除进行一般的岩体稳定评价以外,还要解决一些与土建设计有关的岩体稳定方面的问题,这些问题有:洞室四周岩体的围岩压力的评价(即岩体本身对衬砌支护的压力评价);岩体内地下水压力的评价(即地下水对衬砌支护的压力);提出保护围岩稳定性和提高稳定性的加固措施;在需要时,进行岩体弹性抗力的评价(弹性抗力即在衬砌对围岩有作用力时,围岩变形所表现出来的抵抗力。此项评价对于洞室有内压力时较为有用,而对地下工程则一般意义不大)。

由于地下工程的重要性和各种自然地质现象的复杂多变,要想详细地弄清楚上述各种不同的工程地质问题,在进行洞室工程勘测时,应坚持必要的程序,按勘测设计阶段,由浅入深地做好勘测工作。

11.2.1　房屋建筑工程地质问题及处理方法

1. 影响房屋建筑地基基础质量的主要因素

基础工程质量对建筑物整体质量和安全起往往起决定作用,合理的施工方法是确保建筑基础工程质量的关键。

地基与基础工程是现代房屋建筑施工过程中的一个关键,同时也是施工技术最为复杂、难度最大、工期最长、占投资最多的一项分部工程。地基与基础施工质量的好坏不仅事关施工成本和工程整体能否顺利进行,更直接影响到房屋建筑的安全性和使用寿命。近年来,随着我国城市房屋住宅建设的飞速发展,地基与基础施工的重要性也日益受到人们的关注,因此,施工单位必须严格按照工程施工质量验收规范要求认真地进行施工,确保优质、安全、高速地完成工程施工任务。

　　房屋建筑地基和基础都为隐蔽工程，在建筑工程竣工后难以检查，如果发生事故，往往难以补救，甚至会造成灾难性后果。影响房屋建筑地基基础质量的主要因素有以下几种：地基基础缺陷的种类及其对建筑物安全性、使用性能、耐久性等方面的影响；地基基础变形、结构变形的数值，发展速度和趋势；上部结构的安全度、整体性、使用要求等具体情况对地基基础变形的适应性；地基基础缺陷和加固上部结构的经济性和可能性。

2. 房屋建筑地基基础工程施工的特点

　　房屋建筑地基基础工程施工具有以下特点。

　　1) 复杂性

　　我国工程地质条件非常复杂，淤泥质土、湿陷性黄土、冻土、熔岩地质等广泛分布。同时，我国地震频发，对地基基础的影响是非常大的。如此复杂的地质条件加大了地基基础工程的勘察设计处理以及工程施工的难度。

　　2) 严重性

　　从某种程度上讲，建设工程一旦建成投入使用，地基基础出现质量事故，往往是无法弥补的，它所带来的损失远远大于地基基础工程建设所要投入的成本。地基基础工程一旦出现质量问题，往往会引起地基失稳，建设工程整体结构的破坏，这是建设工程致命性、毁灭性的重大质量事故，直接危及人们的生命和财产安全。由于地基基础承受上部建筑实体的全部荷载，一旦出现局部损坏，其损坏程度会扩散很快，而事故的发生又往往是突发性的，加剧了其危害性和严重性。

　　3) 隐蔽性

　　从主体结构本身复杂的工序衔接来看，房屋建筑地基及基础工程施工后，一道工序都在不同程度上覆盖前一道工序，工序质量具有明显的隐蔽性，这就是加强隐蔽工程的检查验收的原因所在。

　　4) 多发性

　　在过去的一段时间内，由于地基基础设计或施工不当等导致的房裂屋倒现象时有发生，造成了严重的损失。

　　5) 困难性

　　由于地基基础工程是地下工程，具有隐蔽性，事故处理的施工操作困难性较大。另外，地基基础承担了上部荷载，如果发生质量问题，采取措施，必然会影响到建筑物上部结构的性能，因此它的处理是非常困难的。

3. 房屋建筑物基础

　　房屋建筑物基础是建筑物和地基之间的连接体，它把建筑物竖向体系传来的荷载传给地基。在地基的承载力足够的前提下，基础的分布方式与竖向结构的分布方式相同，通常可以采用独立基础。如果房屋建筑物的地基非常软弱，并且建筑物很高，在这种情况下，往往需要采用筏形基础，因为筏形基础具有较大地基接触面，稳定性更强。如果基础土质较好，地下水位较低的黏土、亚黏土，一般用作支承的人工挖孔灌注桩。

　　如果地基承载力不足，为软土地基，在施工过程中必须采取措施对其进行处理。软弱地基通常是由湿陷性黄土、淤泥质土、杂填土等构成的地基，在进行勘察时必须查明软弱土层的均匀性组成、分布范围以及土质泥沙等具体情况，为采用的地基处理方案提供相应参数。在初步计算时，最好计算房屋结构的大致荷载，假设它均匀地分布在全部面积上，从而得到平均的荷载位，可以和地基本身的承载力相比较：如果地基的容许承载力大于 4 倍的平均荷载位，通常要采用独立基础，因为它比筏形基础更经济。另外，如果地基的容许承载力小于 2 倍的平均荷载，则要选用筏形基础；如果地基的容许承载力介于二者之间，则可以用桩基础或沉井基础。

如果地基土为淤泥，且上层土层又较薄时，应采取有效措施进行处理，从而避免施工对其产生扰动。对于冲填土、建筑物垃圾废料，如果均匀性和密实度较好时，可以利用其作为持力层；如果是有机质含量较多的生活垃圾或者是对基础有侵蚀性的工业废料等杂填土，或没有经过处理，严禁将其作为持力层。

总体来说，在选择地基处理方法时，必须综合考虑工程地质、水文条件以及建筑物对地基的具体要求等因素，并结合建筑结构类型和基础形式，以及建筑物的周围环境条件、材料供应情况和施工条件等因素，经过科学合理的技术经济指标比较分析后，方可择优采用。

在对地基进行处理时，必须采取有效措施，着重加强局部结构的刚度和强度，从而增加建筑物对地基不均匀变形的适应能力。除此之外，对已确定的地基处理方法还需要进行必要的测试，为施工质量提供相关依据。对地基处理完成之后，必须保证建筑地堑变形满足现行的相关规范要求，在施工期间，要随时进行沉降观测，保证施工顺利进行。

4. 常用的地基基础处理方法

一般来说，常用的地基基础处理方法有强夯法、换填基层法、高压喷射浆法、沙石桩法、水泥土搅拌法、预压法、振冲法、夯实水泥土桩法、石灰桩法等。

对房屋基础的处理，要在综合考虑水文地质和工程地质条件、建筑物形式与功能要求、荷载大小和分布情况、施工条件和材料供应、相邻建筑基础情况和抗震烈度等之后确定施工方案，选择合理的基础形式。

近年来，复合地基在现代房屋建筑物基础施工过程中得到广泛运用，这种地基可以提高地基持力层承载力，有效地控制建筑物的沉降，能够很好地解决高层建筑主体与裙房之间差异沉降问题。

下面主要针对注浆法和强夯法进行分析。

1) 注浆法

采用注浆法进行施工时，硅化加固的土层通常要保留厚度约为 1m 的不加固土层，以防浆液上冒，必要时还要夯填素土或打灰土层。一般情况下，灌注浆液的压力应控制在 0.2～0.4MPa(始)和 0.8～1.0MPa(终)范围内。对于土的加固程序，一般要坚持自上而下，如果土的渗透系数随深度而增大时，则应改为自下而上。另外，还要经常抽查浆液的配比及性能指标、注浆孔位、孔径、孔深注浆的压力值要求等，并将检查结果与标准值相核对。除此之外，还要及时在编好号的孔位平面图上对已注浆孔做标记并注明钻孔日期。在施工过程中，要特别注意避免漏孔情况的出现，如果出现问题，必须立即停止注浆并查找原因，调整注浆参数。

2)　强夯法

首先要进行准确的测量定位。在操作上，应由施工单位试夯确定的夯点布置图，逐一测放夯点位置。在进行强夯前，事先要用推土机预压两遍，保证场地平整，对场地高程进行测量，夯点布置测量放线确定点。如果遇到地下水位较高的情况，则需要在表面铺设0.5～2.0m 厚的中(粗)砂或砂石垫层，或者是采取降低地下水位的策略，从而有效防止设备下陷和消散强夯产生的孔隙水压。

另外，要采用分段施工的方式，坚持以边缘夯向中央、以一边向另一边的顺序。每夯完一遍，就要用推土机整平场地，并进行放线定位后即可接着下一遍夯击。一般来说，强夯法的加固是：先深后浅，也就是先加固深层土，后加固中层土，再加固表层土。在夯完一遍后，通常要以低能量再满夯一遍，如果条件充分，用小夯锤击为最佳。另外，在夯击时，必须按照试验确定的强夯参数，落锤应保持平衡，保证夯位准确，如果夯击坑内积水，必须及时采取措施予以排除。如果夯击地段的含水量过大，先要铺一层砂石，然后进行夯击。每一遍夯击完成之后，都要用新土或周围的土将夯击坑填平，再进行下一遍夯击。

地基基础工程是房屋建筑施工的重要组成部分，它的施工质量对房屋建筑的整体质量和安全性有着决定作用。因此，在现代房屋建筑地基和基础工程施工过程中，必须综合考虑水文地质、具体环境等实际情况，采用合理的地基处理方法，加强和改善地基与工程的强度和刚度，增强地基的稳定性，保证房屋建筑的工程质量和安全性。

11.2.2　深基坑开挖工程地质问题

随着社会的不断发展，工程建设不断向地下空间发展，地下工程建设项目的数量和规模迅速增大，如高层建筑物基坑、大型管道的深沟槽、越江隧道的暗埋矩形段及地铁工程中的车站深基坑等。这些地下空间的建设，多采用费用低廉、施工方便的明挖法，由此而产生了大量深基坑工程，其规模和深度不断加大。如果对深基坑开挖组织不好，就会给人们的生命和财产安全带来威胁。因此，对基坑工程的要求也越来越高，随之出现的问题也越来越多，这给建设施工带来了很大的困难，有必要对深基坑开挖这一老课题做进一步研究和探讨。

熟悉所开挖深基坑的水文地质条件，不仅是勘测设计单位的事，作为施工单位也应了如指掌。因为水文地质情况不仅影响施工的质量和效率，还影响施工组织设计和管理以及施工技术的运用和事故预防。中国地大物博，各地区水文地质差别很大，因而施工也大不一样。在水位上，南方水位浅，北方水位深。在土质上除有地域差别外，同一地域也有所不同。例如，有的地层上部以黏性土为主，下部以砂、砾石层为主，自上而下可划分为杂填土、可塑状黏土、淤泥质粉质黏土、可塑～硬塑状黏土、软塑状粉质黏土、粉砂或粉土夹软塑状粉质黏土、粉细砂、细砂、中粗砂、砾砂、碎石土等；有的地区深基坑开挖的地质容易出现基坑边坡滑移、基坑涌水、流砂及其引起的地面沉陷、基坑井点降水引起的地面沉降、道路开裂、房屋开裂等。只有对深基坑的水文地质掌握好，才能在具体施工中因地制宜。

深基坑开挖的重要依据就是设计方案。可以说设计方案是施工安全的重要技术保证，设计方案是深基坑技术专家根据实际情况而制定的，有很高的技术含量。不论是从强度控制设计到变形控制设计，还是基坑围护结构设计，都具有共同的目的：一是保证基坑稳定；二是减少对周围环境的影响；三是确保施工安全、可靠。要实现这些目的，就要吃透设计方案，做到心中有数；分析出设计方案的重点和难点，把握在施工中的关键部位和环节。

深基坑开挖事故中，除了是施工单位内部因组织、技术和管理不力造成外，主要是深基坑开挖时对周围环境缺乏了解研究而造成。基坑开挖时必须进行地下水治理，根据场区工程地质、水文地质条件，宜选用管井降水或采用悬挂式竖向截水与坑内井点降水相结合的方案。降水时千万要注意防止流砂出现，造成坑壁坍塌、地下管线和建筑物不同程度的损坏，影响周围环境。

深基坑开挖的施工方法很多，深浅不一，经比较，较合理方法应该包括以下几个方面。

(1) 根据深基坑工程设计所选定的主要施工参数，按基坑规模、几何尺寸、支撑形式、开挖深度和地基加固条件，提出详细可行的开挖与支撑施工程序及施工参数。按分层、分步、对称、平衡的原则制定开挖与支撑的施工工序和施工参数。最主要的施工参数是分层开挖的层数、每层开挖深度，以及每层开挖中基坑挡墙被动区土体开挖后、挡墙未支撑前的暴露时间和暴露的宽度及高度。大面积不规则形状的深基坑中，基坑挡墙被动区土体在基坑中间部分地层先开挖的过程中，被保留成支撑挡墙的土堤，此土堤断面尺寸按其能抵住挡墙的要求而定，也是主要设计参数。

(2) 严格按选定的施工程序和参数施工，就使复杂多变的施工因素变得较为明确而有规律性，其引发的时空效应也能较符合设计预期的要求。例如，在长条形地铁车站深基坑中，基坑开挖和支撑的施工技术要点是：按一定长度分段开挖和浇筑结构，在每段开挖中再分层，每层分小段开挖和支撑，随挖随撑，施加支撑预应力，完成每小段的开挖和支撑的施工时间限制在一定范围之内。再如，在不规则的大型高层建筑地下室的基坑施工中，采用分层盆式开挖法，在每一层先挖中间部分并安装或浇筑此范围的支撑，而后将各根支撑两端所留支撑挡墙的土堤，分步、对称地挖除并安装或浇筑其间顶住挡墙的部分支撑。每个分步的开挖和支撑施工时间，根据支撑形式等具体情况，具有明确的控制值。各种形式的基坑均优先考虑以井点降水法改善土性，减小土的流变变形。

(3) 根据施工设计文件，结合管线保护等其他要求，制订切实可行的深基坑施工和量测监控实施方案。组织信息化施工，严格根据量测监控数据，分析判断现状及预测变化趋势，及时调整施工方案，确保所开挖基坑变形控制的标准。按照明确的施工降水目标和控制地面沉降的要求，跟踪降水施工全过程；切实做好坑外截流，坑内排水，贯彻竖向分层、纵向分段土方开挖，组织连续施工。

(4) 做好基坑的结构防水。从施工降水、外防水和结构自防水等抓起，贯穿结构施工的全过程。严格控制混凝土质量，提高混凝土浇筑技术水平，确保结构的密实性，并做好混凝土浇筑后的养护工作。同时认真做好施工缝、变形缝等的防水技术措施，把好质量关，选择有经验的专业施工人员组织标准化作业、规范化施工。

深基坑工程具有深度大、开挖面积大等特点，这给支撑系统带来较大难度，在软弱土层中开挖还会产生较大的位移和沉降，对周围建筑物、市政设施和地下管线造成影响，而且施工工期、场地大小，降雨量、重物堆放等都会对基坑稳定性产生不利影响，因此，在深基坑工程施工中，需要在合理规划设计的基础上，结合各个工程的具体情况，采用相应的施工技术，只有这样才能确保安全、按期、优质地完成工程范围内的各项工程。

11.2.3　其他工程地质问题

1. 路基基底

路基基底稳定性问题多发生于填方路堤地段，其主要表现形式为滑移、挤出和塌陷。一般路堤和高填路堤对路基基底的要求是要有足够的承载力，它不仅仅承受列车在运行中产生的动荷载，而且还承受很大的填土压力，因此，基底土的变形性质和变形量的大小主要取决于基底土的力学性质、基底面的倾斜程度，软层或软弱结构面的性质与产状等。此外，水文地质条件也是导致基底不稳定的因素，它往往使基底发生巨大的塑性交形而造成路基的破坏。路基底下有软弱的泥质夹层，当其倾向与坡向一致时，若在其下方开挖取土或在上方填土加重，都会引起路堤整体滑移；当高填路堤通过河漫滩或阶地时，若基底下分布有饱水厚层淤泥，在高填路堤的压力下，往往使基底产生挤出变形，也有的由于路基底下岩溶洞穴的塌陷而引起路堤严重变形，如成昆线南段就有路堤塌陷的实例。

路基基底若由软黏土、淤泥、泥炭、粉砂、风化泥岩或软弱夹层所组成，应结合岩(土)体的地质特征和水文地质条件进行稳定性分析，若不稳定时，可选用下列措施进行处理。

(1) 放缓路堤边坡，扩大基底面积，使基底压力小于岩(土)体的容许承载力；

(2) 在通过淤泥软土地区时，路堤两侧修筑反压护道；

(3) 把基底软弱土层部分换填或在其上加垫层；

(4) 采用砂井(桩)排除软土中的水分，提高其强度；

(5) 架桥通过或改线绕避等。

2. 道路冻害问题

道路冻害包括冬季路基土体因冻结作用而引起路面冻胀和春季因融化作用而使路基翻浆，结果都会使路基产生变形破坏，甚至形成显著的不均匀冻胀和路基土强度发生极大改变，危害道路的安全和正常使用。

道路冻害具有季节性。冬季，在低温长期作用下，路基土中水的冻结和水的迁移作用，使土体中水分重新分布，并平行于冻结界面而形成数层冻层，局部地段尚有冰透镜体或冰块，使土体体积增大(约 9%)而产生路基隆起现象；春季，地表冰层融化较早，而下层尚未解冻，融化层的水分难以下渗，致使上层土的含水量增大而软化，强度显著降低，在外荷载作用下，路基出现翻浆现象。翻浆是道路严重冻害的一种特殊现象，它不仅与冻胀有密切关系，而且与运输量的发展有关。在冻胀量相同的条件下，交通频繁的地区，其翻浆现象更为严重。翻浆对铁路影响较小，但对公路的危害比较明显。

影响道路冻胀的主要因素是零下温度的高低，冻结期的长短，路基土层性质和含水情况，土体的成因类型及其层状结构，水文地质条件，地形特征和植被情况等。

根据水的外给情况，道路冻胀的类型可分为表面冻胀和深源冻胀两种。表面冻胀是在地下水埋深较大的地区，由于大气降水和地表水渗入和积聚于路基中而迅速冻结形成的，其主要原因是路基结构不合理，或养护不周，致使道渣排水不良，其冻胀量较小，一般为 30~40mm，最大达 60mm，但也有不发生地表变形的。深源冻胀多发育在冻结深度大于地下水埋深或毛细管水带接近地表的地区。路堑基底为粉质黏性土，冻结速度缓慢，地下水补给源丰富，水分迁移强烈，极易形成深源冻胀，其冻胀量较大，一般为 200~400mm，最大达 600mm，尤其是不均匀冻胀对于要求较高的铁路来说，危害极大，甚至有的隧道因冻胀而使列车不能通过。

防止道路冻害的措施如下。

(1) 铺设毛细割断层，以断绝补给水源；

(2) 把粉黏粒含量较高的冻胀性土换为粗分散的砂砾石抗冻胀性土；

(3) 采用纵横盲构和竖井，排除地表水，降低地下水位，减少路基土的含水情况；

(4) 提高路基标高；

(5) 修筑隔热层，防止冻结向路基深处发展等。

3. 软土地基

1) 软土的定义

软土是指在滨海、湖泊、谷地、河滩上沉积的天然含水量高、孔隙比大、压缩性强和承载力低的软塑到流塑状态的细粒土，如淤泥和淤泥质土，以及其他高压缩性饱和黏性土、粉土等。淤泥和淤泥质土是指在静水或缓慢的流水环境中沉积、经生物化学作用形成的黏性土。这种黏性土含有机质，天然含水量大于液限。当天然孔隙比 $e_0 \geqslant 1.5$ 时，称为淤泥；当 $1.0 < e_0 < 1.5$ 时，称为淤泥质土。习惯上把工程性质接近淤泥土的黏性土统称为软土。

2) 软土的分布

软土在我国沿海、内陆都有广泛分布，在沿海地区如上海，天津塘沽，浙江温州、宁波，江苏连云港等都分布着厚数米至数十米的滨海相沉积；长江、珠江地区分布着三角洲相沉积；洞庭湖、洪泽湖、太湖及昆明滇池等地区分布着内陆湖泊相沉积；各大、中河流中、下游地区分布着河漫滩沉积；内蒙古，东北大、小兴安岭，南方及西南森林地区分布着沼泽沉积；贵州六盘水地区分布着丘陵、谷地相沉积等。

3) 软土的工程特征

(1) 抗剪强度低。如前所述，饱和软黏土多属近代水下细颗粒沉积土，孔隙比大，含水量高，因此它的抗剪强度很低。用直剪仪快剪测其强度指标 φ 仅几度，c 值不超过 20kPa，抗剪强度的变化范围为 5~25kPa，地基的承载力常为 50~80kPa。为使软土地基的强度、稳定性满足要求，常需有针对性地采取加固措施，提高其抗剪强度。软土的抗剪强度试验值与试验方法、排水条件等密切相关，如采用固结快剪，上述 φ、c 值将有所增大。因此，试验方法、条件的选择，应密切联系工程的实际及地基的具体条件等确定，需要时，除室内试验外，应补充现场原位测试，以取得较为准确的结果。

(2) 压缩性高。因为孔隙比大，故软土具有高压缩性。压缩系数 a_{1-2} 为 0.5~2.0MPa^{-1}，最大可达到 4.5MPa^{-1}，部分软土更高；压缩模量 $E_s < 4$MPa，在其他物理性质指标相同的条件下，软土的液限指数越大，压缩性越高，这是因为土颗粒矿物成分对其压缩性具有明显的影响。

(3) 透水性低。软土的透水性很低，渗透系数一般为 $1\times10^{-6}\sim1\times10^{-8}$cm/s，在自重或荷载作用下固结速率很慢，要达到较大的固结度，需要相当长的时间(甚至数年)，使得许多压密加固方法都不能在短期内奏效。

(4) 触变性。尤其是滨海相软土一旦受到扰动(振动、搅拌、挤压或揉搓等)，原有结构即遭破坏，土的强度明显降低或很快变成稀释状态。触变性的大小常用灵敏度 S_t 来表示，一般 S_t 为 3～4，个别可达 8～9。故软土地基在振动荷载作用下，易产生侧向滑动、沉降及基底向两侧挤出等现象。随静置时间的增长，其强度能有所恢复，但极缓慢且一般不能恢复到原有结构的强度。

土样的钻取、切削、搬运、封装和制备使土样受到不同程度的扰动，而使实验所得的强度指标偏低，未完全反映土的实际强度。因此，宜尽量采用原位试验方法测试强度，如十字板剪切试验、标准贯入试验等，或将原位测试与室内试验结果相互分析补充。

(5) 流变性。软土有流变特性，土体在长期荷载作用下，虽荷载保持不变，因土骨架黏滞蠕变而发生随时间变化的变形，土内黏土颗粒含量越多，这种特性越明显。蠕变的速率一般很小，它也随土中剪应力值而变化，有试验表明，当应力低于不排水剪切强度的50%时，属减速蠕变，最后趋于稳定；应力高于不排水剪切强度的 70%时，速率保持不变甚至渐增，直至破坏。因此，软土地基中除应创造充分排水固结条件外，还应考虑蠕变影响，剪应力适当控制在长期受荷强度内。流变性对地基沉降有较大影响，对斜坡、码头、堤岸和建筑物地基的稳定性不利。

(6) 不均匀性。由于沉降环境的变化，黏性土层中常局部夹有薄厚不等的粉土，使水平和垂直分布上存在差异，使建筑物基础容易产生差异沉降。

4) 水文地质对软土地基的影响

水文地质条件对软土地基影响较大，如抽降地下水形成降水漏斗将导致附近建筑物产生沉降或不均匀沉降；基坑迅速抽水会使基坑周围水力坡度增大而产生较大的附加应力，致使坑壁坍塌；承压水头改变将引起地面的明显沉降等。这些在岩土工程评价中应引起重视。此外，沼气逸出对地基稳定和变形也有影响，通常应查明沼气带的埋藏深度、含气量和压力的大小，以此评价对地基的影响程度。建筑施工的加荷速率的适当控制，或改善土的排水固结条件可提高软土地基的承载力及稳定性，即随着荷载的施加，地基土强度逐渐增大，承载力得以提高；反之，若荷载过大，加荷速率过快，将出现局部塑性变形，甚至产生整体剪切破坏。

在软土地区修建桥梁或其他建筑物，首先应对地质、水文状况进行详尽的勘察，查明欲建场地软土的地质及工程特性，掌握全面的、翔实的第一手资料，这是正确设置桥跨或其他结构物，选择适当结构类型的首要条件，也是设计和施工能紧密结合实际情况，采取有针对性工程措施的关键环节。

软土地基的强度、变形和稳定是工程中必须全面充分注意的问题，是造成桥梁或其他建筑物产生过大或差异沉降、位移、倾斜、开裂和失稳等严重损坏事故的主要原因。国内外通过实践在软土地基上的基础工程设计技术、施工方法、地基加固等方面已积累了不少成功经验和科研成果，只要对这些成果借鉴和使用得当，则软土地基上的桥梁或其他建筑物的安全是能得到保证的。以下着重介绍有关软土地区桥梁基础工程应注意的事项，其他建筑物也可参考。

5） 应对软土的措施

(1) 合理布设桥涵。

在软土地区，桥梁位置既要与线路走向相协调，又要特别注意桥梁建筑物对工程地质的要求，如果地基土层深，软黏土厚，特别是流动性的淤泥、泥炭和高灵敏度的软土，不仅设计技术条件复杂，而且会给施工、养护、运营带来许多困难，应力求避免。选择软土较薄、均匀、灵敏度较低的地段应更为有利。对于小桥涵，可优先考虑地表硬壳层较厚，下卧层为一般均匀软土处，以争取采用明挖刚性扩大基础，降低造价，方便施工。

在确定桥梁总长、桥台位置时，除应考虑泄洪、通航要求外，究竟应将桥台覆于何处，不能拘泥于在一般地质状况下的习惯做法，应考虑合理地利用地形、地质条件，适当地延长桥长，使桥台置于地基土质较好或软土较薄处，用桥梁代替高路堤，减少桥台和填土高度，会有利于桥台、路堤的稳定，在对造价、占地、运营条件和养护费用等通盘考虑后，往往在技术上、经济上都是合理的。

软土地基上桥梁宜采用轻型结构，尽量减轻上部结构及墩台自重。由于地基易产生较大的不均匀不变，一般以采用静定结构或整体性较好的结构为宜，如桥跨结构可采用钢筋混凝土箱形梁，桥台采用十字形、U 形桥台，桥墩采用空心薄壳结构等。桥洞宜用钢筋混凝土管涵、整体基础钢筋混凝土盖板涵、箱涵以保障桥身刚度和整体性。

设计时所用到的软土的有关物理力学性质参数，应尽可能通过现场原位试验取得。并应注意，我国沿海、内陆等地的软土由于沉积年代、环境的差异，成因的不同，它们的成层条件、粒度组成、矿物成分有所不同。有时其物理力学性质指标虽相近，但工程性质并不相近，故不应相互借用。

(2) 软土地基桥梁基础设计应注意事项。

为保证地基稳定并控制沉降在容许范围内，设计者应从减轻荷载和提高地基承载力两方面着手。对于上部结构设计来说，控制建筑物的长高比，采用轻型材料，充分利用硬壳土层作持力层，加强基础的刚度和强度等都是有利于地基稳定，减少沉降和不均匀沉降的有益措施。对于基础设计来说，首先要确定天然地基的承载能力和由于施加荷载可能产生的最大沉降量、沉降差，并据以确定地基是否需要加固。如软土地基上的路堤就有"填筑临界高度"的规定，即指在天然地基上用快速施工方法修筑一般断面路堤所能填筑的最大高度，并非凡是软土地基，就一定加固处理。

4. 桥台及桥头路堤软土地基的稳定

软土地基抗剪强度低，在稍大的水平力作用下，桥台及桥头路堤容易发生地基的纵向滑动失稳，设计时应对此进行验算，如稳定性不够，小桥可采用支撑梁、人工地基等，大中桥梁除将浅基改为桩基，采用人工地基，适当延长桥梁总跨径使填土高度降低或桥台移至稳定土层上外，常用方法是减少台后土压力，或在台前加筑反压护道(注意台前过水断面应得到保证)，埋置式桥台也可同时放缓溜坡，反压护道的长度、高度、坡度及地基加固方法等，都应经计算确定。施工时注意台前、台后填土进度的配合，不要产生过大的高差。

桥头路堤填土及桥台锥体护坡的横向稳定也需经过验算加以保证，必要时也应放缓坡度或加筑反压护道。

当桥头路堤填土稍高，路堤下沉时，桥台后顶是软土地基桥梁工程常发生的事故。除应对桥台基础采取前述的有针对性的结构措施及改用轻质材料填筑路堤外，也常对路堤的地基进行人工加固处理。

5. 膨胀土地基

1) 膨胀土的定义

膨胀土指黏粒成分主要由强亲水性矿物组成，同时具有显著的吸水膨胀和失水收缩两种变形特性的黏性土，一般强度高、压缩性低，易被误认为是建筑性能较好的地基土。通常，任何黏性土都具有膨胀和收缩特性，但胀缩量不大，对工程无大的影响；而膨胀土的膨胀—收缩—再膨胀的周期性变化特性非常显著，能使基础升降，建筑物和地坪开裂、变形，甚至遭到严重破坏。因此，应将其与一般黏性土相区别，作为特殊土处理。有人又把它称为胀缩性土。故在膨胀土地区进行建设，要认真进行调查研究，首先要通过勘察工作对膨胀土做出正确的判断和评价，有针对性地采取相应的设计和施工措施，才能保证建筑物的安全和正常使用。

2) 膨胀土在我国的分布

膨胀土在我国分布范围很广，黄河流域及其以南的十多个省区都有发现，其中以云南、广西、湖北、安徽、河南、四川及河北等省区的山前丘陵和盆地边缘较为典型，山东、陕西、江苏、贵州和广东等地均有不同范围的分布。我国在总结大量勘测、设计、施工和维护方面的经验和教训的基础上，已制定出《膨胀土地区建筑技术规范》，简称《膨胀土规范》。

我国所分布的膨胀土除少数形成于全新世(Q4)外，其地质年代多属于第四纪晚更新世(Q3)或更早一些，呈黄、黄褐、红褐、灰白和花斑等颜色，结构致密，为坚硬和硬塑状态，并含有铁锰质或钙质胶结。

3) 我国膨胀土的特征

(1) 多出露于二级及二级以上的河谷阶地、山前盆地边缘及丘陵地带；地形坡度平缓，一般坡度小于 12°；无明显的天然陡坎；结构致密，为坚硬和硬塑状态；呈菱形土块者常具有胀缩性，且菱形土块越小，胀缩性越强。

(2) 裂隙发育，常见光滑面和擦痕。裂隙有竖向、斜交和水平三种，裂隙间常充填灰绿、灰白色黏土。竖向裂隙常出露地表，裂隙宽度随深度的增加而逐渐减小；斜交剪切缝隙越发育，胀缩性越严重。此外，膨胀土地区旱季常出现地裂，上宽下窄，长的可达数十米至百米，深数米，壁面陡立而粗糙，雨季则闭合。

(3) 膨胀土的黏粒含量一般很高，粒径小于 0.002mm 的胶体颗粒含量超过 20%。液限大于 40%，塑性指数大于 17，且多在 22～35。自由膨胀率一般超过 4m(红黏土除外)。其天然含水量接近或略小于塑限，液性指数常小于零，压缩性小，多属低压缩性土。

(4) 膨胀土的含水量变化易引起胀缩变形。初始含水量与胀后含水量越接近，土的膨胀就越小，收缩的可能性与收缩值就越大。膨胀土地区多为上层滞水或裂隙水，水位随季节变化，常引起地基的不均匀胀缩变形。

6. 多年冻土地基

1) 冻土的基本概念

凡是温度等于或低于 0℃，且含有固态水的土(石)，称为冻土。根据冻结延续时间又可分为多年冻土和季节性冻土两大类。

高等院校立体化创新规划教材

冻结状态保持 3 年或 3 年以上者，称为多年冻土。多年冻土常存在于地面下的一定深度，每年寒季冻结，暖季融化，其年平均地温大于或小于 0℃的地壳表层分别称为季节冻结层和季节融化层。前者的下卧层为非冻结层或不衔接多年冻土层；后者的下卧层为多年冻土层，多年冻土层的顶面称为多年冻土上限。多年冻土主要分布在我国黑龙江的大、小兴安岭一带，内蒙古的纬度较大地区，青藏高原和甘肃、新疆的高山区，厚度从 1m 到几十米不等。

土层冬季冻结，夏季全部融化，冻结延续时间一般不超过一个季节，称为季节性冻土。季节性冻土在我国分布很广，东北、华北、西北是季节性冻结层厚 0.5m 以上的主要分布地区。

2) 冻土的性质

冻土是由土的颗粒、水、冰、气体等组成的多相成分的复杂体系。其物理力学性质与未冻土有共同性，但因冻结是水相变化及其对结构和物理力学性质的影响，冻土又具有独特的性质。

(1) 土的起始冻结温度和未冻水含量。

土的起始冻结温度因土类而异，砂土、砾石土约为 0℃，可塑粉土为-0.2～0.5℃，坚硬黏土和粉质黏土为-0.6～1.2℃。同一种土，含水量越小，起始冻结温度就越低。土的温度低于起始冻结温度，部分孔隙水就开始冻结，随着温度的继续降低，土中未冻水含量逐渐减少。但无论温度降多低，土中未冻水总是存在的，土中未冻水的质量与干土质量之比，称为未冻水含量。对于一定的土，未冻水含量仅与温度有关，而与土的含水量无关。土中未冻水含量越少，其压缩性越小，强度越高，当未冻水含量很少时，荷载作用下，土体破坏为脆性破坏。

(2) 冻土的融沉性。

在无外荷载条件下，冻土融化过程中所产生的沉降称为融陷。冻土的融陷性是评价多年冻土工程性质的重要指标，可用实验测出冻土的平均融沉系数 δ_0：

$$\delta_0 = \frac{h_1 - h_2}{h_1} = \frac{e_1 - e_2}{1 + e_1} \times 100\%$$

式中：h_1、e_1——冻土试样融化前的厚度和孔隙比；

h_2、e_2——冻土试样融化后的厚度和孔隙比。

(3) 冻土的含冰量与冻胀性。

因冻土中存在未冻水，故冻土的含冰量并不等于冻土融化时的含水量。冻土中的含冰量可用质量含冰量、体积含冰量和相对含冰量来衡量。

土的冻胀是土冻结过程中体积增大的现象。土的冻胀性以平均冻胀率 η(单位冻结深度的冻胀量)来表示：

$$\eta = \frac{\Delta z}{z_d} \times 100\%$$

$$z_d = h - \Delta z$$

式中：Δz——底面冻胀量(mm)；

z_d——设计冻结深度；

h——冻层厚度(mm)。

(4) 冻结强度与冻土抗剪强度。

冻土与基础表面通过冰晶胶结在一起，基础侧面与冻土间的胶结力称为冻结强度，在实际使用和量测中通常以该胶结的抗剪强度来衡量。

冻土的抗剪强度是指外力作用下冻土抵抗剪切滑动的极限强度。由于冰的胶结作用，冻土的抗剪强度比未冻土大许多，且随温度的降低、含水量的增加而增大(含水量越大，其胶结作用的冰越多)，但在长期荷载作用下，其强度比瞬时荷载下的低得多。此外，由于冻土的内摩擦角不大，可近似地将其视为理想黏滞体，即 $\varphi=0$，冻土融化后，强度显著降低，当含水量很大时，融化后的内聚力约为冻结时的 1/10。

(5) 冻土的变形性质。

短期荷载作用下，冻土的压缩性很低，其变形可忽略不计，但长期荷载作用下变形增大，特别是温度为-0.1～0.5℃的塑性冻土，其压缩性相当大，此时必须考虑冻土地基的变形。冻土融化时，土的结构被破坏，往往变成高压缩性和稀释土体，产生剧烈变形，即为产生地基融沉的原因。冻土的融沉变形由两部分组成，一部分与压力无关，另一部分与压力有关。

3) 冻土地区建筑物产生冻害的原因

冻土地区建筑物产生冻害的原因是很复杂的，但主要可以归结为温度、土质、含水量和压力四个要素。四个要素中，温度和压力的变化是外因，而土质和含水量是内因。这四个要素在建筑物的冻害过程中都是存在的，其中值得提出的是水这个要素。水因冷成冰，强度剧增；冰因暖成水，承载力几乎等于零。水的这一特性决定了冻土有很高的承载力，而融土的承载力却大为降低。水结成冰，体积膨胀 9%，使土颗粒相对位移而发生冻胀，建筑物基础被抬起。土冻结时发生的水分向冻结面的迁移，更增加了土的冻胀量，融化后则使土剧烈沉陷。

多年冻土地区季节融化层中的水，冻结时向地表及冻结上限两个方向转移，形成地表和上限附近含水量很高、中间偏低的抛物线状分布。待季节融化层融化时，表层特别松软，且随融化深度的加深，水亦逐渐下渗，直至上限附近不能再下渗，于是上限附近的土聚集的水分最大，土的抗剪强度就大大降低。若地基边坡底下的上限位置是倾斜的，则基坑边坡有沿上限面滑动的可能。即使不会滑动，这种层上水也会从边坡面渗出，冲蚀边坡。在冻土地区的基础工程中，处理土中水的问题是非常重要的。

没有土中水的冻结和融化，建筑物就不会发生冻害，而土中水的多少，又直接与土的颗粒粗细有关，粗粒土排水条件好，存水少，就不易发生冻结和融沉现象。因此，在基础工程中，除要做好排水系统外，常利用粗粒土作为填料或换填材料，来消除冻融。

从土的保温角度来说，土中小孔隙越多，保温性能越好，仅从此点考虑，粗粒土又远不如细粒土好。故在设计中要保持上限不变，防止冻害发生，拟利用天然土作为保温材料时，常采用细颗粒土，以减少工程量。

根据融沉系数，将冻土分为 5 级。

(1) Ⅰ级土：不融沉，$\delta_0 \leqslant 1\%$，除基岩外围最好的地基土外，一般无须考虑冻融问题。

(2) Ⅱ级土：弱融沉，$1\% < \delta_0 \leqslant 5\%$，为多年冻土中较好的地基土，可直接作为建筑物地基，若基底最大融沉控制在 3m 以内，建筑物不会遭受明显的融沉破坏。

(3) Ⅲ级土：融沉，$5\% < \delta_0 \leqslant 10\%$，具有较大的融化下沉量，冬天回冻时有较大的冻

高等院校立体化创新规划教材

胀量。一般基底融深不得大于 1m，并需采取专门措施，如深基或保温防止地基融化等。

(4) Ⅳ级土：强融沉，$10\% < \delta_0 \leqslant 25\%$，融化下沉量很大，往往造成建筑物破坏，设计时应保持冻土不融或采用桩基等。

(5) Ⅴ级土：融陷，$\delta_0 > 25\%$，为含土冰层，融化后呈流动、饱和状态，不能直接作为建筑物地基，应进行专门处理。

4) 冻土地区选择地基的设计原则及结构形式的主要根据

桥涵多年冻土地基基础的设计除应考虑冻土的稳定状态以外，还应考虑冻土厚度、程度、上限、物理力学性质等主要因素的变化情况。因桥涵修建或路基填筑后，地表植被遭到破坏，地面径流条件改变，会导致地基热交换条件改变；施工中各种热源会参加热交换，再加上洪水的潜流作用，地温及冻土上限均会发生变化，一般情况下，桥涵地基冻土上限下移，冻土温度升高。冻土的物理力学性质随土温升降而改变。厚层地下冰、冰锥、冰球等特殊不良地质现象对桥涵工程将产生很大影响。因此，上述因素是选择地基设计原则及结构形式的主要根据。

(1) 保持冻结原则。

保持基础底部多年冻土在施工和运营过程中处于冻结状态。适用于多年冻土较厚、地温较低、易于保持冻结状态、冻土相对稳定的地基或地基土为融沉、强融沉时。采用本设计原则应考虑技术的可行性和经济的合理性。

此时地基容许承载力按多年冻土考虑，并按多年冻土的物理力学指标进行基础工程设计和施工。选择在施工和运营中对冻土破坏较小的基础类型。

(2) 容许融化原则。

容许基础底部多年冻土在施工和运营过程中融化。按其融化方式不同，又可分为下列两种。

自然融化：适用于冻土厚度不大，地温较高，多年冻土不够稳定的地区不融沉、弱融沉地基，当地基的总沉降量不超过容许值时，则不论其冻土厚度大小，均容许基底以下多年冻土在施工和运营期间自行逐渐融化。

预先融化：适用于冻土厚度较薄，多年地温较高，多年冻土不够稳定地带的融沉。强融沉和融陷土地基可视具体情况在建筑基础前采取人工融化压密或挖除换填处理。

根据东北地区资料，常年流水的较大河流上，由于洪水的渗透和冲刷作用，其多年冻土大都退化了，即使遇到，也很难保持其不融化，所以在大中桥的桥梁墩台基础设计不宜采用保持冻结原则。至于在较小的河沟上修建桥涵时，究竟是采用保持冻结原则还是融化原则，应视各地区和本桥涵的具体情况，做具体分析后再决定。

(3) 多年冻土上桥涵基础类型的选择。

若桥梁地基采用保持冻结原则设计时，或基底下冻土承载力低，需深埋时，应首选桩基，因桩基施工中地基冻土不暴露，且基础尺寸较小，对减少潜流入渗、上限下移有利。但打入桩在低温冻土中施工困难，故宜采用钻孔灌注桩、钻孔插入桩或挖孔灌注桩。对于涵洞可考虑木排基础，较深的明挖基础施工使基底冻土暴露，且圬工和基底冻土接触面大，对保持基底处于冻结状态不利，但由于明挖施工简单，且具有集中人力物力可短期完工的特点，尤其在严寒地区利用冻结法施工，采用低温早强混凝土，施工更加简单，对按容许融化原则设计的大中桥基础和埋深不大的小桥及涵洞基础，仍可采用。

当采用容许融化原则设计时，因下沉量较大，故应选择能够适应地基产生较大变形的桥涵结构形式，各种超静定结构在地基不均匀变形时，可能引起构件内力改变，故一般不宜采用。为避免不均匀变形引起圬工开裂，小桥涵可采用整体性较好的基础形式，如小桥用联合基础，矩形涵、圆涵用钢筋混凝土地基梁等。

(4) 多年冻土上的桥涵基础埋置深度。

桥涵基础埋置深度除应符合强度，稳定性要求外，还应根据地基设计原则及人为上限深度确定。《公路桥涵地基与基础设计规范》规定，基础和桩基承台板底应埋入人为上限以下的最小深度：对明挖的刚性扩大基础弱融沉土为 0.5m；融沉和强融沉土为 1.0m；涵洞出入口明挖基础为 0.25m；桩基础承台板底面不小于 0.25m。桩身位于稳定人为上限以下的最小深度不应小于 4m。这些规定主要是考虑人为上限附近的冻土不够稳定，其承载力较低，压缩性较大，且存在不同程度的法向冻胀力，不宜作为地基，所以基础底面必须埋入人为上限以下。

采用容许融化原则设计时，则基底埋深的要求与一般地基相同，即考虑融土地基容许承载力与容许沉降量的规定值。若冻土为不冻胀(不融沉)的，基底埋深不受冻结线的限制。

多年冻土地基容许承载力的大小取决于冻土的粒度成分，含水(冰)量和地温。在相同含水(冰)量和地温状态下，碎石类土承载力最大，砂类土次之，黏性土最小。随着冻土含水(冰)量的增大，其流变性迅速增大，使其强度降低。多年冻土地基容许承载力理论上可通过临塑荷载 P_{cr} 和极限荷载 P_u 确定冻土容许承载力，计算公式有很多种，如下所示的公式可作参考：

$$P_{cr} = 2c_s + \gamma_2 h$$
$$P_u = 5.71c_s + \gamma_2 h$$

式中：c_s——冻土的长期内聚力(kPa)，应由试验求得；
　　　$\gamma_2 h$——基底埋置深度以上土的自重压力(kPa)。

P_{cr} 可以直接作为冻土的容许承载力，而 P_u 应除以安全系数 1.5～2.0。

除此之外，还可通过现场荷载试验(考虑地基强度随荷载作用时间而降低的规律)，调查观测地质、水文、植被条件等基本相同的邻近结构物等方法确定。

采用容许融化原则(自然融化)设计时，除满足融土地基容许承载力的要求外，还应满足结构物对沉降的要求，应对地基进行沉降验算。

冻土地基总融沉量由两部分组成。

一是冻土解冻后，冰融化体积缩小和部分水在融化过程中被挤出土粒重新排列所产生的下沉量；

二是融化完成后，在土自重和恒载作用下产生的压缩下沉量。对于弱融沉、融沉、强融沉土地基的最终沉降量可按下式计算：

$$S = \sum \delta_i h_i + \sum \alpha_i h_i \sigma_i + \sum \alpha_i w_i h_i$$

式中：S——最终沉降量(m)；
　　　h_i——第 i 层冻土厚度(m)；
　　　δ_i——第 i 层冻土融化系数，应由试验确定；

高等院校立体化创新规划教材

α_i——第 i 层冻土压缩系数(MPa^{-1})，应由试验确定；

w_i——第 i 层冻土中点处的土自重压应力(MPa)；

σ_i——第 i 层冻土中点处的附加压应力(MPa)。

采用保持冻结原则设计时，应首选对地基破坏较小的桩基础。其使用条件如下。

钻孔插入桩，宜用于沿桩长月最高平均地温较高的各类多年冻土地基。

钻孔打入桩，宜用于黏性土和砂土的多年冻土地基。

钻孔灌注桩，宜用于沿桩长月最高平均地温较低的各类多年冻土地基。

钻孔桩按地基土阻力确定的单桩容许承载力，应通过试桩确定，如无条件试桩，可按下式计算：

$$[P] = \frac{1}{2}\sum \tau_i F_i m'' + m_0' A[\sigma]$$

式中：$[P]$——桩的容许承载力(kN)；

τ_i——第 i 层冻土同桩侧表面的冻结强度(kPa)，可由有关附表查得；

m''——采用各种不同沉桩方式时的修正系数：钻孔插入桩 $m''=0.7\sim0.8$；钻孔打入桩 $m''=1.1\sim1.3$；钻孔灌注桩 $m''=1.3\sim1.5$；

F_i——第 i 层冻土中桩侧表面的冻结面积(m^2)；

m_0'——桩底支撑力折减系数，可根据孔底条件采用 $0.5\sim0.9$；

A——桩底支撑面积(m^2)；

$[\sigma]$——桩底多年冻土容许承载力(kPa)，在《公路桥涵地基与基础设计规范》的专项表格中查得。

5) 冻胀、融沉防治措施

(1) 冻胀防治措施。

当地基位于冻胀和强冻胀土地基上时，由于切向冻胀力的作用，常引起建筑物的隆起，或使脆弱截面处被拉断。若单靠增加自重抑制隆起是很难的，特别是小桥。故一般宜采用下列减小切向冻胀力的措施：减小基础和墩台侧面面积。根据试验，提高建筑物表面的光滑度，可以大大降低切向冻胀力，因此应尽量减少墩台和基础受冻拔作用范围内的粗糙率，使其表面光滑。也可在其范围内涂刷一些能使其表面变得更光滑的化学制品，以增强效果。浆砌片石砌筑不良、有空洞时，将会大大增加切向冻胀力，所以必须灌注密实，侧面砌筑平整，并用水泥砂浆抹面。

圬工接缝处易于冻断，因此必须减少施工接缝。基顶截面处是薄弱环节，故需埋置短钢筋。地基是砂或砂夹卵石且含泥最大时，仍具有冻胀性，故必须采用纯净的砂或砂夹卵石作为换填材料。试验证明，纯净的砂、砂夹卵石在充分饱水条件下，在冻结过程中几乎不产生冻胀现象。由于切向冻胀力沿深度的分布是靠近地面大，往下迅速减小，达冻深的70%后逐渐趋近于零，故将基础做成方光体(基顶截面面积较基底截面面积小)，以减小切向冻胀力。在建筑物附近地面上采取保温措施，提高土温后，可以降低切向冻胀力，如覆盖炉灰等均有较好的效果。

(2) 融沉防治措施。

一般涵洞设计均采用明挖基础。当采用容许融化原则进行设计时，地基的融沉是涵洞产生塌腰、错牙等病害的主要原因。病害严重者，则失去泄洪能力，危及行车安全。所以在多年冻土地区的涵洞设计中，需加强防治融沉措施，以减少或消除地基的沉降量。根据实测资料，地基的融沉量沿深度的分布是上大下小，因此对于弱融沉、融沉、强融沉地基均可根据具体情况采用逐层换填，加深基础或预融夯实的办法进行处理。把融沉量控制在容许范围内。当按一般地区原则设计、采用分段设置时，其容许的总沉降量，可设上拱度，流水面高程按三角形分布进行调整，但涵洞中心高程不得高于入口高程。当采用钢筋混凝土等弹性地基梁时，由于能适应地基的不均匀沉降，可不设上拱度。当采用保持冻结原则设计时，可不考虑沉降的问题，但要特别加强防水措施，适当加大孔径，减少涵前积水。

【案例分析】

(1) 某道路改扩建工程位于城乡接合部，道路结构层为：4cm 改性沥青混合料 AC-13 表面层；5cm 中粒式沥青混凝土 AC-20I 中面层；6cm 粗粒式沥青混凝土 AC-25I 底面层；36cm 石灰粉煤灰稳定碎石基层；30cm12% 石灰土底基层；结构总厚度为 81cm。路线全长 2.98km，主路大部分路基为填方路基。施工红线范围内存在数量较多的拆迁物，如各种树木、高、低压电杆、民房等，业主要求工期为当年 4 月 1 日至 7 月 30 日。

(2) 由于工期紧迫，施工单位编制的施工组织设计经项目部经理签批后开始准备施工，搬移拆迁物，建工地临时设施，导行交通等。

(3) 道路施工正值雨季，施工单位做了雨季施工准备，购置了防雨物资，要求值班巡逻，发现险情立即排除。

(4) 对填土路基施工要求按 2%～4% 以上的横坡整平压实，以防积水。当路基因雨造成翻浆时，应换灰土或砂石重做。

施工单位认为，采用改性沥青混合料面层施工，只要比普通沥青混合料多压几遍就可以达到质量要求。

问题：

(1) 该项目经理部负责人签批的施工组织设计是否有效？准备工作中如何解决矛盾？

(2) 基层雨季施工方案是否完善？应补充哪些内容？

(3) 填土路基雨季施工更应强调哪些做法？

(4) 工地对改性沥青混合料面层施工特点的认识是否全面？请补充改性沥青混合料施工要点。

分析：

(1) 施工组织设计应有项目经理部的上一级技术负责人和部门的审批手续，才能生效，仅项目部经理签批就执行是不对的。

搬移拆迁物工作政策性强、涉及面广。对树木、电杆的处理，要找园林、电力部门，对民房的处理，要找居民充分协商，按政策办事，切不可强行施工，引发矛盾。

(2) 不完善。应补充以下方面。

① 掌握天气预报和施工主动权；

② 工期安排紧凑，集中力量打歼灭战；

③ 做好排水系统，防排结合。

(3) 工程特点集中安排机具和劳力，组织快速施工，分段突击，本着完成一段再开一

高等院校立体化创新规划教材

段的原则，当日进度当日完成，做到随挖、随填、随压。

（4）不全面。改性沥青混合料表面层施工温度(拌制、摊铺、碾压)比普通沥青混合料的施工温度高 10～20℃。改性沥青混合料要随拌随用，如果工程量大，又需集中供料，需要储存时，不宜超过 24h，储存期间温降不应超过 10℃，且不得发生结合料老化、滴漏及粗细料离析现象。运输中一定要覆盖。施工中应保持连续、均匀、不间断摊铺。摊铺后紧跟碾压，充分利用料温压实。因厚度为 4cm，可采用高频低振幅的振动压路机碾压。接缝：纵向缝采用热接缝，横向缝采用平接缝或斜接缝。

本 章 小 结

本章详细介绍了各类建筑工程中的地质问题，具体包括道路和桥梁的工程地质、隧道、地下洞室、房屋建筑工程以及深基坑开挖工程地质。学习本章后，读者对不同建筑中的工程地质可以形成深刻的认识，更好地应对工程地质问题。

思考与练习

（1）简述城市规划和建设中的工程地质的关系与特征。

（2）如何进行改建公路工程地质勘查？

（3）桥基工程地质勘查应注意哪些问题？

（4）隧道工程地质勘查的工作重点是什么？

（5）房屋建筑工程地质问题及处理方法是什么？

（6）常用的地基基础处理方法是什么？

第 12 章　工程地质环境

本章导读

本章将详细介绍工程地质环境、人类活动与地质环境的关系、工程地质环境评价等内容。通过学习，需要掌握工程地质环境的概念及其在工程中的作用，其中人类活动与地质环境的关系是本章学习的重点。

学习目标

- 掌握工程地质环境的概念。
- 掌握人类活动与地质环境的关系。
- 掌握地质环境评价的内容。

工程地质环境.mp4

12.1　概　　述

概述.mp4

环境是指人类赖以生存的一定范围内的客观实体。它的范围空间可以从地球的大气圈、水圈、生物圈和岩石圈，一直到宇宙空间。地质环境是指岩石圈在与大气圈、水圈、生物圈相互作用中形成的环境空间，包括岩石、土、地表水、地下水、地质构造、地质作用及人类的工程活动所带来的对以上各种因素的可能影响等。

12.1.1　基本概念

工程地质环境是指与工程建设和工程安全紧密相关的地质环境空间，也就是人类工程活动在利用和改造天然地质环境过程中所涉及和影响到的局部地质环境。

环境地质学、工程地质学、环境工程地质学三个分支学科的研究任务侧重于环境工程地质学，研究的是由于工程作用而引发的、对人类环境有影响或有危害的不良地质问题。①环境地质学的重点研究任务：由于自然作用所产生的、对人类环境有影响或有危害的不良地质问题。②工程地质学的重点研究任务：工程与岩(土)体相互作用所产生的、对岩土工程稳定性有影响的工程地质问题。③环境工程地质学是在区域工程地质学研究的基础上，主要研究由于人类工程经济活动引起的地质环境的变化，以及这种变化所造成的影响；其目的是改造、利用和保护地质环境。

12.1.2　环境工程地质学的特点

环境工程地质学与工程地质学的区别，主要表现在五个方面。

1. 目的性

环境工程地质学研究的着眼点是在开发、利用地质环境时，注意在较大区域内防止工程地质条件的恶化，保护有利的工程地质环境，或者通过对地质环境的利用和改造，创造出对人类有利的新的地质环境。

2. 区域性

工程地质学侧重于研究各个具体工程场地的工程地质条件，而环境工程地质学则主要研究人类活动影响下的区域性工程地质环境的变化。

值得指出的是，由于自然地质环境与一定的地质、地理和气候单元相联系，不同地区人类工程－经济活动的类型、组合和特点不同，因此区域性环境工程地质研究在不同地区将有不同的问题和特色。

例如，在农村地区，环境问题涉及土地利用、水土保持、水土资源开发、森林保护与开发以及工业发展而造成的土地退化和污染等。在城市地区，工业、人口集中，人类工程－经济活动对环境影响很严重。同时，由于环境恶化而造成的灾害，对城市建设造成严重的威胁和损失。例如，香港城市建筑导致大量滑坡；罗马城下火山岩大量洞挖开采造成城市建筑物地基失稳；上海和天津过量提取地下水引起地面沉降；西安地面沉降引起地裂缝等，这些都是城市地区引人注目的环境工程地质问题。

3. 综合性

在河谷地区，河流开发的环境工程地质问题，主要与水力资源开发、水利水电工程活动有关。大面积地下水动态变化带来许多问题。这就要求在进行水工建筑物可行性论证的同时，进行多学科的、系统的环境可行性论证，包括水库引发地震、水位抬高的影响、淹没和移民、森林砍伐、开挖土石的堆存等，从而使河流的开发和利用与工程规划方案比较合理。

在山区，地质条件复杂，地质灾害突出。山区开发必须建立在很好的环境工程地质研究的基础上。山城、矿冶、水电、道路、森林维护和采伐、木材加工业的发展，都要求有综合的环境评价。在山区建设中，山坡开挖导致的滑坡、泥石流的大量增加，是一种重要的山区环境工程地质问题。

4. 预测性

一方面要全面考虑研究区内多种工程－经济活动对地质环境的综合影响；另一方面要广泛应用多学科(包括社会经济学、数学、力学、物理学、化学、地质学等)的理论和方法，综合研究环境工程地质问题。

研究和总结过去和现在，在人类工程－经济活动的影响下地质环境的变化，其目的在于预测未来地质环境的可能变化。要预测其变化趋势，尽力做到在时间上、空间上和强度上进行定量预测。预测的目的在于控制和防御。

5. 能动性

为此，要继续揭露与各类工程－经济活动有关的环境工程地质问题的表现形式，研究其发生、发展规律。对已掌握的各种环境工程地质问题，要在继续研究、总结发育规律的基础上，研究其形成机制和预测方法。当其形成机制较为清楚时，要进行定量预测理论和方法的研究。开展系统的环境工程地质观测，将有助于地质环境变化趋势和环境工程地质问题发展趋势的定量预测。

主动提出改造和治理地质环境的各种工程措施和其他措施，使之形成更有利于人类的、良好的地质环境。

12.2 人类活动与地质环境的关系

人类活动与地质环境.mp4

人类活动与地质环境的关系也是相互依存、相互制约的关系。一方面，地质环境是人类生存和发展的基础，人类的生存和发展需要地质环境提供各种资源；另一方面，地质环境是漫长的地质历史发展的产物，其自身有许多保持内部平衡的自然规律，人类的工程－经济活动与工程建设和工程地质环境之间是相互依赖、相互制约的关系。

12.2.1 工业与民用建筑

工程建设既离不开工程地质环境，又受到工程地质环境的制约，还会对工程地质环境产生影响。所以，在工程建设过程中应当对以上关系有一个清醒的认识，应该在对工程地质环境条件充分调查、分析和研究的基础上进行工程项目的投资决策和设计，在对各种可能的地质灾害做好充分准备的前提下进行施工，同时还应做好工程地质环境的保护工作。严格按照客观规律办事，对地质环境进行合理的利用与保护，保证人类的可持续发展。

工程建筑是人类经济活动与社会发展的产物，按照功能或用途可以简单概括为工业与民用建筑(简称"工民建")、水利工程、道路工程以及规模和功能特殊的大型建筑或建筑群等类型。不同类型的工程需要解决的地质问题也有所不同。

工业与民用建筑以普通的厂房或楼房为主，需要解决的主要地质问题包括地基的稳定性、周边环境的稳定性以及施工中的破坏性地质过程的预防等。

1. 建筑物地基的稳定性

1) 地层性质的影响

建筑物的地基或为天然的岩石和土体，或为人工堆填的土石。在建筑物荷载的压力作用下，岩土孔隙缩小，颗粒下移，产生变形或变位，从而引起地基沉降。地基的沉降分为均匀沉降和不均匀沉降两类。从建筑物安全的角度看，一定限度内的均匀沉降是容许的，下沉过大或不均匀则会影响建筑物的正常使用，甚至导致建筑物的破坏。

2) 活断层的影响

活断层对地基和建筑物本身稳定性的影响非常严重，活断层造成的地面错动及其附近伴生的地面变形，会直接损害跨越断层的修建或建于邻近场地的建筑物。

活断层一般是指目前正在活动，或者近期曾有过活动而不久的将来可能重新活动的断层。但是对于"近期"的理解并不一致，有人认为限于全新世之内(距今 12000 年以来)，也有人认为以 14C 测年的可靠上限(距今 35000 年以内)为界。至于"不久的将来"则是指重要的大型建筑物(如大坝、核电站等)的使用年限，一般按 100 年考虑。

活断层的突出特点即近期的活动性，因此，其区别于一般断层的判别标志主要有以下方面。

(1) 全新世以来地层的错断、拉裂或扭动；

(2) 地表疏松土层出现大面积有规律分布的地裂缝；

(3) 错断现代地貌体，引起水系调整；

(4) 顺谷断层造成河谷两侧河漫滩与低阶地不对称；

(5) 古建筑被错断；

(6) 伴随火山或地震活动；

(7) 具有重力、地热、射线等物理异常现象；

(8) 可以直接监测断层位移量。

3) 地下水位与水质变化的影响

水位变化对地基的影响：主要是改变地层的物理性状，引起地基的不均匀沉降。地下水位的变化包括上升与下降两方面。

地下水位上升，意味着原来处于包气带中的部分岩(土)体进入饱水带范围，从非饱和状态变成饱和状态。水与岩土的相互作用，可以使岩土发生水解、软化、崩解等现象，水的浸润还可以溶解岩土中的可溶性盐类，破坏岩土结构，结果导致不均匀沉降。例如，黏土含量高、黏结力大的细粒土层，地下水的浸润使其饱和、软化、膨胀，降低了抗剪强度，易于发生塑性变形；黏土含量较低的粉质土层，水的浸润降低了颗粒之间的黏结力，水进入孔隙时的不平衡引起粒间扩散层增厚的速度也不平衡，在粒间排斥力超过吸引力的情况下，土体会崩解成散体；粉砂及粉细砂层含水饱和的条件下，外来的振动(如地震或人工振动)会引起砂土液化，形成流砂、管涌，导致侧壁变形、坍塌等破坏过程。

地下水位下降，会使周围地基土层产生固结沉降，轻者造成邻近建筑物或地下管线的不均匀沉降；重者使建筑物基础下的土体颗粒流失，甚至掏空，导致建筑物开裂和危及安全使用。当然地下水位下降对建筑物的影响还取决于压缩层的岩性。

2. 建筑场地周边环境的稳定性

建筑物的安全不仅与所在具体位置的地基有关，还受到建筑场地周边环境稳定性的影响，其中现代构造运动和坡地稳定性是最主要的影响因素。

在现代构造运动活跃的地区，一般活断层的发育比较集中，甚至多火山、地震活动。相对于具体活断层对建筑物的破坏，断层活动形成的地震往往具有更大的破坏性，波及的范围更广。对建筑工程而言，这种地区地质环境的稳定性很差，必须进行区域稳定性评价和危险性分区评价。

坡地是丘陵、山区最普遍的地形，坡地的稳定性是许多建筑物都要面临的问题。不论是天然斜坡还是人工开挖的边坡，当其内部原有的应力平衡发生改变时，便可以诱发斜坡岩(土)体的变形与破坏，甚至造成灾害。滑坡、泥石流、崩塌等就是不同条件下斜坡物质运动的结果，是坡地不稳定的具体表现。作为一种环境条件，工业与民用建筑必须考虑其所在地段的坡地稳定性问题。关于坡地稳定性的条件及影响因素的分析，详见道路工程部分。

3. 施工过程可能引发的破坏性地质过程的预防

工业与民用建筑物的施工过程，可以分为两个阶段：首先是地基的清理与开挖，然后是建筑物的建设。

在开挖地基的过程中,一旦遇到不稳定地层或结构面,将会引发破坏性地质过程。例如,对不稳定的坡地进行开挖,会引起崩塌或者滑坡;在平地开挖,清除表层沉积物时,如果存在较厚的粉细砂层,易产生流砂;切穿局部饱和含水层,可引起管涌;基底存在软性含水地层,会发生挤压变形,形成底鼓;遇到抗压强度小的地层,会发生侧壁变形,甚至坍塌。

如果这些局部不稳定现象不能很好地得到防范、处理,一旦发生,不仅会影响工程的进度和质量,还可能造成人身伤亡。

4. 地质调查的工作重点

针对上述工业与民用建筑可能面临的工程地质问题,地质调查的主要工作应该包括以下方面。

(1) 地层的岩性、厚度与分布,重点是岩土工程力学性质的均匀程度;

(2) 场地及周边地质构造条件,重点是活动构造或重新活动的老构造的性质以及斜坡的稳定性;

(3) 地下水的类型、埋藏深度与含水层的性质和分布,包括上层滞水的特点,重点是水位与水质的变化及其对地基岩土稳定性的影响。

大型建筑或建筑群(如港口码头、大型厂矿、城镇)的工程地质勘探,不仅需要注意地基强度与安全性等方面的因素,还需要特别注意水资源供给条件和区域地质环境的稳定性问题。

12.2.2　水利工程

水利工程是一系列具有蓄水、排水、输水、引水等功能的工程建筑的总称。水库是水利工程的主体,蓄水是其最基本的功能。因此,水利工程需要解决的地质问题,不仅需要考虑各种构筑物特别是大坝的稳定性与安全性,还必须注意水的渗漏和库区的淤积问题。前者是水利工程蓄水、输水功能的保障,后者影响着水库乃至整个水利工程系统的使用寿命。

1. 水库渗漏问题

水的渗漏问题在水利工程的各个部分(如水库、水渠、涵洞、渡槽)均有可能发生,在此重点分析水库的渗漏问题。水库包括坝体与库区两个主要部分,当水库蓄水以后,水可能的渗漏方向有三个:绕坝渗漏、坝下渗漏和库区渗漏。水库的工程地质调查就是要找出各个方向水的渗漏条件和可能的渗漏量,为工程设计提供充分的依据。

1) 绕坝渗漏与坝肩稳定性

水库的坝址通常选在流域中的基岩峡谷地段,两岸的岩性和构造条件不仅决定了绕坝渗漏的程度,也影响着坝肩的稳定性。一般情况下,坚硬、均一、完整、不透水、不软化的岩石组成的河段是最理想的坝址,但现实情况是复杂多样的。

2) 坝下渗漏与坝基稳定性

影响坝肩稳定性与绕坝渗漏的因素,对于坝基稳定性和坝下渗漏具有同样重要的意义。由于坝基坐落在谷底,在考虑基岩的岩性与产状等特征之外,还需要特别注意坝址基底河床的埋藏深度、上覆松散沉积层的岩性与渗透性、顺河断裂的性质、渗水性及其活动性等因素。

3) 库区渗漏

库区渗漏主要发生在蓄水库容范围，包括侧方渗漏和库底渗漏。当水库蓄水，水位上升，超越地下分水岭或与邻近地区形成显著水位差时，一旦存在透水通道，渗漏必然发生。与坝肩相似，影响库区渗漏的主要因素也是岩性和构造条件，由于库区涉及的范围远远超过坝址，库区内岩性与构造条件的复杂程度也明显增加，因此，库区防渗的重点是找到渗漏通道，即透水层与透水带。

2. 水库塌岸与库岸稳定性

水库塌岸是指水库蓄水后原有库岸斜坡被破坏的过程。其结果是危及两岸的土地与建筑物，塌岸物质又是库区淤积的物质来源。

水库塌岸的主要原因是，库水的浸润与波浪作用改变了库岸岩石和土体的工程地质状况，降低了岩土的抗剪强度和库岸的稳定性。影响库岸坍塌的因素主要有库岸的原坡度、地层性质、地质构造、库区水位变化、波浪作用、水下冲刷程度，以及风力与地震等。

一般而言，不论是土质或岩质库岸，只要存在不稳定因素，水库蓄水均会增加其不稳定性，甚至导致破坏。相比较而言，岩质库岸一般不出现广泛的塌岸现象，大多是在有软弱结构面的条件下，发生滑坡或岩崩。土质库岸更容易出现塌岸现象。塌岸在水库蓄水的最初几年最为强烈，随着时间的推移，水库水位升降变化，波浪侵蚀迫使岸线后退，水下浅滩不断扩大，当库岸斜坡及水下浅滩都达到新的稳定坡角时，库岸趋于稳定。

12.2.3 道路工程

道路是线状延伸的构筑物，穿越的空间范围大，遭遇的地质条件往往很复杂。在道路工程中，路基的建设是主体，其面临的主要地质问题是边坡的稳定性和不良地质地段路基的稳定性。此外，道路工程还包括桥梁、隧洞、港口等，地质条件对其安全性的影响也是需要考虑的。

1. 边坡稳定性

边坡泛指建筑物或构筑物近旁的天然斜坡或人工开挖形成的斜坡。边坡的稳定性受两方面因素的影响：其一是岩石和土体的内在地质条件，主要是岩性与结构面所决定的物理力学特征；其二是外在的触发因子，包括水、地震、人类活动等方面的作用。

1) 岩土抗剪强度与边坡坡角

自然界的岩石和土体在重力及外来荷载的作用下都要承受一定的压应力，在与压应力成一定交角的方向，会产生剪应力。岩土的抗剪强度就是岩石或土体能够抵抗剪切破坏的最大剪应力。根据库仑定律，岩土的抗剪强度由内聚力 c 和内摩擦阻力 $\sigma\tan\varphi$ 两部分组成。

岩土的内聚力是阻止土粒移动的主要阻力，取决于颗粒之间的连接、胶结情况。土粒移动后，内摩擦力起阻力作用，内摩擦系数取决于颗粒表面的粗糙程度和交错排列的咬合情况。因此，岩石和土体的抗剪强度与岩性密切相关，并且决定了边坡的稳定性。

对于干燥松散的砂质土体而言，颗粒之间的连接极其微弱，内聚力可以忽略不计，抗剪强度等于内摩擦阻力。此时物质堆积形成的天然稳定坡角即休止角，其值与内摩擦角相似，故实际上常用天然休止角来代替物质松散状态的内摩擦角。边坡的稳定性主要取决于坡角与内摩擦角的关系。当坡角小于内摩擦角时，边坡是稳定的；坡角等于内摩擦角时，边坡处于临界状态；坡角大于内摩擦角时，边坡不稳定。需要注意的是，砂土的粒度和密实度不同，其内摩擦角也有所不同。

2）　岩体的结构面与边坡稳定性

岩体由各种不同形态的岩块和结构面组成，其强度受到岩块、结构面及其组合形式的控制。一般情况下，岩体的强度既不等于岩块的强度，也不等于结构面的强度，而是两者共同影响表现出来的强度。当岩体完整、结构面不发育时，其强度与岩块强度相近或相等；当岩体沿结构面整体滑移时，其强度完全取决于结构面的抗剪强度。多数情况下，岩体的强度介于岩块和结构面强度之间。

岩体的结构面可以是岩层层面、断层面、节理面、片理面、不整合面等地质构造面。根据其形态、连续性、充填情况以及力学性质，结构面分为平直光滑无充填的、粗糙起伏无充填的、非贯通断续的、有充填的软弱结构面四类。平直光滑无充填结构面的内聚力较小，抗剪强度主要是摩擦阻力。粗糙起伏无充填结构面的抗剪强度大于前者，其起伏粗糙的表面增大了结构面的摩擦角。非贯通断续结构面的抗剪强度包括各段结构面的抗剪强度和非贯通岩石的抗剪断强度，整个结构面的强度取决于结构面和岩石性质以及结构面的连续性，比较复杂。有充填的软弱结构面的抗剪强度主要取决于充填物的成分、结构、厚度及充填度和含水状况等，一般规律是抗剪强度随充填碎屑含量增加及颗粒变粗而增高，随黏粒含量增加而降低。

岩体边坡的稳定性不仅与结构面的性质有关，更主要的是受结构面产状的影响。当结构面的倾向与坡面一致且倾角小于坡面，即结构面向斜坡临空的一侧延伸时，这种结构面称为临空面。一旦出现促使临空面抗剪强度减小的诱发因素，岩土块体便会向坡下运动，导致边坡的变形与破坏。

3）　影响边坡稳定性的外营力因素

岩石和土体中的结构面与临空面是边坡不稳定的潜在构造条件，它们的存在不等于斜坡立即遭到破坏，只有当其抗剪强度减小或荷载增加，应力平衡被改变时，才会发生斜坡的变形与破坏。

导致岩土及其结构面、临空面失稳的因素主要有风化作用、水的作用(包括大气降水、地表水、地下水、人工灌溉水等)、地震、人类活动(如工程开挖或堆砌、爆破、机械振动等)。这些统称为外营力因素。

在岩土内在地质条件和各种外营力因素的共同作用下，边坡破坏的形式因具体条件的不同而呈现多种类型，如拉裂、蠕滑、弯曲倾倒、崩塌、剥落、滑坡等。

2. 路基的稳定性

路基是道路的基础，路基的稳定性是道路质量与交通安全的基本保障。边坡稳定性对道路的影响来自侧面，路基稳定性对道路的影响则来自地下。影响路基稳定性的因素主要有两类。其一，影响路基的水分状况，导致路面过湿、翻浆。在寒冷地区主要是季节性冻土或多年冻土活动层冻融作用的结果；在湿润地区主要受地下水位上升、潜水溢出、浸润的影响。其二，影响路基稳定性，导致局部沉降。在新构造运动活跃的盆地或平原地区，

高等院校立体化创新规划教材

路基沉降与构造下沉有关；在松散沉积物深厚地区，则与松软、含水地层的压缩、变形有关。由于构造下沉区也是松散沉积物的主要堆积区，其影响往往叠加并加重。例如，经由河北阳原盆地和山西大同盆地的宣大(宣化－大同)高速公路，通过盆地内的沉积与沉降中心时，均为不良地质沉降路段。

3. 桥梁与隧道

桥梁与涵洞是道路跨越河流、沟谷的构筑物。桥涵设计的关键是，需要考虑两方面的安全：其一是避免洪水的影响；其二是保证桥墩的稳定性。

洪水位是桥高或涵洞孔径设计的基本参数。由于不同重现期洪水的大小即水位高低不同，例如，百年一遇的洪水大于五十年一遇的洪水，因此必须根据桥涵的设计使用年限，确定相应重现期的洪水位。在有水文观测资料的流域，可以通过洪水记录进行计算；在没有水文资料的流域，则需要通过古洪水沉积物的调查与分析，确定古洪水位的位置。

桥涵自身的稳定性取决于建筑地基的稳定性，即河床环境中桥墩的稳定性。为此必须获取河床基底埋深(即沉积物厚度)、沉积物性质以及洪水冲刷深度等方面的资料，供桥墩设计参考。当沉积物厚度小于冲刷深度时，桥墩可以直接建在基底基岩上；当沉积物很厚时，桥墩地基的深度需要根据桥梁自重与最大承重、沉积物岩性及其力学特征(如抗压强度、承载力等)、最大冲刷深度等进行测算。

隧道是道路穿越山脊开挖的地下洞室。隧道面临的重要地质问题是洞室的稳定性，其影响因素主要有岩层的性质(特别是抗剪强度)、岩层产状、层面特征(结构面的强度)、构造线与隧道走向的关系、岩体完整性或被分割程度(节理裂隙的产状与密度)等。此外，还需要注意地下水的渗出量与涌水现象，以解决进水与排水问题。

4. 港口

与交通有关的另一类特殊建筑是港口，由于其功能和地貌部位的特殊性，需要重点解决的地质问题是泥沙的淤积。在海岸带，应从波浪与海流作用的特点入手，着重搞清常年波浪辐聚、辐散的规律，确定泥沙的来源、运移方向和数量，为工程设计提供依据。

12.3　工程地质环境评价

工程地质环境
评价.mp4

工程地质环境的适宜性评价的主要任务是，根据原生地质环境中的地形、地貌、地层的岩性和空间分布、地质构造、水文地质、不良地质现象及区域稳定性等情况对工程建设活动的制约情况做出评价，也就是对工程建设场地的工程地质条件能否满足拟建工程施工和运行安全的需要进行定性或定量的分析。

(1) 地形、地貌特征。

(2) 地层的岩土的类别、性质、物理力学性质指标及空间分布情况。

(3) 地质构造的规模、密集程度、空间分布规律及其组合情况。

(4) 地下水的埋藏情况、类型、对建筑材料的腐蚀性、水位及水位变化情况。

(5) 不良地质作用及其对工程的危害程度。

(6) 区域稳定性及地震活动情况。

(7)　地应力、地下有害气体等其他需要说明的情况。

(8)　地基承载力等其他正在进行工程项目建设的阶段所需要的参数。

地质环境适应性评价的主要目的是确定工程活动对地质环境产生的影响，即对工程活动可能引起的岩土变形、破坏、污染等后果进行分析和评价。进行工程地质环境的适应性评价时，应着重于岩土物理力学性质和应力状态、地下水的水位和水质的变化，通过这些变化的分析和预测进一步分析和判断其可能带来的危害。

在论证工程项目可行性时，工程勘察工作不能仅限于研究工程建筑场址的地质条件，解决选址、设计及施工中的地质问题，而且要参与研究环境问题，论证工程建设对地质环境的影响，预测地质环境可能发生的变化，以保证在工程建设中合理开发、利用和保护地质环境，防治或减少地质灾害。工程地质学正进入以地质环境为研究主体的新阶段。工程地质学科新的发展中心已从范围狭小的"场地调查"转移到旨在解决环境问题的广泛的、综合性的"区域研究"方面。

现阶段的工程地质学是关系地质环境的学科，其任务一是研究大规模经济开发区地质环境的变化规律，制订合理利用地质环境的基本方案；二是研究地质环境、工程设施系统的相互作用。1979 年国际工程地质协会(IAEG)召开"人类工程活动对地质环境变化影响"专题讨论会。1980 年第 26 届国际地质大会期间，国际工程地质协会发表了工程地质学家关于参与解决环境问题的宣言。要求从事工程地质及相邻学科的工作人员，在设计和修建任何工程时，不仅要考虑工程设施的可靠性和经济效益，而且要考虑保护和合理利用环境问题；要求工程地质工作者研究和评价自然地质作用与工程地质作用，在空间、时间上进行定量预测评价；要求开展某些特殊地质环境的区域地质调查，在国际范围内开展环境工程地质工作。

我国的环境工程地质学研究起步较晚。1982 年，全国环境工程地质专题学术座谈会是一个良好的开端。会议着重讨论了环境工程地质学的科学概念和研究方法以及我国当前的研究重点，并交流了已有的工作经验。对我国环境工程地质工作的开展，有较大的推动和指导作用。1989 年、1995 年、1999 年分别在西安、兰州和哈尔滨召开了第二届、第三届、第四届全国环境工程地质学术讨论会。环境工程地质学作为工程地质学的一个分支后，学术讨论会并入全国工程地质大会。2019 年在北京召开了全国工程地质学术年会。

本 章 小 结

本章详细介绍了工程地质环境、人类活动与地质环境的关系、工程地质环境评价等内容。通过学习，可以对工程地质环境的概念及其在工程中的作用有更加深刻的理解，尤其是人类活动与地质环境的关系，是施工过程中必须重视的内容之一。

思 考 与 练 习

(1)　环境工程地质学与工程地质学的区别，主要表现在哪几个方面？

(2)　人类活动与地质环境的关系是怎样的？

参 考 文 献

[1] 王健. 土木工程地质[M]. 北京：人民交通出版社，2009.

[2] 谢富仁，陈群策，崔效锋，等. 中国大陆地壳应力环境研究[M]. 北京：地质出版社，2003.

[3] 白永年，中国堤坝防渗加固新技术[M]. 北京：中国水利水电出版社，2001.

[4] 张明定，等. 水文地质与工程地质的系统思维[M]. 西安：西北工业大学出版社，1993.

[5] 方云，林彤，谭松林. 土力学[M]. 北京：中国地质大学出版社，2003.

[6] 林彤. 地基处理[M]. 北京：中国地质大学出版社，2007.

[7] 唐辉明. 工程地质学基础[M]. 北京：化学工业出版社，2008.

[8] 李吉均. 中国第四纪冰期、地文期和黄土记录[J]. 第四纪研究，1989，8(3).

[9] 水利部、电力工业部. 土石坝安全监测技术规范[S]. SL 60—94. 北京：水利电力出版社，1994.

[10] 岩土工程勘察规范(GB 50021—2009).

[11] 岩土工程基本术语标准(GB/T 50279—98).